# 再生可能
## エネルギーの
### 法と実務

TMI総合法律事務所 弁護士 **深津 功二** [著]

発行 民事法研究会

## は し が き

　本書は、再生可能エネルギー発電設備を設置し、または設置しようとしている企業を念頭に置き、①電気事業者による再生可能エネルギー電気の調達に関する特別措置法（以下、「再エネ特措法」という）の内容、②再生可能エネルギー発電設備の設置・運営をめぐるさまざまな規制、および③再生可能エネルギー発電設備の設置に必要な資金調達において留意すべき点を検討したものです。

　①に関しては、立法過程における各小委員会等の報告書や平成24年6月に公表されたパブリックコメントに関する意見概要および回答を踏まえ、検討しています。また、平成25年3月に公表された平成25年度の調達価格・調達期間を反映しています。電力システム改革専門委員会報告書が平成25年2月に公表され、今後は現行の電力システムの改革に向けて電気事業法等の改正が予想されます。これらの動きは、再生可能エネルギー発電事業に少なからず影響を及ぼすと考えられ、十分注視していく必要があります。

　②に関しては、電気事業法をはじめ、法規制のうち代表的なものを取り上げて説明しています。再生可能エネルギーの導入促進に向けて、従来の規制が今後も緩和されていくと考えられます。

　③に関しては、いわゆるプロジェクト・ファイナンスを用いて資金調達した場合の仕組みや、ファンドを組成して発電事業に投資する際の規制等について検討しています。

　本書における意見にわたる部分は筆者の個人的見解です。浅学非才の身ゆえ、理解が誤っている点が多々あるのではないかと危惧しております。実務家・研究者の方々の忌憚のないご意見・ご批判を仰ぎたいと存じます。と同時に、少しでもお役に立つことができればと願っております。

　若輩者の私に執筆の機会を与えてくださり、編集の労をとってくださった株式会社民事法研究会の田中敦司編集部長をはじめスタッフの方々、お名前

を挙げることはできませんが、拙稿を読んでくださり数多くの貴重なコメントをくださったTMI総合法律事務所内外の先生方、その他多くの方々の温かいご指導・ご協力に、この場をお借りして厚くお礼を申し上げます。

　平成25年3月

深　津　功　二

深津功二著『再生可能エネルギーの法と実務』

目　次

# 第1章　再生可能エネルギーの固定価格買取制度の概要

## Ⅰ　立法の過程 …………………………………………………2
1　低炭素社会と太陽光発電 ……………………………………2
2　審議会等での検討 ……………………………………………2
　(1)　余剰買取制度 ……………………………………………2
　(2)　余剰買取制度から全量買取制度へ ……………………3
3　法案提出、国会での審議 ……………………………………4
4　施行期日 ………………………………………………………4
5　法律の見直し等 ………………………………………………4

## Ⅱ　固定価格買取制度の対象となる電気 ……………………6
1　再生可能エネルギー源 ………………………………………6
2　既存設備 ………………………………………………………6
　(1)　概　要 ……………………………………………………6
　(2)　特例太陽光発電 …………………………………………7

## Ⅲ　買取主体 ……………………………………………………9
1　一般電気事業者 ………………………………………………9
2　特定電気事業者 ………………………………………………9
3　特定規模電気事業者 …………………………………………9

目 次

## Ⅳ 発電の認定 ……………………………………………………11

### 1 手 続………………………………………………………11
(1) 概 要………………………………………………………11
(2) 基 準………………………………………………………12
(3) 認定の申請…………………………………………………18
### 2 変更の認定…………………………………………………19
### 3 認定発電設備を用いて発電する者の義務——報告義務………20
(1) 設置に要した費用…………………………………………20
(2) 運転に要した費用…………………………………………21
(3) 帳簿の備付けおよび保存…………………………………21

## Ⅴ 調達価格・調達期間 ……………………………………………22

### 1 調達価格の算定……………………………………………22
(1) 算定において勘案する要素………………………………22
(2) 利潤への配慮………………………………………………22
(3) 調達価格等の区分…………………………………………23
### 2 調達期間……………………………………………………31
### 3 調達価格等の決定の手続…………………………………32
(1) 経済産業大臣の決定………………………………………32
(2) 調達価格等算定委員会……………………………………33
(3) 平成25年度の調達価格……………………………………33
〔図表１〕 平成25年度の調達価格および調達期間 ……………34
### 4 調達価格の適用関係………………………………………34
(1) 調達価格等の適用…………………………………………34
(2) 調達期間の起算日等………………………………………36
(3) 補助金を受給している場合の取扱い……………………37

(4) 既存設備の取扱い……………………………………………37
　　　(5) 特例太陽光発電設備…………………………………………38
　〔図表2〕　特例太陽光価格・調達期間(1)……………………………38
　〔図表3〕　特例太陽光価格・調達期間(2)……………………………38

## Ⅵ　特定契約………………………………………………………………39

　1　特定契約………………………………………………………………39
　〔図表4〕　特定契約・接続契約モデル契約書の概要………………40
　2　特定契約の締結義務の内容………………………………………49
　　　(1) 締結義務………………………………………………………49
　　　(2) 買主である電気事業者の変更………………………………50
　　　(3) 売主である特定供給者の変更………………………………50
　　　(4) 特定契約の内容………………………………………………50
　3　屋根貸しの場合の取扱い…………………………………………51
　4　特定契約の締結が拒否される場合………………………………51
　5　円滑な特定契約の締結の確保……………………………………56
　　　(1) 指導・助言……………………………………………………56
　　　(2) 勧告・命令……………………………………………………56
　　　(3) 電力系統利用協議会（ESCJ）での紛争処理………………57

## Ⅶ　接　続…………………………………………………………………58

　1　一般電気事業者・特定電気事業者の接続義務…………………58
　2　接続が拒否される場合……………………………………………58
　　　(1) 特定供給者が、接続に必要な所定の費用を負担しない場合………58
　　　(2) 電気事業者による電気の円滑な供給確保に支障が生ずるおそれがある場合……………………………………………61
　　　(3) その他の正当な理由があるとき……………………………61

## 目　次

　　3　円滑な接続の確保 …………………………………………………70
　　　(1)　指導・助言 ……………………………………………………70
　　　(2)　勧告・命令 ……………………………………………………70
　　　(3)　電力系統利用協議会（ESCJ）での紛争処理 ………………70
　　4　接続をめぐる他の規制 …………………………………………71

## Ⅷ　賦課金（サーチャージ） ……………………………………72

　　1　概　要 ………………………………………………………………72
　　〔図表5〕　賦課金等の流れ（経済産業省「『電気事業者による再生可能エ
　　　　　ネルギー電気の調達に関する特別措置法案』の概要」から引用）……72
　　　(1)　賦課金 …………………………………………………………72
　　　(2)　納付金 …………………………………………………………73
　　　(3)　交付金 …………………………………………………………74
　　2　賦課金の特例 ……………………………………………………76
　　　(1)　再エネ特措法17条の認定の要件 ……………………………76
　　　(2)　適正な認定の確保 ……………………………………………77
　　　(3)　認定の効果 ……………………………………………………78

## Ⅸ　RPS法の取扱い ……………………………………………………79

　　1　RPS（Renewables Portfolio Standard）とは ………………79
　　　(1)　新エネルギー等利用義務を負う者──「電気事業者」………79
　　　(2)　新エネルギー等電気の利用義務の履行 ……………………79
　　2　再エネ特措法による取扱い ……………………………………80

## Ⅹ　苦情・紛争解決手続──電力系統利用協議会（ESCJ） ……………………………………………………………82

　　1　概　要 ………………………………………………………………82
　　　(1)　送配電等業務支援機関 ………………………………………82

(2)　経　緯······················································83
　　(3)　構　成······················································83
　2　紛争の処理··················································84
　　(1)　苦情の受付··················································85
　　(2)　指導・勧告··················································85
　　(3)　あっせん・調停·············································86
　3　今後の方向性················································87

# 第2章　再生可能エネルギー発電設備をめぐる法規制

## Ⅰ　発電および電気の供給に関する法令――電気事業法··················································90

　1　電気工作物··················································90
　　(1)　事業用電気工作物と一般用電気工作物··················90
　　(2)　事業用電気工作物と自家用電気工作物··················91
　2　工事計画の届出············································92
　3　使用前自主検査············································94
　　(1)　対　象······················································94
　　(2)　検査内容・検査時期·······································94
　　(3)　使用前安全管理審査·······································94
　4　維　持························································95
　5　電気事業法22条の不適用··································96
　6　自主的保安――保安規程··································96
　　(1)　策定・届出··················································96

7

(2)　保安規程の内容……………………………………………………97
　(3)　実効性の確保……………………………………………………97
**7　主任技術者**……………………………………………………………97
　(1)　選任・届出………………………………………………………97
　(2)　適格性……………………………………………………………97
　(3)　兼　任…………………………………………………………101

## Ⅱ　各再生可能エネルギー電気に関する法令上の規制……………104

**1　土地取引に関連する法令――国土利用計画法**……………104
**2　設置予定地に関連する法令**……………………………………105
　(1)　自然公園法……………………………………………………105
　(2)　自然環境保全法………………………………………………109
　(3)　森林法…………………………………………………………112
　(4)　国有林野の管理経営に関する法律…………………………117
　(5)　農地法…………………………………………………………120
**3　設計・設置工事に関連する法令**………………………………126
　(1)　都市計画法……………………………………………………126
　(2)　環境影響評価法（環境アセスメント法）…………………128
　(3)　工場立地法……………………………………………………136
**4　発電設備の運営に関連する法令**………………………………138
　(1)　温泉法…………………………………………………………138
　(2)　河川法…………………………………………………………138
　(3)　廃棄物処理法…………………………………………………143

# 第3章 発電設備の設置・運用と資金調達

## I 再生可能エネルギー発電設備の設置・運営主体 ……148

### 1 SPCを設ける趣旨 ……148
〔図表6〕 SPCによる発電設備保有のスキーム ……149
### 2 SPCの形態 ……149
(1) 法人型 ……149
〔図表7〕 SPCの形態──株式会社と合同会社 ……157
(2) 組合型 ……159
(3) 信託 ……160

## II 再生可能エネルギー発電設備の設置・運営 ……164

### 1 賃貸借契約 ……164
(1) 20年の期間制限 ……164
(2) 土地の賃借権の登記 ……166
(3) 地上権との比較 ……167
(4) 屋根貸し ……168
### 2 EPC契約 ……169
### 3 O&M契約 ……170
### 4 特定契約・接続契約 ……170
### 5 株主間協定書 ……171

## Ⅲ 再生可能エネルギー発電設備取得に関する税務 …………………172

### 1 即時償却 …………………………………………………………182
(1) 要　件 ……………………………………………………………172
(2) 効　果 ……………………………………………………………173

### 2 税額控除 …………………………………………………………173
(1) 要　件 ……………………………………………………………173
(2) 効　果 ……………………………………………………………174

### 3 固定資産税の軽減措置 ……………………………………………174

## Ⅳ 資金調達 ……………………………………………………………175

### 1 金融機関からの借入れ──コーポレート・ファイナンスとプロジェクト・ファイナンス ……………………………………175

### 2 プロジェクト・ファイナンス ……………………………………175
(1) 定　義 ……………………………………………………………175
(2) プロジェクト・ファイナンスのメリット ……………………176
(3) プロジェクト・ファイナンスの特徴 …………………………177
(4) プロジェクト・ファイナンスにおけるリスク ………………177

### 3 ローン契約と担保契約 ……………………………………………182
(1) ローン契約 ………………………………………………………182
(2) 担保契約 …………………………………………………………185

### 4 匿名組合契約 ………………………………………………………194
(1) 概　要 ……………………………………………………………194

〔図表8〕 SPCによる発電設備保有のスキーム（匿名組合契約） …………195

(2) 匿名組合の効力 …………………………………………………196
(3) 匿名組合契約の終了 ……………………………………………198

(4) 税務上の取扱い ……………………………………………199
　(5) 匿名組合出資と不動産特定共同事業 ………………………201

# V　ファンド（集団投資スキーム）……………………203

　〔図表9〕　ファンドの仕組み …………………………………203
　1　ファンドの形態 ………………………………………………204
　(1) 投資事業有限責任組合と匿名組合との比較 ………………204
　〔図表10〕　投資事業有限責任組合と匿名組合 ………………204
　2　ファンドにおける規制 ………………………………………209
　(1) ファンド（集団投資スキーム）持分の自己募集 ……………209
　〔図表11〕　適格機関投資家等 …………………………………212
　〔図表12〕　適格機関投資家等の例外（例）……………………213
　〔図表13〕　適格機関投資家等の例外から除外される場合 ……214
　(2) ファンド（集団投資スキーム）持分の自己運用 ……………215
　3　開示規制 ………………………………………………………216
　4　ファンド（集団投資スキーム）規制の具体例 ………………217
　(1) ファンドSPCが設備保有SPCに出資し、設備保有SPCが
　　　発電設備を新設する場合 ……………………………………217
　〔図表14〕　ファンドSPCが設備保有SPCに出資するスキーム ……218
　(2) ファンドSPCが金銭を信託し、信託会社が発電設備を新設
　　　する場合 ………………………………………………………220
　〔図表15〕　ファンドSPCが金銭を信託し、信託会社が発電設備を新設
　　　するスキーム …………………………………………………220

目 次

## 参考資料

1. 電気事業者による再生可能エネルギー電気の調達に関する特別措置法 ……………………………………………………………224
2. 電気事業者による再生可能エネルギー電気の調達に関する特別措置法施行令 …………………………………………………246
3. 電気事業者による再生可能エネルギー電気の調達に関する特別措置法施行規則 ………………………………………………249
4. 電気事業者による再生可能エネルギー電気の調達に関する特別措置法第3条第1項及び同法附則第6条で読み替えて適用される同法第4条第1項の規定に基づき、同法第3条第1項の調達価格等並びに調達価格及び調達期間の例に準じて経済産業大臣が定める価格及び期間を定める件 ……………………………………273
5. 特定契約・接続契約モデル契約書 ………………………284

- 事項索引 ……………………………………………………………303
- 著者紹介 ……………………………………………………………306

# 再生可能エネルギーの固定価格買取制度の概要

# I　立法の過程

　電気事業者による再生可能エネルギー電気の調達に関する特別措置法（平成23年法律第108号）（以下、「再エネ特措法」という）は、平成24年7月1日に全面的に施行されたが、その過程は概略以下のとおりである。

## 1　低炭素社会と太陽光発電

　北海道洞爺湖サミット（平成20年（2008年）7月7日〜9日）に先立ち、福田康夫内閣総理大臣（当時）は同年6月9日「『低炭素社会・日本』をめざして」と題するスピーチを行い、その中で、二酸化炭素排出量について「2050年までの長期目標として、現状から60〜80％の削減を掲げて、世界に誇れるような低炭素社会の実現を目指し」、太陽光発電の「導入量を2020年までに現状の10倍、2030年には40倍に引き上げることを目標として掲げたい」と述べた[1]。その後、同じく平成20年7月29日に閣議決定された「低炭素社会づくり行動計画」においては、「太陽光発電の導入量を2020年までに10倍、2030年には40倍にすることを目標として、導入量の大幅拡大を進める」[2]といった方針が打ち出された。

## 2　審議会等での検討

### (1)　余剰買取制度

　平成21年5月25日付けで公表された総合資源エネルギー調査会新エネルギー部会「『太陽光発電の新たな買取制度』について」は、一般家庭を含めた設置者の節電インセンティブとなること、電力需要家に求める負担を極力抑

---

1　http://www.jnpc.or.jp/files/opdf/334.pdf
2　「低炭素社会づくり行動計画について」（平成20年7月29日閣議決定）別紙7頁

えるべきであることなどを勘案し、太陽光発電の自家消費を超える余剰電力に限って、法令に基づき買取価格・買取期間を国が設定して、一般電気事業者に当該価格での買取りを義務づけるべきであるとした[3]。また、同年11月から太陽光発電の余剰電力買取制度が開始した（後述Ⅳ1(2)(B)(a)(ⅰ)参照）。

### (2) 余剰買取制度から全量買取制度へ

経済産業省に設けられた「再生可能エネルギーの全量買取に関するプロジェクトチーム」が平成22年7月に「『再生可能エネルギーの全量買取制度』の導入に当たって」（「再生可能エネルギーの全量買取制度の大枠」と呼ばれる）をとりまとめた。そこでは、再生可能エネルギーの導入拡大、国民負担、系統安定化対策の三つのバランスが極めて重要であるとして、国民負担をできる限り抑えつつ、最大限に導入効果を高めることを全量買取制度の基本方針とした。そして、買取対象を、実用化された太陽光発電、風力発電、中小水力発電（3万キロワット以下）、地熱発電およびバイオマス発電とし、発電事業用設備について全量買取りを基本とする等との考え方を示した。

また、詳細な制度設計を検討するため、総合資源エネルギー調査会電気事業分科会の下に制度環境小委員会、同調査会新エネルギー部会・電力事業分科会の下に買取制度小委員会がそれぞれ設けられ、また次世代送配電システム制度検討会も設けられた。これらの小委員会、検討会での検討結果として、平成22年11月に次世代送配電システム制度検討会第2ワーキンググループ報告書「全量買取制度に係る技術的課題等について」、平成23年2月に買取制度小委員会報告書「再生可能エネルギーの全量買取制度における詳細制度設計について」、次世代送配電システム制度検討会第1ワーキンググループ報告書、制度環境小委員会中間とりまとめが相次いで公表された。

---

3 総合資源エネルギー調査会新エネルギー部会「『太陽光発電の新たな買取制度』について」（2009年5月25日）7～8頁

## 3　法案提出、国会での審議

　再エネ特措法案は平成23年3月11日に閣議決定されたが、同日に東日本大震災が発生したこともあり、衆議院に議案を提出し受理されたのは4月5日である。7月14日に衆議院本会議で趣旨説明が行われ、衆議院経済産業委員会に付託された。翌15日から経済産業委員会で質疑が始まり、審議を経て8月23日に民主・自民・公明の三派共同提案による修正案が提出された。同委員会において、修正案および修正部分を除く原案が同日可決され、本会議でも同日可決された。

　参議院では、8月24日の本会議で趣旨説明が行われ、同日経済産業委員会に付託された。同月25日に経済産業委員会で可決され、翌26日の本会議で可決、成立し、8月30日に公布された。

## 4　施行期日

　再エネ特措法の施行期日は平成24年7月1日である（附則1条。以下、本章において法令名を明示しない条文は再エネ特措法のものである）。ただし、一部については公布の日から施行され、また、調達価格等算定委員会に関する5章、附則2条（調達価格等・電気事業者が費用負担調整機関に支払う納付金単価の設定）などは平成23年11月10日に、附則5条（費用負担調整機関の指定等）は同年11月29日に、それぞれ施行された（附則1条2号参照）。さらに、設備認定（6条1項）や賦課金の特例の認定（17条1項）を法の本格施行の前に受けることができるとする附則3条および4条は、平成24年5月29日に施行された（附則1条3号参照）。

## 5　法律の見直し等

　政府は、エネルギー政策基本法（平成14年法律第71号）12条1項に規定するエネルギー基本計画が変更されるごとまたは少なくとも3年ごとに、以下の

事項を踏まえ、再エネ特措法の施行の状況について検討を加え、その結果に基づいて必要な措置を講ずるものとされている（附則10条2項）。

① エネルギー基本計画の変更または再生可能エネルギー電気の供給の量の状況およびその見通し
② 電気の供給に係る料金の額およびその見通し・その家計に与える影響
③ 賦課金（サーチャージ）の負担が電気を大量に使用する者等の電気使用者の経済活動等に与える影響
④ 内外の社会経済情勢の変化等

また、再エネ特措法の施行（平成24年7月1日）から平成33年3月31日までの間に、再エネ特措法の施行の状況等を勘案し、再エネ特措法の抜本的な見直しを行うものとされている（附則10条3項）。

第1章　再生可能エネルギーの固定価格買取制度の概要

# II　固定価格買取制度の対象となる電気

　固定価格買取制度の対象となる電気（再生可能エネルギー電気）は、再生可能エネルギー発電設備（2条3項）を用いて再生可能エネルギー源を変換して得られる電気をいう（同条2項）。

## 1　再生可能エネルギー源

　再生可能エネルギー源とは太陽光、風力、水力、地熱およびバイオマスの5種類のエネルギー源をいう（2条4項）。このうち、バイオマスとは、動植物に由来する有機物であってエネルギー源として利用することができるもののうち、原油、石油ガス、可燃性天然ガスおよび石油並びにこれらから製造される製品（以下、「原油等由来エネルギー源」という）を除いたものである（同項5号）。前述の5種類のエネルギー源のほか、原油等由来エネルギー源以外のエネルギー源のうち、電気のエネルギー源として永続的に利用できるものとして政令で定めるものも再生可能エネルギー源に含まれる（同項6号）が、現時点では政令で定められたものはない。今後、太陽熱や潮力、波力等永続的に利用できる技術が実用化されると、これらのエネルギー源についても再生可能エネルギー源となると考えられる。資源エネルギー庁省エネルギー・新エネルギー部新エネルギー対策課「再生可能エネルギーの固定価格買取制度　パブリックコメントに関する意見概要及び回答」（平成24年6月18日。以下、「パブコメ回答」という）1－75（15頁）も太陽熱について、実用的・商用的な利用実態が確認できれば、対象とすることを検討するとしている。

## 2　既存設備

### (1)　概要

再エネ特措法におけるもともとの意図としては、既存の再生可能エネルギー発電設備から生じた電力は固定価格買取制度の対象外であったと考えられる。6条1項は「再生可能エネルギー発電設備を用いて<u>発電しようとする</u>者は」(下線筆者。以下同じ)と規定しているところ、認定の変更についての規定である同条4項は「第1項の認定に係る発電を<u>し、又はしようとする</u>者は」と明確に書き分けている。

これに対し、平成24年5月16日から実施されたパブリックコメントについての資源エネルギー庁省エネルギー・新エネルギー部新エネルギー対策課「調達価格及び調達期間等、電気事業者による再生可能エネルギー電気の調達に関する特別措置法の施行関係事項に関するパブリックコメントの実施」(平成24年5月)(パブコメ回答における用法に則して、以下「パブコメ案」という)においては、電気の使用者による賦課金負担は増えるものの、既存事業者のノウハウを活かしつつその更新投資を促すことができ、再生可能エネルギーへの投資拡大にとっては有効と考えることもできる(パブコメ案Ⅱ5(1)①(60頁))として、結局、既存設備が供給する電気も固定価格買取制度の対象となった(電気事業者による再生可能エネルギー電気の調達に関する特別措置法施行規則(以下、「施行規則」という)附則2条参照。手続については、Ⅳ1(2)(A)(e)参照)。

### (2) 特例太陽光発電

再エネ特措法の施行時において余剰価格買取制度のもと、すでに運転している太陽光発電設備について、経済産業大臣の確認を受け、以下に掲げる要件を満たすものについては、平成24年7月1日に6条1項の認定を受けた発電とみなされる(附則6条、施行規則附則7条)。

① 出力500キロワット未満で、次のいずれにも該当
   ⓐ 発電事業に供するものでない
   ⓑ 電気を使用しない等の場所に設置されるものでない
   ⓒ 余剰電力を供給する構造
② 一般電気事業者が、経済産業大臣所定の期間(10年)を超えない範囲

内の期間、所定の価格により調達していること、または平成24年6月30日までに買取りを一般電気事業者に申し込んでいること（電気事業者による再生可能エネルギー電気の調達に関する特別措置法第3条第1項及び同法附則第6条で読み替えて適用される同法第4条第1項の規定に基づき、同法第3条第1項の調達価格等並びに調達価格及び調達期間の例に準じて経済産業大臣が定める価格及び期間を定める件（平成24年経済産業省告示第139号）（以下、「告示139号」という）附則3項・4項）

# Ⅲ　買取主体

　買取主体である「電気事業者」（2条1項）は一般電気事業者、特定電気事業者および特定規模電気事業者である。

## 1　一般電気事業者

　一般電気事業者とは、一般の需要に応じ電気を供給する事業（一般電気事業）を営むことについて電気事業法（昭和39年法律第170号）3条1項の許可を受けた者をいい（同法2条1項2号）、東京電力株式会社、沖縄電力株式会社など10社がこれに当たる。

## 2　特定電気事業者

　特定電気事業者とは、特定の供給地点における需要に応じ電気を供給する事業（特定電気事業）を営むことについて電気事業法3条1項の許可を受けた者をいい（同法2条1項6号）、六本木エネルギーサービス株式会社、東日本旅客鉄道株式会社など4社がこれに当たる。

## 3　特定規模電気事業者

　特定規模電気事業者（PPS: Power Producer and Supplier、新電力ともいう）とは、電気の使用者の一定規模の需要に応ずる電気の供給を行う事業（特定規模電気事業）を営むことについて電気事業法16条の2第1項の届出をした者をいい（同法2条1項8号）、株式会社エネット、ダイヤモンドパワー株式会社など79社（平成25年3月15日現在（事業開始予定のものを含む））[4]がこれに当たる[5]。

---

4　「特定規模電気事業者連絡先一覧」資源エネルギー庁HP（http://www.enecho.meti.go.jp/denkihp/genjo/pps/pps_list.html）

買取りを行う者は、再生可能エネルギー電気を電力ネットワーク（電力系統）との接続点で買い取ったうえで、需要家に電気を安定的に供給することが想定される。このため、電力ネットワークを保有し、需要に応ずる電気の供給を拒んではならない供給義務を負う(電気事業法18条1項～4項)一般電気事業者および特定電気事業者は、買取主体として適当であると考えられる[6]。

他方、一般電気事業者の電力ネットワークを利用して電気事業を行うのが一般的であり、かつ供給義務を負わない特定規模電気事業者については、買取制度に基づく買取りができないとすることも考えられる。しかし、そうすると、①政策的に割増された調達価格と同等以上の価格を提示しないと再生可能エネルギー電気を調達できない一方で、②調達のための費用の回収に関する制度的な手当てがないという不都合が生ずる。このため、一般電気事業者と特定規模電気事業者との電源調達に係る公平性確保の観点から、特定規模電気事業者も買取主体に含まれることとなった[7]。

---

[5] 電気事業法における電気事業者（電気事業法2条1項10号）には、以上の3種の電気事業者のほか、一般電気事業者に電気を供給する事業（卸電気事業）を営むことについて3条1項の許可を得た者である卸電気事業者（同項4号）があり、電源開発株式会社、日本原子力発電株式会社の2社がこれに当たる。
[6] 総合資源エネルギー調査会電気事業分科会制度環境小委員会「総合資源エネルギー調査会電気事業分科会制度環境小委員会　中間取りまとめ」(平成23年2月) 3頁
[7] 制度環境小委員会・前掲注(6)同頁

# Ⅳ　発電の認定

　再生可能エネルギー発電設備について経済産業大臣の発電の認定（いわゆる設備認定）を受けることは、電気事業者が正当な理由なく特定契約の締結を拒否することができないこと（4条1項）、また一般電気事業者または特定電気事業者が原則として接続を拒否できないこと（5条1項）の前提の一つである。

## 1　手続

### (1)　概要

　再生可能エネルギー発電設備を用いて発電しようとする者は、申請をして6条1項各号に定める基準に適合していることにつき、経済産業大臣の認定を受けることができる（同項）。認定の申請に係る発電がいずれの基準にも適合していると認めるときは、経済産業大臣は認定をしなければならない（同条2項）。認定の申請に係る発電がバイオマスを再生可能エネルギー源とするものである場合には、経済産業大臣は、それぞれバイオマスの種類に従い、あらかじめ、次に掲げる大臣と協議する必要がある（同条3項、電気事業者による再生可能エネルギー電気の調達に関する特別措置法施行令（以下、「施行令」という）1条各号）。

① 　農林漁業有機物資源（農林漁業有機物資源のバイオ燃料の原材料としての利用の促進に関する法律（平成20年法律第45号）2条1項に規定する）　農林水産大臣（農林漁業有機物資源が廃棄物である場合は農林水産大臣および環境大臣）

② 　食品循環資源（食品循環資源の再生利用等の促進に関する法律（平成12年法律第116号）2条3項に規定する）　農林水産大臣および環境大臣

③ 　発生汚泥等（下水道法（昭和33年法律第79号）21条の2第1項に規定する）

および建設資材廃棄物（建設工事に係る資材の再資源化等に関する法律（平成12年法律第104号）2条1項にいう）　国土交通大臣および環境大臣

④　①から③まで以外の廃棄物　環境大臣

(2) 基　準

再生可能エネルギー発電設備を用いた発電は、①調達期間にわたり安定的かつ効率的に再生可能エネルギー電気を発電することが可能であると見込まれるものであることなどの再生可能エネルギー発電設備の基準（6条1項1号）および②発電の方法の基準（同項2号）にそれぞれ適合することが要件となる。

(A) 電源共通に設ける基準

(a) メンテナンス体制が常時国内に確保されていること（施行規則8条1項1号）

再生可能エネルギー発電設備について、まずは、以下の要件を満たす必要がある。

①　調達期間中、点検・保守を行うことを可能とする体制が国内で整備されていること

②　再生可能エネルギー発電設備に関し修理が必要な場合に、修理が必要となる事由が生じてから3か月以内に修理することが可能である体制が備わっていること

これらの要件は、再エネ特措法6条1項1号の「調達期間にわたり安定的かつ効率的に再生可能エネルギー電気を発電することが可能であると見込まれるものであること」を確認するために規定されたものである（パブコメ回答2-59（31頁））。

具体的には以下のとおりである（パブコメ回答2-63、64（31頁））。

(i) 当該設備のメンテナンスをメーカーや外部に委託する場合　当該メーカーや外部の問い合わせ窓口が日本国内にあり、問題が生じてから3か月以内に修理作業を開始することができること

(ii) 発電事業者自らがメンテナンスを行う場合　発電事業者が技術者の配置状況から(i)と同様の対応が可能であること

(b) 場所・仕様の決定（施行規則8条1項2号）

発電設備を設置する場所および設備仕様（製品の製造事業者および形式番号等（パブコメ回答2-17（27頁））が決定している必要がある。

場所については、当該場所における事業の実施可能性が相当程度見込まれることで足り、農地法その他の関係法令などに基づく許認可を受けていることは要件ではない（パブコメ回答同）。ただし、環境影響評価については、環境影響評価に係る調査が完了しなければ設備の内容が特定されないため、その段階では設備認定を受けることができない（パブコメ回答2-31（28頁））。

(c) 的確な計測（施行規則8条1項3号）

電気事業者に対して供給する再生可能エネルギー電気の供給量を的確に計測できる構造にある必要がある。

(d) 再生可能エネルギー電気の供給量の増加

既存設備の重要な部分の変更により再生可能エネルギー電気の供給量を増加させる場合、かかる変更により再生可能エネルギー電気の供給量の増加が確実に見込まれ、増加供給量を的確に計測できる構造である必要がある。

(e) RPS法上の新エネルギー等認定設備でないこと

再エネ特措法施行時（平成24年7月1日）においてすでに運転が開始されている再生可能エネルギー発電設備である場合、電気事業者による新エネルギー等の利用に関する特別措置法（平成14年法律第62号。以下、「RPS法」という）における新エネルギー等認定設備でないことが要求される。既設の再生可能エネルギー発電設備の認定の申請については、再エネ特措法6条1項の認定の申請を平成24年11月1日までに行わなければならなかった（施行規則附則2条）。このため、当該設備が新エネルギー等認定設備である場合には、当該設備認定の撤回の申出を同日までに行う必要があった（資源エネルギー庁新エネルギー対策課「再生可能エネルギーの固定価格買取制度について」

第1章　再生可能エネルギーの固定価格買取制度の概要

(http://www.enecho.meti.go.jp/saiene/kaitori/dl/120522setsumei.pdf) 42頁)。

　(f)　費用の記録（施行規則8条2項1号）

　認定の申請に係る再生可能エネルギー発電設備の設置に要する費用の内容と、当該設備の運転に要する費用の内容を記録しつつ、発電を行うことが求められる。これに基づいて、当該設備の設置に要する費用および運転に要する費用が経済産業大臣に報告されることとなる（施行規則12条）。

　(B)　電源ごとに設ける基準

　　(a)　太陽光発電

　種類に応じて一定の変換効率の確保が求められる（施行規則8条1項5号）。

　　(i)　出力10キロワット未満の太陽光発電設備

　自己消費した余剰の電力を電気事業者に供給する構造であること（施行規則8条1項6号イ）、日本工業規格（JIS規格）に適合するものであること（同号ハ）などが挙げられる[8]。

　余剰電力は、「当該太陽光発電設備の設置場所を含む一の需要場所において使用される電気として供給された後の残余の再生可能エネルギー電気」（同号イ）、すなわち、太陽光発電による電気のうち、①当該太陽光発電設備が設置された施設等において消費された電気を除いた部分であって、かつ、②当該太陽光発電設備が設置された施設等に接続されていて一般電気事業者が維持・運用する配電線に逆流した部分をいう[9]。

　エネルギー供給事業者による非化石エネルギー源の利用及び化石エネル

---

[8]　第三者認証制度によって発電性能や耐久性等について一定の品質が担保されている場合には、系統連系するにあたり、電力会社との個別協議にかかるコストが省かれ、円滑な系統連系およびその後の買取りが実現する、としている（総合資源エネルギー調査会　新エネルギー部会・電気事業分科会　買取制度小委員会『『再生可能エネルギーの全量買取制度における詳細制度設計について』買取制度小委員会報告書」（平成23年2月18日）3頁）。

[9]　非化石エネルギー源の利用に関する一般電気事業者等の判断の基準（平成21年経済産業省告示第278号）3①

ギー原料の有効な利用の促進に関する法律（平成21年法律72号）（いわゆるエネルギー供給構造高度化法）、平成21年経済産業省告示第277号・第278号に基づき、余剰電力買取制度が平成21年11月から開始され、住宅等における小規模な太陽光発電設備から生ずる余剰電力が買取りの対象となった。その趣旨は、①国民負担の総額の抑制、②住宅において節電を促すことができる、というものであったが、このたびの固定価格買取制度に移行する際に、仮に、発電した電力を全量、電気事業者に供給することとなると、①②のインセンティブが失われるほか、③各戸の配線変更など制度変更による利用者の混乱が生じるおそれがあるため[10]、これを回避するために引き続き小規模な発電設備については余剰電力買取制度が維持されたと考えられる。

なお、出力10キロワット未満の太陽光発電設備を除く再生可能エネルギー発電設備については、余剰売電は禁止されておらず、余剰電力の供給における調達価格も全量売電と同一価格が適用される（パブコメ回答1-80（15頁）、10キロワット以上の太陽光につきパブコメ回答1-138（24頁））。

(ii) 複数太陽光発電設備設置事業（屋根貸し）

(ア) 意義

複数太陽光発電設備設置事業とは、①出力10キロワット未満の設備を、②自ら所有していない複数の場所に設置し、③当該設備を用いて発電した再生可能エネルギー電気を電気事業者に供給する事業であって、④太陽光発電設備の出力合計が10キロワット以上となるものをいう（施行規則8条1項6号）。

(イ) 要件

余剰電力を電気事業者に供給する構造ではないこと、および、専ら住宅またはその敷地に設置する場合は設置場所について所有権その他の使用の権原を有する者の承諾を得ていることが要求される（施行規則8条1項7号）。設

---

[10] 再生可能エネルギーの全量買取に関するプロジェクトチーム「『再生可能エネルギーの全量買取制度』の導入に当たって」（平成22年7月23日）の参考資料（以下、「大枠・参考資料」という）6頁

置場所について所有権その他の使用の権原を有する者の承諾を得ていることを証明する書類(施行規則7条2項4号)として、①契約期間が電気事業者と特定契約を締結する期間にわたること(契約解除がない限り自動更新とする、等でも可)、②(屋根の所有者に対する安全・安心策として)メンテナンスを契約期間にわたって当該事業者が行うこと、などを内容とする賃貸借契約書を申請書に添付しなければならない(パブコメ案2(1)②【電源ごとに設ける基準】1ハ)(40頁)、パブコメ回答2－108(34頁)、2－119(35頁))。

(ウ) 災害時等の自家消費

複数太陽光発電設備設置事業により設置された太陽光発電設備については、前述(イ)のとおり、当該設備の設置場所において電気を使用することを前提としない。しかし、災害等による停電時において、場所を貸している者が、停電時の自立運転機能によりパワーコンディショナーのコンセントに電気製品等を接続して電気を利用することについては、制度上の制約はない(パブコメ回答1－152(25頁))。

(b) 風力発電

出力が20キロワット未満のものについては、**JIS**規格に適合するものであることとされている(施行規則8条1項8号)。

(c) 水力発電

(i) 出力合計が3万キロワット未満であること(施行規則8条1項9号)

①3万キロワット以上の大規模設備は、買取対象としなくとも経済的に成り立つものが多く、②諸外国の例も参考として、3万キロワット未満の中小水力発電を対象としたものである[11]。

(ii) 揚水式でないこと(施行規則8条2項2号)

揚水式発電設備とは、ピーク需要を調整するために、需要の少ない深夜の

---

11 大枠・参考資料・前掲注(10) 5頁

電力を使用して水をポンプアップして貯水し、需要の多い昼間に発電する方式の発電設備である[12]。

　(d)　地熱発電

　地熱発電については特に基準は設けられていない。なお、タービンのような主要設備の更新がされた場合に、新規設備と同様の扱いとして更新された設備の全発電量が買取りの対象となるか、増量分だけが対象となるかが問題となるが、元々ある地熱井をそのまま活用し、タービン等のみを取り替える場合には、基本的に増出力分のみが買取りの対象となる（パブコメ回答2－143（37頁）。

　(e)　バイオマス発電

　①バイオマス比率[13]を毎月1回以上定期的に算定し[14]、バイオマス比率およびその算定根拠を帳簿に記載しつつ発電する方法であること、②発電に利用するバイオマスと同じ種類のバイオマスを利用して事業を営む者による当該バイオマスの調達に著しい影響を及ぼすおそれがない方法であることが求められる（施行規則8条2項3号）。このため、設備認定の申請においては、①当該バイオマス発電設備を用いて行われる発電に係るバイオマス比率の算定の方法を示す書類、および②発電に利用されるバイオマスの種類ごとに、それぞれの年間の利用予定数量、予定購入価格および調達先その他当該バイオマスの出所に関する情報を示す書類の提出が求められる（施行規則7条2項5

---

12　電気事業講座編集委員会「電気事業講座　第8巻電源設備」（エネルギーフォーラム、2007）37～38頁
13　「バイオマス比率」とは、バイオマス発電設備を用いて行われる発電により得られる電気の量に占めるバイオマスを変換して得られる電気の量の割合（複数の種類のバイオマスを用いる場合にあっては、当該バイオマスごとの割合）をいう（施行規則7条2項5号）。バイオマス比率は脱水・乾燥後の水分率による発熱量により算出される（パブコメ回答2－156（38頁））。
14　電気事業者による電気の買取りが通常月1回行われること、買取りに要した費用は電気の使用者による賦課金でまかなう制度であって供給量を適正に計量する必要があることから、算定頻度が月1回とされている（パブコメ回答2－165（39頁））。

号)。木質バイオマスについては、後述Ⅴ1(3)(E)のとおり、「森林における立木竹の伐採又は間伐により発生する未利用の木質バイオマス(輸入されたものを除く。)」、「木質バイオマス又は農産物の収穫に伴って生じるバイオマス(当該農産物に由来するものに限る。)」および「建設資材廃棄物」(告示139号本則2項の表12号から14号まで)といった異なる複数の調達区分が存在する。このため、木質バイオマス(リサイクル木材を除く)を燃焼する発電については、発電利用に供する木質バイオマスの証明のためのガイドラインに基づいた証明書を、当該出所を示す書類として添付することが求められる[15]。

　間伐材等由来の木質バイオマスおよび一般木質バイオマスの証明は、当該バイオマスの伐採を行う者または加工・流通を行う者が、次の流通工程の関係事業者に対して、その納入する木質バイオマスが間伐材等由来の木質バイオマスまたは一般木質バイオマスであることを証明し、かつ、分別管理されていることを証明する書類(証明書)を交付することとし、それぞれの納入ごとに証明書の交付を繰り返すことにより行われる[16]。

　特定供給者は、バイオマス比率およびその算定根拠を帳簿に記載して5年間保存しなければならない(施行規則13条)(後述3(3)参照)。

　既存の石炭火力発電所でのバイオマスの混焼についても認定対象となり、バイオマス比率を適正に算定した場合には、買取対象となる(パブコメ回答2－147、148(37頁))。

### (3) 認定の申請

　再生可能エネルギー発電設備を用いて発電しようとする者は、施行規則の様式第1(出力が10キロワット未満の太陽光発電設備の場合は様式第2)の申請書

---

[15] 林野庁「木質バイオマス発電証明ガイドラインQ&A」(平成24年8月31日版)問12(6頁)

[16] 林野庁「発電利用に供する木質バイオマスの証明のためのガイドライン」(平成24年6月)3。この「証明の連鎖」の始まりとなる証明書の一覧について林野庁・前掲注(15)問43(21頁)

を提出しなければならない（施行規則7条1項）[17]。申請書には、法6条1項各号および施行規則8条に掲げる基準に該当するものであることを示す書類（施行規則7条2項1号）などを添付する必要がある（施行規則7条2項各号）。申請から認定までの標準処理期間は、バイオマス以外の再生可能エネルギー源については1か月、バイオマスを再生可能エネルギー源とするものについては2か月である（パブコメ回答2－4（26頁））。系統連系や接続に関する電気事業者との事前協議については、設備認定の前後にかかわらず行うことは可能である（パブコメ回答2－8（27頁））。ただし、円滑に発電事業を行うためには、系統連系の協議を設備認定に先行して行うことが望ましい（パブコメ回答3－18（45頁））。

## 2　変更の認定

いったん認定された発電について変更がある場合は、変更の認定が必要である（6条4項）。点検、保守および修理を行う体制の変更や設備の区分等の変更を伴う変更においては、変更の認定を受ける必要がある（施行規則10条1項）。メーカー等が倒産しメンテナンス体制が消滅した場合には、設置者自らまたは他の者に委託して当該メンテナンスを行う体制を整える必要があり、できない場合には認定の取消対象となり得る（パブコメ回答2－71（32頁））。発電設備の設置場所を変更した場合、基本的には調達価格や調達期間は継承される（パブコメ回答2－57（30頁））。ただし、変更の認定のうち、認定発電設備の大幅な出力の変更（施行規則10条1項2号、ただし、電気事業者による接続の検討の結果、出力を変更しなければならない場合を除く）による変更の認定に限り、調達価格・調達期間の適用に影響が生じる（告示139号本則2項かっこ書、後述Ⅴ4(1)参照）。

---

[17] 認定の申請をしようとする再生可能エネルギー発電設備が、法施行日（平成24年7月1日）においてすでに再生可能エネルギー電気の発電を開始していたものである場合は、平成24年11月1日までに認定の申請を行っている必要がある（施行規則附則2条）。

軽微な変更については変更の認定を受ける必要はなく（同項ただし書）、遅滞なく軽微な変更をした旨を、施行規則の様式第6による届出書を提出して（施行規則10条2項）、経済産業大臣に届け出なければならない（6条5項）。「軽微な変更」は施行規則10条1項各号に掲げる変更以外の変更をいう（施行規則10条1項柱書）が、そのうち「認定発電設備の大幅な出力の変更」（施行規則10条1項2号）について、認定された設備の出力の±20％未満の変更、または±10キロワット未満の変更の場合（発電設備区分の変更がある場合を除く）は、軽微な変更として届出をすれば足りる[18]。

## 3 認定発電設備を用いて発電する者の義務──報告義務

認定発電設備を用いて発電する者は、認定発電設備の設置に要した費用の内容および年間の運転に要した費用の内容を経済産業大臣に報告する義務を負う（施行規則12条）。この義務は、再生可能エネルギー発電設備の設置に要する費用の内容および運転に要する費用の内容を記録しつつ発電を行うことが発電の認定の基準となっていること（施行規則8条2項1号、前述1(2)(A)(f)）を前提としており、また、この報告は、経済産業大臣が調達価格を定める際の判断材料の一つになる（3条2項）。

### (1) 設置に要した費用

認定発電設備を用いて発電する者は、特定契約に基づき再生可能エネルギー電気の供給を開始したときは、速やかに当該設備の設置に要した費用の内容を経済産業大臣に報告しなければならない（施行規則12条1項）。ただし、既設の発電設備については、このような報告義務を負わない（同項かっこ書）。

費用の項目は、設計費、設備費、工事費、接続費用、その他である（施行

---

[18] 資源エネルギー庁HPの http://www.enecho.meti.go.jp/saiene/kaitori/dl/2012henko_unyo.pdf 参照

規則同条3項、様式第7)。

### (2) 運転に要した費用

認定発電設備を用いて発電する者は、毎年度1回、当該設備の年間の運転に要した費用の内容を経済産業大臣に報告しなければならない(施行規則12条2項)。

費用の項目は、人件費、修繕費、土地の賃借料、業務分担費（一般管理費）、燃料費（バイオマスで逆有償（発電する者が燃料とともに金銭を受領すること）の場合は、受取額）、水利利用料、その他である（施行規則同条3項、様式第7)。

### (3) **帳簿の備付けおよび保存**

認定発電設備であるバイオマス発電設備を用いて発電する者は、バイオマス比率及びその算定根拠を記載した帳簿を備え付け、記載の日から起算して5年間保存しなければならない（施行規則13条)。

第1章 再生可能エネルギーの固定価格買取制度の概要

# V 調達価格・調達期間

## 1 調達価格の算定

### (1) 算定において勘案する要素

調達価格の算定において、①再生可能エネルギー電気の効率的供給に通常要する費用および供給見込量を基礎とし、②再生可能エネルギー電気の供給量の状況のほか、認定発電設備を用いて再生可能エネルギー電気を供給しようとする者(特定供給者)が受けるべき適正な利潤や、再エネ特措法施行前から再生可能エネルギー電気を供給する者の供給にかかる費用などを勘案するものとしている(3条2項)。なお、調達価格低減のために、コスト低減の目標となるべき価格を用いて算定するということは予定していない(パブコメ回答1-153(25頁))。

### (2) 利潤への配慮

施行日から3年間、特定供給者が受けるべき利潤に特に配慮するものとされている(附則7条)。これは衆議院の修正により設けられた条文であり、集中的に再生可能エネルギー発電設備の導入を進めるためのものである。平成24年度(平成24年7月1日～平成25年3月31日)の調達価格および調達期間(以下、「調達価格等」という)に関する調達価格等算定委員会の報告書(以下、「平成24年度委員会報告書」という)は、プロジェクトの事業採算性を評価する際には、広くIRR(internal rate of return、内部利子率・内部収益率)の指標が使われているところ、「適正な利潤」を決定するにあたっては、他事業との総合的な比較を勘案できるようにすることが重要であり、「適正な利潤」を計測する指標としては、各事業の態様によって税金の内容が異なりうることから、税金を差し引く前の「税引前IRR」を用いることとした、とする。また、同報告書は、IRRはその事業特性に応じ、事業リスクが高ければ高いIRRに、

事業リスクが低ければ低いIRRとなる性格を持ち、委員会でのヒアリング（以下、「ヒアリング」という）で提示されたIRRの差は、こうした各事業固有のリスクなどを、一定程度、反映したものと考えることができるとする。そして、ドイツやスペインでのIRR、日本との金利差を考慮して、日本で標準的に設定すべきIRRを、税引前5～6％程度とし、法施行後3年間は例外的に利潤に特に配慮するものとしているため（法附則7条）、1～2％程度上乗せし、税引前7～8％を当初3年間のリスクが中程度の電源に対して設定されるIRRとした。3年間経過後は、この上乗せ措置は、廃止されるものとする、としている[19]。

### (3) 調達価格等の区分

調達価格等を再生可能エネルギー設備の区分（風力・水力など）だけでなく、設置の形態や規模ごとに策定される（3条1項）。洋上風力については、コストデータが把握可能となった時点で、別途の区分を設けることも含めて再検討するとされた（パブコメ回答1-78(15頁)）。平成24年度委員会報告書で定められた調達区分、IRRおよび調達期間については以下のとおりである。

#### (A) 太陽光

##### (a) 調達区分

調達区分については、10キロワット未満と10キロワット以上の2区分を設け、主として住宅用である10キロワット未満の区分については、①余剰買取方式の場合、自己消費分を減少させることにより、太陽光発電の売電量が増やせるため、省エネルギーの促進効果がある、②余剰買取方式から全量買取方式に移行する場合、設定する価格を変えなければ、太陽光発電による発電量が増えないにもかかわらず、賦課金負担が増えることとなる、③余剰買取方式の場合、売電分が6割という前提で計算され、平成24年度の調達価格は

---

[19] 調達価格等算定委員会「平成24年度調達価格及び調達期間に関する意見」（2012年4月27日）Ⅱ3（3頁）

キロワット時当たり42円になっているが、全量買取方式の場合、発電分を100％売電する前提で価格設定を行うため、調達価格が下がる（試算値でキロワット時あたり34円まで）こととなり、消費者にとって、導入のディスインセンティブになるおそれがある、④全量買取方式の場合、全発電量がいったん電力系統に逆潮流してくることとなり、太陽光発電による発電量が同じままでも、電力系統への負担は増えるため、系統整備費用が増加する、といった理由から、現行制度と同じく、余剰買取方式とされた[20]。

(b) IRR

10キロワット以上の太陽光発電については、ヒアリングにおいては、税引前6％と、他の分野に比べ低めのIRRが提示されたが、これは再生可能エネルギーの他の分野と比べた場合の太陽光発電のリスクの小ささを反映しているものと判断された。そこで、リスクが中程度の電源に対して設定する最初3年間のIRRを税引前7～8％として想定するため、10キロワット以上の太陽光発電についてはこれより低い税引前6％とされた。

また、10キロワット未満の太陽光発電については、一般的なソーラーローンの金利に相当する3.2％とされた[21]。

(c) 調達期間

ヒアリングでは、太陽光パネルの実態上の寿命は20年以上あり、若干の経年変化はあっても発電は十分可能との理由から、法定耐用年数17年より長い20年が提示された。このため、実際に20年を経た事例は未だあまりないものの、パネルの設計寿命も、多くの事業計画も20年間の使用を念頭に置いている実態があることから、10キロワット以上については調達期間が20年とされた。10キロワット未満については、その用途が主として住宅用であり、個人住宅の外壁や屋根の塗替えが10～15年程度で実施され、また住宅自体の譲渡

---

20 調達価格等算定委員会・前掲注(19)Ⅲ1(1)（5頁）
21 調達価格等算定委員会・前掲注(19)Ⅲ1(4)（5頁）

もあり得ることから、ヒアリングでは法定耐用年数より短い10年が提示された。従来の余剰電力買取制度との連続性も考慮し、調達期間は10年とされた[22]。

(d) 劣化率の取扱い

太陽光発電設備の劣化率については、複数年使用した後の太陽光パネルの公称出力からの出力低下がどの程度の水準であるかという点について、確立したデータが存在していない。このため、コスト等検証委員会の費用試算においても劣化率を全く考慮されておらず、平成24年度委員会報告書においても考慮されなかった[23]。

(B) 風　力

(a) 調達区分

調達区分については、20キロワット未満と20キロワット以上の2区分を設けることとされた。洋上風力発電については、平成24年度委員会報告書作成時においては費用の算定が困難であるため、初年度においては別途の区分は設けられていない。しかし、現実の費用は、陸上風力発電と相違することも想定されることから、洋上風力に係るコストデータが把握可能となった時点で、別途の区分を設けることも含めて、再検討を行うこととされた[24]。

(b) IRR

20キロワット以上の風力は、地熱発電ほどリスクが高くない一方で、太陽光発電よりはリスクが高いと認められるため、当初3年間のリスクが中程度の電源に対して設定するIRRを適用し、ヒアリング結果でも提示された8％で設定することとされた。また、20キロワット未満の小型風力については、ヒアリング結果でも提示されたとおり、国債金利利回り程度の1.8％とされた[25]。

---

22　調達価格等算定委員会・前掲注(19)Ⅲ1(5)（6～7頁）
23　調達価格等算定委員会・前掲注(19)Ⅲ1(6)（7頁）
24　調達価格等算定委員会・前掲注(19)Ⅲ2(1)（10頁）

(c) 調達期間

ヒアリング結果では、実態上の設計寿命が20年あり、また、風車の操業期間の実態も20年以上となっていることから、法定耐用年数の17年より長い20年が提示された。さらに、世界で事業用に使用される風車は、ほとんどIEC（国際電気標準会議）の規格に準拠しているが、IECの規格上も風車の設計耐用年数は20年とされている。これらを勘案し、20キロワット以上、20キロワット未満を問わず、調達期間については、20年とされた[26]。

(C) 地 熱

(a) 調達区分

ヒアリング結果で提示された出力規模別の発電コストは、1.5万キロワットを境にスケールメリットの働き方が変わってくるため、調達区分についても、1.5万キロワット以上とそれ未満で区分することとされた[27]。

(b) IRR

地熱発電のリスクについては次のように評価された。

(i) 地点開発の費用

地熱の開発にあたっては、地表調査および調査井掘削を通じた地点開発が必要であり、その結果、開発を断念した場合については、調査価格の算定対象とはならない。このため、地点開発リスクはIRRの設定によって調整する必要がある。

(ii) 一件当たりの地点開発の費用の高さ

地点開発の費用は、一地点で、約50億円程度（3万キロワットの設備の場合）で、地表調査や調査井掘削に関する補助制度や出資制度が平成24年度から創設されたが、それでも約46億円程度は自己負担することとなる。このため、地熱の地点開発コストは、風況調査（7千～8千万円程度）や日照調査（数百

---

25 調達価格等算定委員会・前掲注(19)Ⅲ 2(4)（10頁）
26 調達価格等算定委員会・前掲注(19)Ⅲ 2(5)（11頁）
27 調達価格等算定委員会・前掲注(19)Ⅲ 3(1)（12頁）

万円～数千万円）で済む風力・太陽光に比べ、著しく高い。

　(iii)　地点開発が必要な件数

　地点開発は一箇所とは限らず、場合によっては複数箇所を試みて初めて事業化にたどり着ける。このため、本格着工の前に、相当の初期投資と数年間の時間が必要である。

　以上のリスク評価により、地熱は、他の再生可能エネルギー電源と比較しても、著しくリスクが高い。したがって、当初3年間のリスクが中程度の電源に対して設定するIRRである税引前7～8％より高い、税引前13％を設定することとされた[28]。

　(c)　調達期間

　ヒアリングでは、発電機などの主要設備の法定耐用年数どおり15年が提示されており、これが採用された[29]。

(D)　中小水力

　(a)　調達区分

　中規模・小規模を区分する出力として1000キロワットで区分し、さらに建設費に差異があるため、200キロワットでさらに区分を設けている[30]。

　(b)　IRR

　1000キロワット未満の分野で全国小水力利用推進協議会が設定したIRR7％を1000キロワット以上についても採用し、1000キロワット未満の水力発電については、地熱発電ほどリスクが高くない一方で、太陽光発電よりはリスクが高いと認められるため、当初3年間のリスクが中程度の電源に対して設定されるIRRを適用することとし、ヒアリング結果と同様7％とされた[31]。

　(c)　調達期間

---

28　調達価格等算定委員会・前掲注(19)Ⅲ 3 (4)（13頁）
29　調達価格等算定委員会・前掲注(19)Ⅲ 3 (5)（13頁）
30　調達価格等算定委員会・前掲注(19)Ⅲ 4 (1)（14頁）
31　調達価格等算定委員会・前掲注(19)Ⅲ 4 (3)（15頁）

発電設備の法定耐用年数は22年であるが、20年を超える資金調達は金融実態から事実上困難と認められるため、法定耐用年数どおりとすると、資金調達に支障を来し、事業者の参入が困難になることが危惧された。このため、調達期間は20年とされた[32]。

(E) バイオマス

(a) 調達区分

(ⅰ) 五つの調達区分

家畜糞尿や下水汚泥等を用いたメタン発酵ガス化バイオマス発電は、発酵槽を用いたガス化プロセスが必要となり、他のバイオマスと比較すると発電コストが極めて高い。他方、建設廃材などリサイクル木材を燃焼させるバイオマス発電については、発電コストが圧倒的に安いうえ、製紙業、繊維板業等による原料としての既存用途との競合回避が重要である。このため、メタン発酵ガス化バイオマスとリサイクル木材を燃焼させるバイオマス発電をまず分けた。

その中間領域に、間伐材などの未利用木材を燃焼させるバイオマス発電、工場残材など一般木材を燃焼させるバイオマス発電、一般廃棄物などを燃焼させるバイオマス発電が残る。輸入チップやパーム残さ（PKS: palm kernel shell）を燃焼させるバイオマス発電の発電コストは、一般木材のバイオマス発電のそれに近く、鶏糞や下水汚泥を燃焼させるバイオマス発電は、一般廃棄物を用いたバイオマス発電の発電コストに近い。

このため、中間領域については、①未利用木材を燃焼させるバイオマス発電、②工場残材など一般木材、輸入チップやパーム残さを燃焼させるバイオマス発電、③鶏糞や下水汚泥、一般廃棄物等などを燃焼させるバイオマス発電の三つにグループ分けされた[33]。

---

[32] 調達価格等算定委員会・前掲注(19)Ⅲ 4 (4)（15頁）
[33] 調達価格等算定委員会・前掲注(19)Ⅲ 5 (1)（17頁）

なお、未利用木材とは、一般的には、伐採されながら利用されずに林地に放置されている未利用間伐材や主伐残材等がこれに当たる。搬出された個々の木材が未利用か否かを判断することは実質的に困難であるが、「製紙用など既存用途で販売されたことがない。今後も販売できる見込みがない」、「既存用途で販売しているが、製紙用などとして受け入れ可能と言われている数量を超えた」等がこれに当たると考えられている[34]。木質バイオマスについては前述Ⅳ 1(2)(B)(e)参照。

また、バイオディーゼル燃料（BDF）については、菜種油等農作物由来のものは②の一般木材等の区分、廃食油等から生産されたものは③の一般廃棄物等の区分に該当するが、両者が混ざっており、分けて計測することが困難である場合は、低いほうの価格である一般廃棄物等の区分が全体に適用される（パブコメ回答 1 – 90（17頁））。

複数の調達区分のバイオマスを混焼している場合の調達価格は、当該発電設備から電気事業者に対して供給される電気について、バイオマス燃料ごとにバイオマス比率を算定し、当該比率を乗じた後の電気の供給量にそれぞれバイオマスの種類に応じた調達価格を乗じて算出する（パブコメ回答 2 – 146（37頁））。

(ii) 木質バイオマス

木質バイオマスについては、前述Ⅳ 1(2)(B)(e)のとおり、「森林における立木竹の伐採又は間伐により発生する未利用の木質バイオマス（輸入されたものを除く。）」（以下、「間伐材等由来の木質バイオマス」という）、「木質バイオマス又は農産物の収穫に伴って生じるバイオマス（当該農産物に由来するものに限る。）」（以下、「一般木質バイオマス」という）および「建設資材廃棄物」（告示139号本則2項の表12号から14号まで）といった複数の区分ごとに調達価格等が定められている。

---

[34] 林野庁・前掲注(15)問20（10頁）

木質バイオマス（リサイクル木材を除く）を燃焼する発電については、発電利用に供する木質バイオマスの証明のためのガイドラインに基づいた証明書を、当該出所を示す書類として添付することが求められる。出所が判断できない場合は、建設資材廃棄物の価格が適用される（告示139号本則2項備考の5の項）。

(b) IRR

未利用木材を燃焼させる木質バイオマス発電のIRRについては、地熱ほどリスクは高くない一方で、太陽光よりはリスクが高いと認められるため、当初3年間のリスクが中程度の電源に対して設定されるIRRを適用し、8％とされた。一方、一般木材およびリサイクル木材については、以下の理由からIRRは4％とされた。

(i) 既存用途の市場への影響懸念

リサイクル木材（主として建設廃材）および一般木材（主として工場残材）については、調達価格が上昇し、チップ市場全体の市況を引き上げることとなると、既存用途である住宅の下地材・構造材、インテリアの部材や、製紙用原料などへの影響が大きく、これらの既存用途分野の原料調達における、価格上昇や供給不安につながるおそれがある。

(ii) 事業リスクの違い

①建設廃材や工場残材の発生量は建築需要と連動しており、毎年、ほぼ一定量が安定して得られる。②風力や太陽光などと異なり、天候変動リスクや自然条件リスクが低い。③建材リサイクル市場等が確立しており、未利用木材のように、燃料調達のための新たな事業環境整備が不要である。

(iii) 一般廃棄物の場合との類似性

一般木材およびリサイクル木材においては、建材リサイクル市場などすでに安定的な燃料調達サイクルが確立しており、バイオマス発電の中でも、廃棄物収集サイクルが確立している一般廃棄物に近い。一般廃棄物については、ヒアリングの結果の価格から算定された4％をIRRとして採用している。

メタン発酵ガス化バイオマス発電については、他の事業に付随して実施される事業であってリスクが低いと認められるので、ヒアリング結果どおりIRR 1％とされた[35]。

(c) 調達期間

概ね実際の稼動期間は20年程度と認められることから、一律、発電設備の法定耐用年数の15年より長い20年とされた[36]。

## 2 調達期間

調達期間は、再生可能エネルギー電気の供給開始の時から、再生可能エネルギー発電設備の重要な部分の更新の時までの標準的な期間を勘案して定められるものである（3条3項）。このため、調達価格等算定委員会では、法定耐用年数（減価償却資産の耐用年数等に関する省令（昭和40年大蔵省令第15号）1条1項2号・別表第2第31号参照）を基礎とするのを適当とした[37]。

「その調達価格による調達に係る期間（以下『調達期間』という。）」と規定されており（3条1項）、いったん適用された調達価格は、その調達期間中はその価格が継続される。

ただし、物価その他の経済事情に著しい変動が生じ、または生じるおそれがある場合において、特に必要があると認めるときは、経済産業大臣は調達価格等(調査価格および調達期間をいう(3条1項))を改定することができる(3条8項、パブコメ回答1－44（11頁）、1－123（21頁））。なお、この点については、衆議院経済産業委員会で海江田経済産業大臣（当時）が「［たとえば］3年目に大きく買い取り価格などが変わってしまえば経営の計画が立たないわけでございますから、当然、一たん適用されました買い取り価格につきましては、その買い取り期間中はその価格が継続をされる、維持をされるという

---

35 調達価格等算定委員会・前掲注(19)Ⅲ 5 (3) (19頁)
36 調達価格等算定委員会・前掲注(19)Ⅲ 5 (4) (19頁)
37 調達価格等算定委員会・前掲注(19)Ⅱ 4 （4頁）

形になっております」と答弁しており[38]、「急激なインフレやデフレのような事態を想定しており、同項に基づく価格の改定はきわめて例外的な場合に限られる」[39]と解される。

この場合も、経済産業大臣は、調達価格等算定委員会の意見を尊重しなれければならない（3条9項・5項）。

## 3　調達価格等の決定の手続

### (1)　経済産業大臣の決定

調達価格等は、毎年度、年度の開始前に経済産業大臣が決定する（3条1項）。ただし、経済産業大臣は、供給量の状況、再生可能エネルギー発電設備の設置費用、物価等の経済事情の変動等を勘案し、必要があると認めるときは、半期ごとに設定することができる（3条1項ただし書）。

経済産業大臣は、再生可能エネルギー発電設備の所管に応じて農林水産大臣、国土交通大臣または環境大臣に協議しなければならない。また、消費者政策の観点から消費者問題担当大臣の意見を聴くとともに、調達価格等算定委員会の意見を聴かなければならない。調達価格等算定委員会の意見についてはこれを尊重しなければならない（3条5項）。

経済産業大臣が調達価格等を定めたときは、遅滞なく告示しなければならない（3条6項）。経済産業大臣は、決定プロセスの透明化を図るため、告示後速やかに調達価格等および算定の基礎に用いた数および算定の方法を国会に報告しなければならない（3条7項）。なお、平成24年度の調達価格等については平成24年5月に、平成25年度（平成25年4月1日〜平成26年3月31日）の調達価格等については平成25年3月にそれぞれパブコメに付された。

---

[38]　衆議院経済産業委員会議録15号（その1）（平成23年7月27日）5頁
[39]　市村拓斗（資源エネルギー庁省エネルギー・新エネルギー部新エネルギー対策課長補佐）「再エネ特措法上の特定契約の締結・接続に関する拒否事由の概要」NBL982号（2012）7頁

### (2) 調達価格等算定委員会

委員は5人からなり（32条）、電気事業、経済等に関して専門的な知識と経験を有する者から、両議院の同意を経て、経済産業大臣が任命する（33条1項）。委員の任期は3年である（同条4項）。平成24年度の調達価格等に関する調達価格等算定委員会での審議では、内閣官房のコスト等検証委員会で議論された費目に、①再生可能エネルギー発電事業者側で負担すべき接続費用、②土地の賃借料、③法人事業税を加えて[40]、調達価格の算定が行われた。また、実態とのずれを修正するため、平成24年度の調達価格等の算定時には補足的に業界ヒアリングが行われた。（パブコメ回答1−1（1頁））。

また、調達価格等を定める際、16条で定める賦課金の負担が電気の使用者に対して過重なものとならないように配慮しなければならない（3条4項）ため、固定価格買取制度の適用を受けた設備のコストデータについて経済産業省に事後的に提出することを買取制度適用の条件とすることを求め、二年度目以降については、これを調達価格に関する審議に反映されることとしている。また、費用低減が激しい電源であることに鑑み、当該コストデータは、概ね半年ごとに集計し、最新の動向を把握することを経済産業省に求めることとしている[41]。

### (3) 平成25年度の調達価格

平成25年度の調達価格については、太陽光について太陽光パネル、パワーコンディショナー、架台および工事費を含むシステム費用の下落を反映して、10キロワット以上についてはキロワット時当たり42円（税込み）から37円80銭に、10キロワット未満についてはキロワット時当たり42円から38円に、それぞれ引き下げられた（告示139号本則2項の表1号・3号）。その他のエネルギー源については、新規運転開始実績がほとんどない[42]ため、平成24年度調達価

---

40 調達価格等算定委員会・前掲注(19)Ⅱ2（2頁）
41 調達価格等算定委員会・前掲注(19)Ⅱ1（2頁）
42 調達価格等算定委員会「平成25年度調達価格及び調達期間に関する意見」（2013年3月

〔図表1〕 平成25年度の調達価格および調達期間

| 電源 | | 太陽光 | | 風力 | | 地熱 | | 中小水力 | | |
|---|---|---|---|---|---|---|---|---|---|---|
| 調達区分 | | 10kW以上 | 10kW未満（余剰買取） | 20kW以上 | 20kW未満 | 1.5万kW以上 | 1.5万kW未満 | 1,000kW以上30,000kW未満 | 200kW以上1,000kW未満 | 200kW未満 |
| 調達価格(/kWh)(円) | 税込 | 37.80 | 38 (*1) | 23.10 | 57.75 | 27.30 | 42.00 | 25.20 | 30.45 | 35.70 |
| | 税抜 | 36 | 38 | 22 | 55 | 26 | 40 | 24 | 29 | 34 |
| 調達期間(年) | | 20 | 10 | 20 | 20 | 15 | 15 | 20 | | |

（*1） 10kW未満の太陽光発電について、一般消費者には消費税の納税義務がないことから、税抜き価格と税込み価格が同じになっている[43]。

| 電源 | | バイオマス | | | | | |
|---|---|---|---|---|---|---|---|
| バイオマスの種類 | | ガス化（下水汚泥） | ガス化（家畜糞尿） | 固形燃料燃焼（未利用木材） | 固形燃料燃焼（一般木材） | 固形燃料燃焼（一般廃棄物） | 固形燃料燃焼（下水汚泥） | 固形燃料燃焼（リサイクル木材） |
| 調達区分 | | メタン発酵ガス化バイオマス | | 未利用木材 | 一般木材（含パーム椰子殻） | 廃棄物系（木質以外）バイオマス | | リサイクル木材 |
| 調達価格(/kWh)(円) | 税込 | 40.95 | | 33.60 | 25.20 | 17.85 | | 13.65 |
| | 税抜 | 39円 | | 32 | 24 | 17 | | 13 |
| 調達期間(年) | | 20 | | | | | | |

格が据え置かれることとなった。

## 4 調達価格の適用関係

(1) 調達価格等の適用

平成25年4月1日から平成26年3月31日までの間において、次の①および

---

11日）Ⅲ2(1)（10頁）など
43 調達価格等算定委員会・前掲注(19)Ⅳ（22頁）

②のいずれか遅いほうの行為が再生可能エネルギー発電設備に係る調達期間の起算日前に行われた場合における当該行為に係る再生可能エネルギー発電設備に係る調達価格等には、告示139号の本則2項の表が適用される。

① 再エネ特措法6条1項に基づく認定、および変更の認定（同条4項）のうち、認定発電設備の大幅な出力の変更（施行規則10条1項2号、ただし、電気事業者による接続の検討の結果、出力を変更しなければならない場合を除く）による変更の認定（告示139号本則2項かっこ書、前述Ⅳ 2参照）。

② 一般電気事業者または特定電気事業者による、再エネ特措法5条1項の接続に係る契約（以下、「接続契約」という）の申込みの内容を記載した書面の受領

①によれば、平成24年度に設備認定を受けたにもかかわらず、認定発電設備の大幅な出力の変更がなされ、その変更の認定を平成25年度に受けた場合、平成25年度の調達価格等が適用される。「大幅な出力の変更」とは、認定された設備の出力の±20％以上の変更で、かつ±10キロワット以上の変更をいう（前述Ⅳ 2参照）。

また②について、この接続契約の申込みの内容は、当該接続に係る再生可能エネルギー発電設備の@仕様、⑥設置場所および©接続箇所並びに@出力10キロワット未満の太陽光発電設備以外のものにあっては、当該申込みを撤回した場合にはその相手方である電気事業者が当該申込みの内容の検討に要した費用について、当該申込みを行った者が支払うことに同意する旨の内容を含むものに限る（告示139号本則1項かっこ書）。

パブコメ案においては、電気事業者との特定契約の締結時の年度の調達価格等を適用し、事業に用いる設備に変更があり、設備認定を受け直した場合については、変更認定後の設備に関し締結された変更後の契約締結時の年度の調達価格等を適用することとする、とされていた（パブコメ案2(2)②ⅰ）(43〜44頁)。これに対して、以下の理由から調達価格等の適用は前述のとおりとされた。すなわち、設備認定の段階では、その結果を踏まえてこれからその

詳細な時期と内容を検討するという事業者がほとんどであるため、設備認定の段階で価格を確定させると、まず価格だけ確定しておいて、事業化はさらに市場の様子を見て決めるといった事業者が出てくるおそれがある。そこで、適用する価格は、事業を実施することが確定し、その時期と内容が見えることで価格算定の基礎となる費用が確定した段階で、価格を決定する必要がある。他方、事業を実施する事業者からすると、ファイナンスを組むためにも極力早い段階での価格の確定が期待されるとともに、価格決定を契約締結時点とすると、契約交渉の進捗状況に価格が左右されることになってしまう。このため、価格の決定については、発電事業の実施と内容の確定が確認できるもっとも早い段階を選ぶ、契約交渉の状況に左右されにくいよう配慮するという観点から、接続契約の申込みにかかる書面を電気事業者が受領した時点または設備認定時点のいずれか遅い日とされた（パブコメ回答2-20（27頁）、2-21（28頁））。

なお、民間同士の契約で合意できるのであれば、電気事業者が特定供給者と特定契約を締結するにあたり、定められた調達価格よりも高い価格、長い期間で締結することができる。ただし、交付金として電気事業者に交付されるのは、調達価格・調達期間の範囲内の分に限られる（パブコメ回答1-154（25頁））。

### (2) 調達期間の起算日等

調達期間の起算日は、特定契約に基づき認定発電設備が最初に再生可能エネルギー電気の供給を開始した日である（告示139号本則1項の表備考二）。

特定契約の締結から売電開始時期までの期間について制約はない。ただし、発電事業者が特定契約により制約を受けることから、不当に長い期間事業の実施の遅延はできないと考えられる（パブコメ回答2-29（28頁））。

特定供給者が、すでに認定を受けた設備と同一の設備を用いて発電する場合に、何らかの事情により特定契約の相手方を調達期間の途中で変更した場合、再エネ特措法4条1項の規定に基づく変更後の特定契約に基づく電気の

供給の開始から起算して、その時点における調達期間の残余の期間を適用する（パブコメ案 2(2)② ii（44頁））。この「何らかの事情」とは、特段その理由の如何を問わず、いかなる場合も含まれると解される（パブコメ回答 3 −51（48頁））。

### (3) 補助金を受給している場合の取扱い

再生可能エネルギー発電設備設置に係る補助金のうち、地域新エネルギー等導入促進対策費補助金、新エネルギー等事業者支援対策費補助金、新エネルギー事業者支援対策費補助金および中小水力・地熱発電開発費等補助金といった、固定価格買取制度の導入に伴って廃止された補助金の交付を受けて設置された再生可能エネルギー発電設備(特例太陽光発電設備を除く)については、その調達価格が次のとおり調整されることとなった（告示139号附則 1 項）。

（本則の表に掲げる調達価格）−
（補助金交付額）÷（（年間発電見込量）×（本則の表に掲げる調達期間））

再生可能エネルギー発電設備の設置促進自体を目的とする上記の補助金については、買取制度の導入に際して政策目的が重複した政策となることから廃止されたが、上記以外の補助金については、さまざまな政策目的から各省庁や地方自治体により行われているため、これらを受けている設備を設備認定の対象外にすることはできないとしており（パブコメ回答 2 −16（27頁）、6 −19（86頁））、調達価格の調整もなされない。

### (4) 既存設備の取扱い

再エネ特措法施行日（平成24年 7 月 1 日）前に再生可能エネルギー電気の発電を開始した再生可能エネルギー発電設備(特例太陽光発電設備を除く)に係る調達期間は、以下のとおりとされた（告示139号附則 2 項）。

（本則の表に掲げる調達期間）−（発電開始日から再エネ特措法施行日までの期間）

追加で発電機の増設を行い、当該増加分による再生可能エネルギー電気の供給量を別途計測できる場合で、当該増加分について経済産業大臣の認定を受けた場合、増設後の系統連系開始日が調達期間の起算点となる（パブコメ回答2－38（29頁））。

(5) 特例太陽光発電設備

(A) 平成23年3月31日までに特例太陽光発電設備を用いて発電された電気の買取りを一般電気事業者に申し込んだ場合

この場合の特例太陽光発電設備についての特例太陽光価格および特例太陽光調達期間は以下のとおりである（告示139号附則3項）。

〔図表2〕 特例太陽光価格・調達期間(1)

| 設備の区分等 | | 住宅用太陽光発電設備 | | 住宅用太陽光発電設備以外 | |
|---|---|---|---|---|---|
| | 自家発電設備等の有無 | なし | あり | なし | あり |
| 特例太陽光価格 | | 48円 | 39円 | 24円 | 20円 |
| 特例太陽光調達期間 | | 10年 | | | |

(B) 平成23年4月1日から平成24年6月30日までに特例太陽光発電設備を用いて発電された電気の買取りを一般電気事業者に申し込んだ場合

この場合の特例太陽光発電設備についての特例太陽光価格および特例太陽光調達期間は以下のとおりである（告示139号附則4項）。

〔図表3〕 特例太陽光価格・調達期間(2)

| 設備の区分等 | | 住宅用太陽光発電設備 | | 住宅用太陽光発電設備以外 | | | |
|---|---|---|---|---|---|---|---|
| | 補助金受給設備等か | － | | NO | | YES | |
| | 自家発電設備等の有無 | なし | あり | なし | あり | なし | あり |
| 特例太陽光価格 | | 42円 | 34円 | 40円 | 32円 | 24円 | 20円 |
| 特例太陽光調達期間 | | 10年 | | | | | |

# Ⅵ 特定契約

　一般電気事業者、特定電気事業者および特定規模電気事業者は、特定供給者から再生可能エネルギー電気について特定契約の申込みがあったときは、原則としてこれに応ずる義務を負う（4条1項）。

## 1 特定契約

　特定契約とは、特定供給者が、その認定発電設備によって定まる調達期間を超えない範囲の期間にわたり、電気事業者に対して再生可能エネルギー電気を供給することを約し、電気事業者が当該認定発電設備によって定まる調達価格により再生可能エネルギー電気を調達することを約する契約をいう（4条1項かっこ書）。「特定供給者」とは、認定発電設備を用いて再生可能エネルギー電気を供給しようとする者をいう（3条2項）。リース契約や割賦契約により太陽光パネル等を調達して発電事業を行う場合には、リース会社・割賦販売業者ではなく当該発電事業を行う者が特定供給者であり、特定契約の当事者となる（パブコメ回答3－48（48頁））。

　各電力会社のホームページにおいては「電力受給契約」[44]としてその要綱が掲載されている。しかし、これらの要綱においては再エネ特措法の規定にそぐわない条項、たとえば契約期間は1年であって、発電者または電力会社のいずれからも何ら申出がない場合に、1年ごとに同一条件で継続される、といったものが置かれている。こうしたこともあり、資源エネルギー庁新エネルギー政策課は平成24年10月、特定契約・接続契約モデル契約書を公表した。この内容は、再エネ特措法、政省令およびパブコメ回答が反映されたものと

---

[44] 他方、電力会社から需要家への電力供給に関する契約は一般に「電気需給契約」と呼ばれる。

なっており、電力会社としても受け入れることのできるものであると考えられる。

〔図表4〕 特定契約・接続契約モデル契約書の概要
　前提：
　(1) 特定契約と接続契約の相手方が同一の電気事業者（一般電気事業者・特定電気事業者）であること。
　(2) 設備認定を受けた500kW以上の太陽光・風力発電設備を利用。
　(3) 設備認定を受けた発電設備の建設着工前に特定契約・接続契約を締結。
　(4) 発電事業を行うにあたり、金融機関等からの資金調達。
　(5) 特定供給者は、特別目的会社（SPC）には限られないこと（責任財産限定特約等を置いていない）。

特定供給者：甲、電気事業者：乙

| 条 | 項 | 内容 | 関係法令・パブコメ回答 |
|---|---|---|---|
| 第1章 再生可能エネルギー電気の調達及び供給に関する事項 ||||
| 1.1 再生可能エネルギー電気の調達及び供給に関する基本事項 ||||
| | 1 | 受給期間にわたり、甲による電気の供給、乙による法定の調達価格による電気の調達 | 4条1項 |
| | 2 | ・本発電設備の概要。<br>・認定受けていることの確認。<br>・認定取消時、特定供給者による通知および変更認定または届出。<br>・認定取消しにより本契約終了。 | 6条1項、6条4項、6条5項 |
| | 3 | ・乙は供給される電力（受給電力）をすべて調達。<br>・受給電力の概要。 | パブコメ回答3-24（45頁）、3-37・38（46・47頁） |
| | 4 | ・以下の場合、調達義務を負わない。<br>　(1) 電力供給約款等において、甲の債務不履行による甲に対する電力供給停止により、甲が乙に電力供給できない場合<br>　(2) 電気事業者と接続供給契約を締結している特定規模電気事業者が接続供給契約・電力供給約款等に基づき乙に電力供給している場合で、特定規模電気事業者による接続供給契約の債務不履行により、特定規模電気事業者の甲に対する電力供給が停止されているため、甲の乙に対する電力供給できない場合。 | |
| 1.2 受給開始日および受給期間 ||||

# Ⅵ 特定契約

| | 1 | ・受給開始日・受給期間 | |
|---|---|---|---|
| | 2 | ・本発電設備の試運転による電気の受給条件は別途協議。 | パブコメ回答1－60（13頁） |
| | 3 | ・受給開始日は協議により変更可能。ただし、次の場合、調達期間を超えない範囲内の期間による。<br>(i) 変更認定による、適用される調達期間の変更<br>(ii) 法3条8項による調達期間の改定 | 6条4項、3条8項、施行規則7条2項 |
| | 4 | ・いずれかの帰責事由による受給開始日の遅延により損害生じた場合、損害賠償。 | パブコメ回答3－89（52頁） |
| 1.3 | 受給電力量の計量および検針 | | |
| | 1 | ・計量法に従った電力量計による。設置費用は特定供給者負担。 | 8条1項3号、5条1項1号・施行規則5条1項3号 |
| | 2 | ・受給電力量の単位、端数処理。 | |
| | 3 | ・乙が検針日を指定。<br>・乙が検針する場合、甲は検針に合理的な範囲で協力し、立会い可能。 | 4条1項・施行規則4条1項2号イ |
| | 4 | ・電力量計の故障により、計量できない間の受給電力量は、近隣の天候等の発電条件、過去の発電量実績（、乙の電力系統監視制御システムにおける計測値）等を踏まえ、協議・決定。 | パブコメ回答3－96（52頁） |
| | 5 | ・乙（受託者含む。）は、受給電力量の検針、電力量計の修理・交換・検査のため、本発電設備が所在する土地に立入可。 | 4条1項・施行規則4条1項2号ロ |
| 1.4 | 料金 | | |
| | 1 | ・乙が支払う毎月の料金は、受給電力量×電力量料金単価<br>・電力量料金単価：●円／kWh＋消費税相当額<br>・次の場合、変更・改定後の調達価格によるものとする。<br>(i) 変更認定による、適用される調達期間の変更<br>(ii) 法3条8項による調達期間の改定 | 6条4項、3条8項、パブコメ回答3－90、91（52頁） |
| | 2 | ・検針日［が属する月の［翌月／翌々月］●日／から●日経過する日］までに、甲の指定する預金口座への振込み。 | 4条1項・施行規則4条1項2号ハ |
| | 3 | ・支払期日までに料金支払いがない場合、●％遅延損害金（甲の帰責事由ある場合を除く）。 | パブコメ回答3－97（52頁）、民法419条3項 |

*41*

第 1 章　再生可能エネルギーの固定価格買取制度の概要

| 1.5 | 他の電気事業者への電気の供給 | |
|---|---|---|
| | 1 | 受給電力以外を、乙以外の電気事業者に供給（日本卸電力取引所等を通じたものを含む。）可。 | |
| | 2 | 甲が、乙以外の電気事業者との間で特定契約を締結・その申込みをしている場合、乙・乙以外の電気事業者に供給予定の1日当たりの再生可能エネルギー電気の量（予定供給量）／予定供給量の算出方法を予め定める。 | 4条1項・施行規則4条1項2号ヘ |
| | 3 | 甲は、受給電力の供給を行う各日（「供給日」）の前日●時以降、予定供給量／算定方法の変更不可。 | |
| | 4 | 前二項のほか、乙／乙以外の電気事業者に供給するために必要な事項は、別途協議・決定。 | |
| | 5 | 甲は、実際の供給量と予定供給量が異なった場合、乙に対し損害賠償等の義務負わない。 | 4条1項・施行規則4条1項2号ホ |
| 第 2 章　系統連系に関する事項 | | |
| 2.1 | 系統連系に関する基本事項 | |
| | ・甲は、電気設備技術基準・解釈、系統連系技術要件ガイドライン、監督官庁、業界団体または乙が定める業務の取扱い・技術要件に関する規程等を遵守。<br>・適用法令に抵触しない限り、本契約が本条前段の規程等に優先。 | 業界団体が定める規程：①系統連系規程（㈳日本電気協会）、②電力系統利用協議会ルール（ESCJ） |
| 2.2 | 乙による系統連系のための工事 | |
| | 1 | ・乙は、以下の系統連系工事の①具体的内容・理由、②甲に負担を求める概算工事費・算定根拠、③所要工期、④甲において必要となる対策等を、合理的な根拠を示して甲に書面にて通知。甲の同意を得て工事を行う。<br>・甲は、必要な説明、資料の提示、協議を求め得る。<br>　(i)　電源線の設置、変更<br>　(ii)　電圧調整装置の設置、改造、取替え<br>　(iii)　電力量計の設置、取替え<br>　(iv)　監視・保護・制御・通信設備の設置、改造、取替え | 5条1項1号・施行規則5条1項・2項 |
| | 2 | ・乙は、系統連系のための電力系統の増強等必要な設備工事で、甲を原因者とする工事について必要と認めるとき、①工事が甲を原因者とすること、②工事の具体的内容・理由、③甲に負担を求める概算工事費・算定根拠、④所要工期、⑤甲において必要となる対策等を、甲に書面にて通知。甲の同意を得て工事を行う。 | 施行規則6条5号・6号、パブコメ回答3－126（55頁）、3－233（67頁） |

VI 特定契約

| | | |
|---|---|---|
| | ・乙に対して、①必要な説明、②資料の提示、③協議を求め得る。 | |
| 3 | 甲は、前二項の工事（「本件工事」）の内容に同意した場合、工事費負担金に関する契約（別途締結）に従い、乙が指定する口座に入金。[乙は着金確認後、工事に着手。] | |
| 4 | ・乙は、●年●月●日（「竣工予定日」）までに工事完了。<br>・乙は、甲との合意に従い、用地取得状況、本件工事の進捗状況を報告。<br>・本件工事が竣工予定日までに完了しないため甲に損害等が生じた場合、乙は賠償。<br>・乙の帰責事由なく本件工事の工程に遅延生じる場合、遅滞なく甲に通知し、竣工予定日の延期を求めることができる。<br>・甲は、①工程の遅延の原因、②新たな竣工予定日等、必要な説明、資料の提示、協議を求め得る。<br>・甲が竣工予定日延期を承認した場合、竣工予定日は、承認内容に従い変更。 | |
| 5 | ・乙の帰責事由によらず、本件工事が著しく困難となった場合、工事設計の変更が必要なときは、甲に通知。甲乙で善後策協議。 | |
| 6 | ・乙の本件工事着手後、甲が本発電設備に関する発電計画の内容を変更する場合、事前に協議、乙に損害等発生すれば、甲は賠償。 | |
| 7 | ・乙は、本件工事に要する費用が工事費負担金を上回り、または上回る見込みの場合、①理由、②甲に負担を求める金額・算定根拠を甲に通知し、追加額について甲の同意を求める。<br>・甲は、増加額が乙の帰責事由により生じた場合を除き、合理的理由なく同意を拒絶・留保・遅延できない。<br>・乙に対して、①必要な説明、②資料の提示、③協議を求め得る。 | |
| 8 | ・(i) 本件工事に要した費用＞工事費負担金の額の場合、増加額の同意を拒絶・留保・遅延する合理的理由がある場合を除き、甲は請求に従い直ちに不足額を支払う。<br>・(ii) 本件工事に要した費用＜工事費負担金の額の場合、乙は、本件工事竣工後遅滞なく、甲に剰余金を支払う。 | |

*43*

第1章 再生可能エネルギーの固定価格買取制度の概要

| 2.3 | 甲による系統連系のための工事 | |
|---|---|---|
| | 1 | ・甲は、本件工事以外の系統連系に必要な工事、本発電設備設置工事を●年●月●日までに完了する。<br>・期限までに完了できない場合、期限の延期につき誠実協議。 | |
| | 2 | 前項の工事費用は甲負担。 | |
| | 3 | 甲が発電する電力の受給に必要な系統連系のために設置した設備(「系統連系設備」)の所有権は、甲に帰属。 | |
| | 4 | 系統連系設備の仕様について、適用法令に抵触しない限り、乙が公表する規程等に基づき乙との協議・決定に従う。 | |
| 第3章 本発電設備等の運用に関する事項 | | |
| 3.1 | 給電運用に関する基本事項 | |
| | | ・本発電設備・系統連系設備に関する給電運用の詳細について、誠実協議の上、給電運用に関する協定書を締結。<br>・甲は、協定書に従い、本発電設備・系統連系設備に関する給電運用を行う。<br>・協定書と本契約に齟齬あれば、本契約が優先。 | |
| 3.2 | 出力抑制 | |
| | 1 | ・以下の場合、甲は、乙の指示(原則、前日までに行われる)に従い、本発電設備の出力抑制を行い、出力抑制に必要な体制整備を行う。<br>　① 乙が回避措置(施行規則6条3号イ)を講じてもなお、乙の電気の供給量が需要量を上回ることが見込まれる。<br>　② 乙が用いる太陽光発電設備・風力発電設備の出力も本発電設備の出力と同様に抑制の対象。<br>・以下の場合、甲は出力抑制により生じた損害の補償を乙に求めない。<br>　① 出力抑制が、各年度30日を超えない範囲内で行われたもの。<br>　② 乙が書面により次の事項を、指示後遅滞なく書面で示す。<br>　　(i) 指示を行う前に回避措置を講じたこと。<br>　　(ii) 回避措置を講じても乙の電気の供給量が需要量を上回ると見込んだ合理的理由。<br>　　(iii) 指示が合理的であったこと。 | 5条1項3号、施行規則6条3号イ |

| | | | |
|---|---|---|---|
| | 2 | ・天災地変、人・物の被接続先電気工作物への接触等の場合（乙に帰責事由なし）、乙は出力抑制可能。<br>・乙が書面により合理的理由を示した場合、甲は損害補償を求めない。 | 5条1項3号、施行規則6条3号ロ |
| | 3 | ・被接続先電気工作物の定期点検・他の電気工作物との接続工事の場合、乙は出力抑制可能。<br>・乙が書面により合理的理由を示した場合、甲は損害補償を求めない。 | 5条1項3号、施行規則6条3号ハ |
| | 4 | ・損害の補償を乙に対して求めないとされている場合以外の場合、出力抑制を行わなかったとすれば乙に供給したであろう受給電力量に、電力量料金単価を乗じた金額を上限として、甲は補償を求めることができる。<br>・ただし、本契約締結時に予想できなかった特別事情により出力抑制し、特別事情発生に乙の帰責事由がないことが明らかな場合を除く。 | 5条1項3号、施行規則6条3号ニ |
| | 5 | ・「乙に供給したであろう受給電力量」の算定方法。［①抑制当時の日射量・風速を基礎に、同程度の日射量・風速であった場合の発電電力量として合理的に算定した値、②抑制された季節・時間における平均的な発電電力量として合理的に算定した値、その他甲が合理的に算定した値／甲乙協議の上合理的に算定した値］。甲は根拠資料を乙に提示。 | |
| | 6 | ・甲は、出力抑制が行われた日の属する月の翌月●日（「請求期限日」）までに請求書を交付し、乙は同月●日までに支払うものとする。<br>・請求期限日までに請求書を乙に交付しなかった場合、乙は請求書受領後10営業日以内に支払う。 | |
| | 7 | ・乙は、可能な限り速やかに、出力抑制の原因事由を解消し、甲からの受給電力の受電回復の努力義務。 | |
| 第4章 | 本発電設備等の保守・保安、変更等に関する事項 | | |
| 4.1 | 本発電設備等の管理・補修等 | | |
| | 1 | 責任分界点の特定。責任分界点より甲（乙）側の電気工作物について甲（乙）が、その責任・負担で管理・補修。 | |
| | 2 | ・甲は、保有する本発電設備・系統連系設備に関し、建設・所有する施設・設備について、地元交渉、法手続、環境対策・保安を自らの責任で行う（乙が自らの責任で行うと認めたものを除く。）。 | |
| | 3 | ・電力受給に関する設備の保守・保安等の取扱いは、別 | |

| | | | |
|---|---|---|---|
| | | 途締結する協定書等による。<br>・協定書等と本契約に齟齬があれば、本契約が優先。 | |
| 4.2 | 電力受給上の協力 | | |
| | 1 | 甲は、乙における安定供給・電力の品質維持に必要な本発電設備に関する情報を乙に提供。 | |
| | 2 | 甲乙は、電圧、周波数、力率を正常な値に保つ等協力。 | |
| | 3 | ・本件工事・本件工事以外の系統連系に必要な工事が完了し、本発電設備と乙の電力系統との接続が一旦確立された後、乙は系統増強など必要な措置の費用負担を甲に求めることはできない。<br>・別途合意した場合、4.5条2項の場合を除く。 | パブコメ回答3－244（69頁） |
| 4.3 | 電気工作物の調査 | | |
| | 1 | ・本契約に基づく電力受給に直接関係するそれぞれの電気工作物について、営業時間の範囲内で、通常業務に支障のない態様で調査に応じる。 | |
| | 2 | ・乙が保安のため必要と判断した場合、原則事前に通知し、本発電設備・甲が維持・運用する変電所・開閉所が所在する土地に立入可。 | 5条1項3号、施行規則6条4号イ |
| 4.4 | 本発電設備等の改善等 | | |
| | | ・甲からの受給電力が乙の電力安定供給・電力品質に支障を及ぼ［した／すおそれがある］場合、乙は甲からの受給電力の受給を停止可。3.2条4項に従い補償措置が必要な場合、補償。<br>・乙は、本発電設備・系統連系設備の改善協議を求め得る。甲はこれに応じ、乙と協議の上その取扱いを決定する義務。 | 施行規則6条3号、法5条1項2号、パブコメ回答3－237（68頁） |
| 4.5 | 本発電設備等の変更 | | |
| | 1 | 甲は、本発電設備または系統連系設備に関し、系統連系申込書等に記載した技術的事項を変更する場合、乙が公表する規程等に基づき乙と協議し、その承諾を得て行う。 | |
| | 2 | 前項の変更に伴い、乙の電気工作物を変更する必要がある場合、乙と工事費負担金に関する契約を締結し、工事費用を負担。 | |
| | 3 | 1項の場合を除き、乙の事前の承諾なく、甲は本発電設備または系統連系設備を変更できる。変更後は遅滞なく乙に通知。 | |

| 第5章 本契約の終了 | | | |
|---|---|---|---|
| 5.1 解除 | | | |
| | 1 | 甲は、乙につき、以下のいずれかの事由が生じた場合、本契約等を解除できる。<br>(1) 倒産手続開始の申立て、解散決議<br>(2) 電気事業者としての許可取消し<br>(3) 本契約に定める甲に対する金銭債務の履行を●日以上遅滞<br>(4) 本契約等、適用法令に違反し、催告しても違反行為改めない<br>(5) 反社会的勢力<br>(6) 反社会的行為 | |
| | 2 | 前項による解除により甲に生じた損害等を乙が賠償 | |
| | 3 | 甲は、●日前の通知により解除可。甲は解除により乙に生じた損害等を賠償 | パブコメ回答3-71〜78（50-51頁） |
| | 4 | 乙は、甲につき、以下のいずれかの事由が生じた場合、本契約等を解除できる。<br>(1) 倒産手続開始の申立て、解散決議<br>(2) 本発電設備における発電事業の継続できない<br>(3) 本契約等、適用法令に違反し、催告しても違反行為改めない<br>(4) 反社会的勢力<br>(5) 反社会的行為 | |
| | 5 | 前項による解除により乙に生じた損害等を甲が賠償 | |
| 5.2 設備の撤去 | | | |
| | | ・電気工作物の撤去において、責任分界点より甲（乙）側の電気工作物は甲（乙）が撤去費用を負担。<br>・本契約終了がいずれかの帰責事由による場合、当該有責当事者が撤去費用負担。 | |
| 第6章 表明保証、損害賠償、遵守条項 | | | |
| 6.1 表明および保証 | | | |
| | 1 | ・乙は、甲に対し、本契約締結日において、以下の事項が真実・正確であることを表明保証。<br>(1) 適法な設立、有効な存続<br>(2) 権利能力<br>(3) 授権手続<br>(4) 許認可等の取得 | パブコメ回答3-99（53頁） |

| | | | |
|---|---|---|---|
| | | (5) 適用法令、内部規則、他の契約との適合性<br>(6) 訴訟・係争・行政処分の不存在<br>(7) 連系接続する電力系統は、乙に帰属し、乙が使用権原<br>(8) 資産状況、経営状況、財務状態<br>(9) 倒産手続の開始原因・申立原因の不存在<br>(10) 反社会的勢力でなく、反社会的行為を行っていない | |
| | 2 | ・甲は、乙に対し、本契約締結日において、以下の事項が真実・正確であることを表明保証。<br>(1) 適法な設立、有効な存続<br>(2) 権利能力<br>(3) 授権手続<br>(4) 反社会的勢力でなく、反社会的行為を行っていない | 4条1項・施行規則4条1項2号ニ、法5条1項3号、施行規則6条4号ロ |
| 6.2 | 損害賠償 | | |
| | 1 | ・乙の表明保証違反、本契約等違反により甲が損害等を被った場合、乙は賠償。 | 民法416条、パブコメ回答3－88(52頁) |
| | 2 | ・甲の表明保証違反、本契約等違反により乙が損害等を被った場合、甲は賠償。 | パブコメ回答3－89(52頁) |
| 6.3 | プロジェクトのスケジュールに関する事項 | | |
| | 1 | ・甲は、本発電設備に関する建設工事等のプロジェクトに関するスケジュールを［●年●月●日までに］提出。 | |
| | 2 | ・甲は提出済みスケジュールに重大な変更が生じる場合、変更内容・理由を速やかに乙に報告。 | |
| 第7章 雑則 | | | |
| 7.1 | 守秘義務 | | |
| | 1 | ・本契約の内容その他本契約に関する一切の事項、本契約に関連して知り得た相手方に関する情報について、事前の書面の同意なく第三者に開示してはならない。<br>ただし、一定の例外。 | |
| | 2 | ・前項の義務は、本契約終了後●年間存続。 | |
| 7.2 | 権利義務・契約上の地位譲渡 | | |
| | | ・本契約等に定める自己の権利義務、本契約等上の地位を、事前の書面による同意なく、譲渡・担保提供不可。<br>・ただし、甲による、担保としての権利譲渡・地位譲渡予約契約の締結、担保権実行により権利・地位が債権 | 民法466条1項、468条1項 |

|   |   |   |   |
|---|---|---|---|
|   |   | ・者等（反社会的勢力を除く）に移転することに、乙は予め同意。<br>・甲は、当該移転の事実・相手方を遅滞なく乙に書面で通知。<br>・乙は、当該移転に関する承諾についての書面作成に協力（乙は、異議を留めない承諾を行う義務を負わず、書面作成費用は甲負担）。 |   |
| 7.3 | 本契約の優先性 |   |   |
|   |   | ・本契約に基づく取引に関する甲・乙の本契約以外の契約等・乙の規程等と、本契約の内容とに齟齬ある場合、適用法令・合意に反しない限り、本契約が優先。 |   |
| 7.4 | 契約の変更 |   |   |
|   |   | ・書面の合意によってのみ本契約変更可。 |   |
| 7.5 | 準拠法、裁判管轄、言語 |   |   |
|   | 1 | ・日本法準拠。 | 法4条1項・施行規則4条1項2号ト、法5条1項3号・施行規則6条4号ハ |
|   | 2 | ・第一審の専属的合意管轄裁判所：●●地裁。 |   |
|   | 3 | ・正文：日本文。 |   |
| 7.6 | 誠実協議 |   |   |
|   |   | ・本契約に定めない事項・解釈に疑義発生時、再エネ特措法の趣旨を踏まえ、誠実に協議。 |   |

# 2　特定契約の締結義務の内容

### (1)　締結義務

　電気事業者は特定契約について、特定供給者による申込み後、拒否事由に該当しないことを確認した後は、速やかに締結する必要がある（4条1項、パブコメ回答3－42（47頁）参照）。正当な理由（後述4参照）がないにもかかわらず特定契約の締結に応じない電気事業者があるときは、経済産業大臣の勧告（4条3項）や措置命令（4条4項）などの処分や指導等が行われる（後述5参照）。

### (2) 買主である電気事業者の変更

仮に特定契約における買主が特定規模電気事業者である場合であって、特定規模電気事業者が廃業等したとしても、特定契約の相手方を一般電気事業者に変更することができる。このときの調達価格は当初の調達価格が適用されるとともに、調達期間は残存期間となる（パブコメ回答3－31（46頁））。

### (3) 売主である特定供給者の変更

調達期間中に特定供給者が倒産した場合、債権者等の第三者が事業または再生可能エネルギー発電設備を取得して、当該事業を継承することができる。この場合、設備認定に関しては「軽微な変更」（6条4項ただし書、施行規則10条1項参照）にあたり、変更の届出をする必要がある（6条5項、施行規則10条2項）。そのうえで、特定契約および接続契約における契約上の地位の承継について、契約の相手方である電気事業者の同意を得たうえで、変更の契約を締結することとなる（パブコメ回答3－49（48頁））。

### (4) 特定契約の内容

特定契約の内容について、拒否事由（後述4参照）として規定されている内容以外について、特定供給者側の提案が受け入れられる（パブコメ回答3－32（46頁））とされるが、あまりに不合理な条項は民法上の一般原則から、電気事業者が受け入れないことも認められるであろう。パブコメ回答では、①接続に関する契約が締結されていないことを理由に電気事業者が特定契約の締結を拒むことはできないこと、および②接続に関する事項について特定契約上同一の契約書に盛り込むことを求めてきた場合、特定供給者は、その要請に応じることなく特定契約の締結のみを求めることができること、それぞれ明らかにしている（パブコメ回答3－34、35（46頁））。また、電気事業者は、再生可能エネルギーについて、固定価格での買取・支払義務を負担する一方で、特定供給者は、特に数量的義務（ある一定の出力・供給義務）を負担するものではない（パブコメ回答3－37（46頁））

特定契約の相手方を1社とする限り、特定供給者は数量的および排他的供

給義務を負わないため、いつでも第三者または卸電力取引所において電力を供給販売する旨規定することができる。ただし、特定契約の相手方が複数ある場合、特定契約の相手方となる両者に対して、あらかじめ定めた売電量の按分方法については、当日、即ち前日の翌日計画[45]提出後に変更することはできない（パブコメ回答3－39（47頁））。

## 3　屋根貸しの場合の取扱い

屋根貸しについては、複数の屋根に関して特定契約をまとめて一つのものとすると、複数の屋根で系統連系までに要する期間が異なる場合、最後の系統連系が開始されてから全量買取りが開始するという問題が生じる。この点については、設備の認定を1件ごとに行い、認定に基づく特定契約も1件ごとに行うため、特定契約を締結し、系統連系が済んだ設備から順次買取りが開始されることとなる（パブコメ回答2－123（35頁））。

## 4　特定契約の締結が拒否される場合

電気事業者は、当該特定契約の申込みの内容が電気事業者の利益を不当に害するおそれがあるときその他の省令で定める正当な理由がある場合には、

---

[45] 接続供給（特定規模電気事業者から受電した一般電気事業者が、同時に、その受電した場所以外のその供給区域内の場所において、当該特定規模電気事業者のその特定規模電気事業の用に供するための電気の量の変動に応じて、当該特定規模電気事業者に対して、電気を供給することをいう。電気事業法2条1項14号）のサービスを受ける場合、特定規模電気事業者は、需給計画および発電計画を一般電気事業者に提出しなければならない（電力系統利用協議会「電力系統電力系統利用協議会ルール」（平成16年9月14日制定）4章3節1（4－15）、7章3節1（7－7））。需給計画および発電計画のいずれの計画も年間計画、月間計画および週間計画のほか、毎日12時までに一般電気事業者に提出しなければならない翌日計画からなる。需給計画の翌日計画においては、需要想定値（30分ごとのキロワット時）および供給力調達分の計画値合計（電力系統利用協議会ルール表4－3－1（4－17）、表7－3－1（7－8））、発電計画の翌日計画においては、発電地点別の発電計画（30分ごとのキロワット時）（電力系統利用協議会ルール表4－3－2（4－18）、表7－3－2（7－9））が記載される。振替供給については、後述4②(e)参照。

特定契約の締結を拒むことができる（4条1項）。具体的には次のとおりである。

① 申し込まれた特定契約の内容が、当該特定契約の申込みの相手方である電気事業者（以下、「特定契約電気事業者」という）の利益を不当に害するおそれがある次のような場合（施行規則4条1項1号）

　ⓐ 虚偽の内容を含むもの（同号イ）

　ⓑ 法令の規定に違反する内容を含むもの（同号ロ）

　ⓒ 特定契約電気事業者が、帰責事由によらない損害の賠償や生じた損害を超えた賠償を行うことを内容として含むもの（同号ハ）。「調達価格の改定があった場合においても、当初、特定契約において決定している価格の変更は行われない」旨の特約や、「調達価格の減少がなければ調達期間の終了時までに特定供給者が本来得られるはずであった利益を電気事業者に負担させる」旨の特約は、本条項に当たると考えられる（パブコメ回答3－90、91（52頁））。

② 以下の事項を特定契約の内容とすることに、特定供給者が同意しない場合（同項2号）。つまり、すべての特定契約には、次に掲げる条項が含まれることとなる。

　ⓐ 特定契約電気事業者が指定する日に、毎月、特定契約電気事業者が再生可能エネルギー電気の量の検針（電力量計により計量した電気の量を確認すること）を行うこと、および検針の結果の通知について、特定契約電気事業者が指定する方法で行うこと（同号イ）。固定価格買取制度の導入に伴い、多数の発電事業者の参入が予想されることもあり、事務処理の煩雑さを回避するため、「電気事業者が指定する日」と規定されている（パブコメ回答3－82（51頁））。

　ⓑ 特定契約電気事業者の従業員（特定契約電気事業者から委託を受けて検針を実施する者を含む）が前述ⓐの検針、電力量計の修理・交換を行うため必要があるときに、認定発電設備等の土地に立ち入ることがで

きること（同号ロ）
ⓒ　電気事業者による再生可能エネルギー電気の毎月の代金の支払いに関し、
　㋐　支払日を、検針日の翌日の属する月の翌月末日（休日である場合は翌営業日）を限度として、特定契約電気事業者が指定すること
　㋑　支払方法を特定供給者が指定する口座振込みとすること（同号ハ）
ⓓ　特定供給者（法人の場合は、その役員・経営に関与している者を含む）が暴力団、暴力団員、暴力団員でなくなった日から5年を経過しない者、またはこれに準ずる者（以上総称して、以下「暴力団等」という）に該当しないこと、および暴力団等と関係を有する者でないこと（同号ニ）
ⓔ　特定契約電気事業者と接続の請求の相手方である電気事業者（以下、「接続請求電気事業者」という）が異なる場合（たとえば、接続の請求の相手方は一般電気事業者で、特定契約電気事業者は特定規模電気事業者（新電力、PPS）の場合）で、特定供給者の認定発電設備に係る振替補給費用が発生した場合に、振替補給費用相当額を特定契約電気事業者に支払うこと（同号ホ）

　「振替補給費用」とは、特定契約電気事業者が特定供給者から再生可能エネルギー電気を調達するために必要な振替供給に係る費用であって、特定契約電気事業者が接続請求電気事業者に対し振替供給を受ける日の前日までに通知する振替供給を受ける予定の電気の量より実際の供給量が下回って不足が生じた場合に、その不足を補うために当該下回った量の電気の供給を受けるために必要なものをいう（同号ホかっこ書）。

　「振替供給」とは、他の者から受電した者が、同時に、その受電した場所以外の場所において、当該他の者に、その受電した電気の量に相当する量の電気を供給することをいい（電気事業法2条1項13号）、自ら

の電気の量に変更を来さない特殊な形態の供給である[46]。特定規模電気事業者が、電力系統を維持・運用する一般電気事業者から振替供給サービスを受ける場合、電力系統利用協議会ルールの系統運用ルール（4章3節1（4-15）・表4-3-2（4-18）、7章3節1（7-7）・表7-3-2（7-9））および託送供給約款に基づき、毎日12時までに発電計画の翌日計画を一般電気事業者の送電部門に提出する必要がある。これに対し、一般電気事業者は翌日計画に基づき、30分ごとの振替受電電力量（受電地点において、一般電気事業者が契約者から受電する振替供給に係る電気の電力量）と振替供給電力量（供給地点において、一般電気事業者が契約者に供給する振替供給に係る電気の電力量）を決定して、特定規模電気事業者に通知する（通知された振替受電電力量と振替供給電力量を以下「通告電力量」という）。特定契約電気事業者である特定規模電気事業者が、接続請求電気事業者である一般電気事業者から振替供給サービスを受ける場合には、別途、振替供給補給契約を締結する必要があるが、仮に通告電力量より実際の振替受電電力量・振替供給電力量が下回った場合においては、当該振替供給補給契約に基づき、その不足した電力量について接続請求電気事業者（一般電気事業者）が補充することとなる。その場合、不足した電力量分について特定契約電気事業者（特定規模電気事業者）が接続請求電気事業者（一般電気事業者）に対して振替補給料金を支払う必要が生じるため、その振替補

---

[46] 資源エネルギー庁電力・ガス事業部　原子力安全・保安院編『2005年版　電気事業法の解説』（経済産業調査会、2005）54頁。一般電気事業者（電力会社）の託送供給約款においては、「契約者が当社以外の［一般電気事業者または特定規模電気事業者／特定電気事業者］の用に供するための電気を受電し、当社が維持および運用する供給設備を介して、同時に、その受電した場所以外の会社間連系点（注：当社以外の一般電気事業者が維持および運用する供給設備と当社が維持および運用する供給設備との接続点）において、契約者に、その受電した電気の量に相当する量の電気を供給することをい」うとされる。

給料金に相当する額について、あらかじめ特定供給者が負担することについて合意されていない場合は、特定契約の締結を拒否することができるというものである（パブコメ回答 3 －55（48頁））。

特定契約電気事業者は、当該額の支払いを請求するにあたってその額の内訳およびその算定の合理的な根拠を示す必要がある（同号ホかっこ書）。

⑦ 特定契約電気事業者以外の電気事業者に対しても特定契約の申込みをしている場合または特定契約電気事業者以外の電気事業者と特定契約を締結している場合で、

㋐ 当該特定供給者が、それぞれの電気事業者ごとに供給する予定の1日当たりの再生可能エネルギー電気の量（以下、「予定供給量」という）または予定供給量の算定方法をあらかじめ定めること

㋑ 供給前日における特定契約電気事業者が指定する時までに、特定契約電気事業者に予定供給量を通知し、指定時間以降、通知した予定供給量の変更を行わないこと（同号ヘ）

⑧ 特定契約に関する訴えは、日本の裁判所の管轄に専属すること、特定契約に係る準拠法は日本法とすること、特定契約の正本は日本語で作成すること（同号ト）

③ 特定電気事業者または特定規模電気事業者が特定契約電気事業者であって、特定契約に基づく再生可能エネルギー電気の供給を受けることにより、変動範囲内発電料金等を追加的に負担する必要が生ずることが見込まれる場合、または、事業の用に供するための電気の量について、その需要に応ずる電気の供給のために必要な量を追加的に超えることが見込まれる場合（施行規則 4 条 1 項 3 号）。特定契約の締結に基づく電気の供給により、①変動範囲内発電料金、②変動範囲外発電料金が発生するおそれがある場合、および③余剰電力が発生する場合を想定した条文である（パブコメ回答 3 －59（49頁）参照）。

ここで「変動範囲内発電料金」とは、託送供給約款料金のうち、特定規模電気事業者がその供給の相手方の需要に応ずるために必要とする特定規模電気事業者の用に供するための電気の量の変動であって、30分を単位として契約電力の3パーセントの変動の範囲（以下、「変動範囲」という）内の変動に相当する量の電気の発電に係る料金をいう（一般電気事業託送供給約款料金算定規則（平成11年通商産業省令第106号、以下「託送供給約款規則」という）1条2項2号）。「託送供給約款料金」とは一般電気事業者の系統を用いて送電する際の料金等の条件を定めて、経済産業大臣に届け出た託送供給約款(電気事業法24条の3第1項)で設定する料金をいう（託送供給約款規則1条2項1号）。また、「変動範囲外発電料金」とは、変動範囲を超えて不足する量の電気の発電に係る料金をいう(同項3号)。

④　特定契約電気事業者と接続請求電気事業者が異なる場合で、
　ⓐ　特定契約電気事業者が地理的条件により供給を受けることが不可能な場合
　ⓑ　接続請求電気事業者が経済産業大臣に届け出た託送供給約款に反する内容を含む場合（同項4号）
⑤　特定契約電気事業者は、前述③または④の理由により特定契約の締結を拒否しようとするときは、特定供給者に書面により当該理由の裏づけとなる合理的根拠を示さなければならない（施行規則4条2項）。

## 5　円滑な特定契約の締結の確保

### (1)　指導・助言

　経済産業大臣は、特定契約の円滑な締結のために必要があると認めるときは、特定契約電気事業者に対して特定契約の締結に関し指導および助言をすることができる（4条2項）。

### (2)　勧告・命令

特定契約電気事業者が正当な理由なく特定契約の締結に応じない場合には、経済産業大臣は、当該特定契約電気事業者に対して勧告することができ（4条3項）、正当な理由なく当該特定契約電気事業者が勧告に係る措置をとらなかったときは、その勧告に係る措置をとるよう命令することができる（4条4項）。

(3) **電力系統利用協議会（ESCJ）での紛争処理**

電気事業法の第6章で定められる送配電等業務支援機関である電力系統利用協議会（Electric Power System Council of Japan, ESCJ）があっせんや調停を行っているため、これらを利用することも考えられる（後述Ⅹ2参照）。

## Ⅶ 接　続

### 1　一般電気事業者・特定電気事業者の接続義務

　一般電気事業者および特定電気事業者は、特定契約の申込みをしようとする特定供給者が、その用いる認定発電設備とこれら電気事業者の変電用、送電用または配電用の電気工作物を電気的に接続することを求めたとき、原則として接続を拒んではならない（5条1項）。パブコメ回答は、接続に関する契約について、電気事業者は、特定供給者から示された内容が、5条1項各号に定める事由がない限り、電気事業者がその内容について変更を求めたとしても、特定供給者が応じない限り、拒否できないとする（パブコメ回答3－106（53頁））。

### 2　接続が拒否される場合

#### ⑴　特定供給者が、接続に必要な所定の費用を負担しない場合

　接続に必要な費用であって特定供給者が負担するとされている次の各費用のうちいずれかを負担しない場合は、一般電気事業者および特定電気事業者は、接続を拒否することができる（5条1項1号）。

①　電源線の設置・変更に係る費用

　　接続に係る電源線の設置または変更に係る費用は特定供給者が負担しなければならない（施行規則5条1項1号）。電源線とは、発電所から電力系統への送電の用に供することを主たる目的とする変電、送電および配電に係る設備であって、一般電気事業者が維持し、および運用するもので、ⓐ発電所の構内と構外の境界を起点とし、その起点から数えて一番目の変電所・開閉所までのもの、またはⓑ高圧電線路であって、発電所の構内と構外の境界を起点とし、発電所側から数えて一番目の他の高圧

電線路と接続する箇所までのもの、をいう（電源線に係る費用に関する省令（平成16年経済産業省令第119号）1条2項）。

電源線の敷設に関しては、需要地と離れている場所に設置されることの多い風力発電設備については、特定供給者が行う例が多く、工場の屋根や需要地に近い場所に設置されることの多い太陽光発電設備については、電気事業者が工事を行い、工事費負担金として特定供給者に請求することが多いようである（パブコメ回答3－116（54頁））。

電源線に係る費用負担については、従来から原因者が特定できるものであり発電事業者が負担するものとして整理されてきた[47]。仮に電気料金で広く需要者から回収するものとした場合、ⓐ発電事業者のみが利用する送電線を社会全体で支えることになるうえ、ⓑ全体として高コストな電源立地に過剰なインセンティブが付与され[48]、結果的に社会的費用の増大を招くおそれがある。他方、発電事業者負担であれば、全量買取制度の下で、電源線費用を含めたコストがより低い地域から、順次、発電設備が設置されると考えられる、という理由から特定供給者負担となったものである[49]。また、調達価格を定める際に勘案されるものとされる、再生可能エネルギー電気の「供給が効率的に実施される場合に通常要すると認められる費用」（3条2項）には、再生可能エネルギー発電事業者側で負担すべき接続費用が含まれており[50]、賦課金で回収されることとなっている。

② 電圧の調整装置の設置、改造または取替えに係る費用

---

47 電力系統利用協議会ルール3－23（特別高圧）、6－20（高圧）
48 たとえば、風況はよいが電力系統から遠く離れた地点で風力発電設備を設置した場合、より効率的に発電するものの、電源線の敷設にかかる費用が高くなり、全体の費用が相対的に高くなる。電源線に係る費用負担を賦課金で広く需要家から回収するとすれば、このような地点で発電設備を設置するインセンティブが過剰に働いてしまう。
49 制度環境小委員会・前掲注(6)14頁
50 調達価格等算定委員会・前掲注(19)Ⅱ2（2頁）

特定供給者の認定発電設備と電気的に接続を行い、または行おうとしている接続請求電気事業者の事業の用に供する変電用、送電用または配電用の電気工作物（被接続先電気工作物）との間に設置される電圧の調整装置の設置、改造または取替えに係る費用も、特定供給者が負担する（同項2号）。電圧の調整装置とは、高圧または特別高圧に接続するために必要な昇圧装置としての変圧器、および無効電力補償装置（いわゆるSVC）等をいう（パブコメ回答3－128（55頁））。

③　特定供給者が供給する再生可能エネルギー電気の量を計量するための電力量計の設置・取替えに係る費用（同項3号）

④　認定発電設備と被接続先電気工作物との間に設置される設備であって、認定発電設備の監視、保護、制御のための装置または通信装置の設置、改造または取替えに係る費用（同項4号）

出力抑制等、電気事業者からの指令等を受けるために必要な通信装置や、電気事業者が系統運営を目的として発電所に設置している機器を監視・制御する装置について特定供給者が負担するものである。通信装置には、電気事業者からの指令を受けるために必要な通信設備や、リアルタイムで出力抑制を行い出力抑制を最小化する情報伝送装置が含まれると考えられる（パブコメ案Ⅱ1(2)②ⅰ)ロ（34頁）、パブコメ回答3－127（55頁）参照）。

接続請求電気事業者は、特定供給者から接続の請求があった場合には、特定供給者に書面により、前述①から④までの費用の内容および積算の基礎が合理的なものであること、および当該費用が必要であることの合理的根拠を示さなければならない[51]。

---

51　実際には、特定供給者は電気事業者から提示された費用の積算根拠等を踏まえて相見積もりを取るなどして、指示された措置や費用の積算が妥当かを検証し、その措置・費用の積算の妥当性について協議していくものと想定される（パブコメ回答3－134（56頁））。

## (2) 電気事業者による電気の円滑な供給確保に支障が生ずるおそれがある場合

5条1項2号は「当該電気事業者による電気の円滑な供給の確保に支障が生ずるおそれがあるとき」と規定する。本号が、具体的にどのような場面を想定しているのかについて、パブコメ回答は、「『電気事業者による電気の円滑な供給の確保に支障が生ずるおそれがある場合』の多くを占める①電圧の値を適正に維持できない場合や熱容量が不足する場合、又は②風力発電の連系可能量を超える場合等の周波数を適正に維持できない場合などについては、送電可能な量の問題として捉えられることから、その点を明確化するため、省令上の拒否事由の一つとしての『送電可能な量を合理的に超える場合』に該当すると考えられて」いるとし、このため、本号によって「電気事業者が接続を拒否する場合は限定的な場合に限られると考え」ている、とする（パブコメ回答3－235（68頁））。つまり、後述の5条1項3号に定める「正当な理由」として、「接続請求電気事業者が、当該接続の請求に応じることにより、被接続先電気工作物に送電することができる電気の容量を超えた電気の供給を受けることとなる」場合は別途規定されている（施行規則6条5号）ため、5条1項2号に基づいて接続が拒まれることは多くないと考えられる。

## (3) その他の正当な理由があるとき

### (A) 正当な理由

経済産業省令で定める「正当な理由」があるときは、一般電気事業者または特定電気事業者は接続を拒むことができる（5条1項3号）。

施行規則6条は「正当な理由」として以下のものを挙げている。

① 特定供給者が、認定発電設備の所在地、出力等電気的に接続するために必要不可欠な情報を提供しないこと（施行規則6条1号）
② 接続に係る契約の内容が次のいずれかに該当すること（同条2号）
   ⓐ 虚偽の内容を含むもの（同号イ）
   ⓑ 法令の規定に違反する内容を含むもの（同号ロ）

ⓒ　接続請求電気事業者が、帰責事由によらない損害の賠償や生じた損害を超えた賠償を行うことを内容として含むもの（同号ハ）
③　出力抑制（同条3号）　特定供給者が認定発電設備の出力の抑制に関し、同号イ〜ニ（詳しくは後述(B)〜(E)参照）に定める事項を接続契約の内容とすることに同意しない場合、接続拒否事由に該当する。
　ゴールデンウィークや年末年始といった電力需要の少ない軽負荷時においては電力の需要を供給が上回るおそれがある。電力の供給が需要を上回ると電力系統の電圧が高まり、発電設備や電気機器に悪影響を及ぼす結果となる。再生可能エネルギー電気、特に太陽光発電設備により大量に電力が供給されるおそれがあることを踏まえ、再生可能エネルギー電気の供給を抑制（出力抑制）する必要がある。
④　特定供給者が次の事項を接続契約の内容とすることに同意しない場合（同条4号）
　ⓐ　接続請求電気事業者の従業員等が、保安のため必要な場合に、認定発電設備や特定供給者が維持・運用する変電所・開閉所の所在する土地に立入りできること
　ⓑ　特定供給者が暴力団等でないこと
　ⓒ　接続契約に関する訴えが、㋐日本の裁判所の管轄に専属すること、㋑接続契約の準拠法は日本法によること、㋒接続契約の契約書の正本は日本語で作成すること
⑤　接続請求電気事業者が、接続の請求に応じることにより、被接続先電気工作物に送電できる電気の容量を超えた供給を受けることとなることが合理的に見込まれること（同条5号）
　ただし、以下のⓐの措置およびⓑまたはⓒの措置を講じた場合に限る。
　ⓐ　接続請求電気事業者が特定供給者に対し、⑤の見込みの裏づけとなる合理的根拠を書面で示すこと
　ⓑ㋐　接続請求電気事業者が特定供給者による接続の請求に応じること

が可能な被接続先電気工作物の接続箇所のうち、特定供給者にとって経済的に合理的な接続箇所を提示し、
  ㋑　経済的に合理的であることの裏づけとなる合理的な根拠を示す書面を示すこと、または、
ⓒ　ⓑ㋐の接続箇所の提示が著しく困難である場合はその旨、およびその裏づけとなる合理的な根拠を示す書面を示すこと
　「接続箇所の提示が著しく困難である」とは、たとえば①特定供給者が希望する送電量を送電するためには、著しく遠い地点で系統に接続する必要がある場合や、②風力発電の連系可能量を超える場合等の周波数を適正に維持できない場合などが想定されている(パブコメ回答3－217(65頁))。特定供給者からの電力供給が送電できる電気の容量を超えるか否かについて争いが生じる場合には、一般社団法人電力系統利用協議会(**ESCJ**)(後述X参照)の紛争処理手続を利用することが可能である(パブコメ回答3－222(66頁))。
ⓕ　接続請求電気事業者が、接続の請求に応じることにより、施行規則6条3号イ(⒝参照)に掲げる出力抑制を行ってもなお、接続請求電気事業者が受け入れることが可能な電気の量を超えた電気の供給を受けることとなることが合理的に見込まれること(同条6号)
　ただし、接続請求電気事業者が特定供給者に対し、その裏づけとなる合理的な根拠を示す書面を提出した場合に限る。

⒝　**出力抑制契約条項⑴（施行規則6条3号イ)**

　(a)　契約内容

接続請求電気事業者が「回避措置」を講じたとしてもなお電気の供給量が需要量を上回ることが見込まれる場合において、
  ①　特定供給者は、接続請求電気事業者の指示に従い認定発電設備の出力抑制を行うこと
  ②　出力抑制により生じた損害の補償を求めないこと

③　出力抑制を行うため必要な体制の整備を行うこと

を契約の内容とすることが求められる。出力抑制は、極力出力抑制を回避するという観点から30分単位で行われる（パブコメ回答3－161（58頁））。

(b)　出力抑制の要件

出力抑制の要件は次のとおりである。

①　接続請求電気事業者が「回避措置」を講じたとしてもなお接続請求電気事業者の電気の供給量が需要量を上回ることが見込まれること

　　回避措置は次の二つからなる。

　　ⓐ㋐　接続請求電気事業者が有する発電設備（太陽光、風力、原子力、揚水式以外の水力及び地熱を除いたもの。以下ⓐにおいて同じ）の出力抑制

　　　㋑　接続請求電気事業者が調達する電気の発電設備の出力抑制

　　　㋒　揚水式水力発電設備の揚水運転

　　ⓑ　需要量を上回ると見込まれる供給量部分の電気の取引の申込み

　　これに関連して、電力系統利用協議会（ESCJ）は、平成24年6月19日付けで電力系統利用協議会ルールを以下のとおり改正した（第4章第6節）。

---

**第6節　自然変動電源の出力抑制の指令および優先給電指令**

　一般電気事業者の送電部門は、年末年始、ゴールデンウィーク期間、夜間および休日などの軽負荷時ならびに豊水時、長期固定電源（原子力、水力（揚水式を除く。）および地熱発電所）の出力抑制を回避する目的のため、自然変動電源の出力抑制の指令、および特定規模電気事業または特定電気事業の用に供する発電者の発電機の出力抑制の指令（以下、「優先給電指令」という。）を発令することができる。（中略）

1　長期固定電源の出力抑制の回避措置

　　長期固定電源の出力抑制の回避措置に係わる順序については以下を基本とし、長期固定電源の出力抑制は全発電機の最後に位置づける。

> a．一般電気事業者が調達した発電機（自然変動電源を除く）の出力抑制および一般電気事業者が調達した揚水式発電所の揚水運転
> b．取引所取引の活用
> c．一般電気事業者が調達した自然変動電源の出力抑制
> d．全国融通（広域相互協力融通）の活用
> e．特定規模電気事業または特定電気事業の用に供する発電者の発電機の出力抑制
> ただし、一般電気事業者と発電者との契約書等の中で個別の出力抑制の条件などを有する自然変動電源の出力抑制は、上記によらない。

つまり、一般電気事業者が調達した再生可能エネルギー発電設備の出力抑制は、一般電気事業者の取引所取引の活用（上記 b）に次いで行われ、再生可能エネルギー発電設備の出力抑制の後に、全国融通の活用（上記 d）が行われることとなる。さらに、その後、特定規模電気事業・特定電気事業の用に供する発電者[52]の発電機の出力抑制（上記 e）が行われる。このため、特定契約の相手方が特定規模電気事業者・特定電気事業者である場合には、一般電気事業者である場合よりも、出力抑制が行われる順序が下位になると考えられる[53]。

なお、電力系統利用協議会は「現状の自然変動電源の出力予測精度等を勘案すると、取引所取引の活用による自然変動電源の出力抑制回避が十分に期待できない場合があり得る。また、取引所取引閉場後に需給状

---

[52] 文言上は、「特定規模電気事業者・特定電気事業者の発電機」とも読めそうである。しかし、そうすると、特定規模電気事業者および特定電気事業者も買取義務がある（再エネ特措法4条1項）が、これらが調達した自然変動電源（再生可能エネルギー発電設備）からの電気が出力抑制の対象とならないこととなってしまう。

[53] なお、上記 e の出力抑制においては、特定規模電気事業者・特定電気事業者の電源構成が事業者ごとに異なり、一般電気事業者がそれらを考慮して出力抑制指令を発令することは困難であるため、自然変動電源の優先給電の趣旨を勘案し、特定規模電気事業者・特定電気事業者が自ら出力抑制対象を選定する（第3回電力システム改革専門委員会（平成24年4月3日）事務局提出資料112頁）。

況の変化に応じて一般電気事業者が調達した自然変動電源を出力抑制する場合などには、取引所取引が活用できないことも考えられる」とする[54]。

出力抑制を指令した一般電気事業者の送電部門は、速やかに事後検証用のデータを電力系統利用協議会に提出する。提出されるデータは、ⓐ太陽光発電設備・風力発電設備の出力抑制を指令した時点での予想需給バランス、ⓑ発電機の出力抑制や揚水式発電所の揚水運転状況など余剰対策の内容、ⓒ取引所取引の活用状況等である。電力系統利用協議会は、事後検証に際して必要な場合は、一般電気事業者の送電部門に対し、提出されたデータの内容や算定根拠などについて説明を求めることができる（電力系統利用協議会ルール第4章第6節1(3)）。

② 特定供給者が太陽光発電設備または風力発電設備であってその出力が500キロワット以上のものを用いていること

制度環境小委員会中間取りまとめは、制御の容易性、需給バランスの確保や電力系統安定化への影響を考慮し、当面は一定規模以上の再生可能エネルギー電源を対象とし、系統運用者からの連絡により出力抑制を行うのが適当であるとした[55]。ここで「一定規模」については、電気の需給の調整を行わなければ電気の供給の不足が想定される場合に、500キロワット以上の受電電力の容量をもって電気を使用する者等が需給調整の対象とされている（電気事業法27条、電気事業法施行令2条1項）ことから、500キロワット以上を想定しており[56]、施行規則においても、太陽光発電設備または風力発電設備のうち出力が500キロワット以上のものを用いている特定供給者が出力抑制の対象となった（施行規則6条3号イ柱書かっこ書）。

③ 出力抑制の指示が出力抑制を行う前日までに行われていること

---

54 電力系統利用協議会「電力系統利用協議会ルール解説」4章6節1
55 制度環境小委員会・前掲注(6)17頁
56 制度環境小委員会・前掲注(6)17頁

④　接続請求電気事業者が自ら用いる太陽光発電設備および風力発電設備の出力抑制の対象としていること

(c)　出力抑制の効果

年間30日を超えない範囲内で行われる出力抑制により生じた損害については補償を求めることができない。日数を制限するのは、特定供給者の予測可能性を確保して、再生可能エネルギーの導入にブレーキがかかることを回避するためのものと考えられる[57]。年間30日という数値は、ゴールデンウィーク等需要が極端に落ち込む特異日が年間30日程度あるという点を根拠に設定されたものである（パブコメ回答3－146（57頁））。

ただし、接続請求電気事業者が以下の事項について、指示の後遅滞なく書面で示した場合に限る。

①　指示を行う前に回避措置を講じたこと
②　当該回避措置を講じてもなお接続請求電気事業者の電気の供給量が需要量を上回ると見込んだ合理的な理由
③　指示が合理的なものであったこと

(C)　出力抑制契約条項(2)（施行規則6条3号ロ）

(a)　契約内容

天災事変等の場合において、

①　接続請求電気事業者が特定供給者の認定発電設備の出力抑制を行うことができること
②　接続請求電気事業者が書面により抑制の合理的理由を示した場合には、出力抑制により生じた損害の補償を求めないこと

を契約の内容とすることが求められる。

(b)　出力抑制の要件

---

[57]　次世代送配電システム制度検討会第2ワーキンググループ報告書「全量買取制度に係る技術的課題等について」（平成22年11月）17頁参照

① 天災事変により、被接続先電気工作物の故障または故障を防止するための装置の作動により停止したこと、または

② 人・物が被接続先電気工作物に接触し、または被接続先電気工作物に接近した人の生命・身体を保護する必要がある場合に、接続請求電気事業者が被接続先電気工作物に対する電気の供給を停止したこと

③ (①・②に共通)接続請求電気事業者の責めに帰すべき事由によらないこと

①は、天災事変により接続請求の相手方である電気事業者の変電所等の電気工作物に対する電気の供給が停止され、それに伴い、発電所からの送電も停止された場合を想定している（パブコメ回答3-197（62頁))。

(c) 出力抑制の効果

接続請求電気事業者が書面により抑制を行った合理的な理由を示した場合、特定供給者は、契約上、抑制により生じた損害の補償を求めることはできない。

(D) 出力抑制契約条項(3)（施行規則6条3号ハ）

(a) 契約内容

定期点検や臨時の点検等の場合において、

① 接続請求電気事業者の指示に従い認定発電設備の出力抑制を行うこと

② 書面により抑制の合理的理由を示した場合には、出力抑制により生じた損害の補償を求めないこと

を契約の内容とすることが求められる。

(b) 出力抑制の要件

次の理由により必要最小限度の範囲で接続請求電気事業者が被接続先電気工作物に対する電気の供給を停止・抑制する場合である。

① 被接続先電気工作物の定期的な点検を行うため

② 異常を探知した場合における臨時の点検を行うため

③ ①・②の点検の結果に基づき必要となる被接続先電気工作物の修理を

行うため、または

④　特定供給者以外の者が用いる電気工作物と被接続先電気工作物とを電気的に接続する工事を行うため

(c)　出力抑制の効果

接続請求電気事業者が書面により抑制を行った合理的な理由を示した場合、特定供給者は、契約上、抑制により生じた損害の補償を求めることはできない。

**(E)　出力抑制契約条項(4)（施行規則6条3号ニ）**

(a)　契約内容

施行規則6条3号イからハまでの場合以外において出力抑制を行った場合の損害補償を後述(c)とすることを契約の内容とすることが求められる。特定の地域の系統に容量以上の電力が送電されたことによりその系統に負荷がかかる場合の出力抑制については、補償が必要となる。ただし、接続の時点において特定の地域の系統に容量以上の電力が送電される蓋然性がある場合には、送電可能な量を超える供給を受けることになることが合理的に見込まれる場合（施行規則6条5号）に該当するかどうかの判断による（パブコメ回答3－205（64頁））。

(b)　出力抑制による損害の補償の要件

①　施行規則6条3号イからハまでの場合以外の、接続請求電気事業者による認定発電設備の出力抑制または接続請求電気事業者による指示に従って特定供給者が行った認定発電設備の出力抑制であること

②　接続契約締結時において、特定供給者および接続請求電気事業者のいずれもが予想することができなかった特別事情が生じた場合で、この特別事情の発生が接続請求電気事業者の責めに帰すべき事由によらないことが明らかな場合でないこと

(c)　出力抑制による損害の補償の内容

出力抑制を行わなかったならば特定供給者が特定契約電気事業者に供給し

たであろうと認められる再生可能エネルギー電気の量[58]に当該再生可能エネルギー電気に係る調達価格を乗じて得た額を限度とする。

## 3　円滑な接続の確保

### (1)　指導・助言

経済産業大臣は、円滑な接続のために必要があると認めるときは、接続請求電気事業者に対して接続に関し指導および助言をすることができる（5条2項）。

### (2)　勧告・命令

接続請求電気事業者が正当な理由なく接続を行わない場合には、経済産業大臣は、当該接続請求電気事業者に対して勧告することができ（5条3項）、正当な理由なく当該接続請求電気事業者が勧告に係る措置をとらなかったときは、その勧告に係る措置をとるよう命令することができる（5条4項）。

### (3)　電力系統利用協議会（ESCJ）での紛争処理

電気事業法の第6章で定められる送配電等業務支援機関である電力系統利用協議会があっせんや調停を行っているため、利用することも考えられる（後述X 2参照）。

接続拒否について争いがある場合、紛争当事者の同意があれば、その事例を公表することができるとされる予定である（パブコメ回答3－101（53頁））[59]。

---

[58] 次世代送配電システム制度検討会・前掲注(56)17頁は、太陽光や風力発電の場合、「出力抑制がなされなければ発電したと考えられる電力量（出力抑制量）」を正確に計測することが困難である、とする。このことを理由の一つとして、当該報告書は「出力抑制を行う場合、当該出力抑制に対する経済的な補償は行わないこととする」と結論づけている（同頁）。

[59] 電力系統利用協議会のあっせん・調停に係る処理規程7条6号は「当法人のホームページにおけるあっせん・調停手続の結果等の公開については、申し出の受付年月日、あっせん・調停手続終結の年月日を除き、原則、当事者がその公開を承諾する場合に行う。なお、安定供給確保に支障を及ぼす恐れのある情報、または関係者の商業上機微に係る情報等については、非公開とする等、適切な措置を講じる」とする。

## 4　接続をめぐる他の規制

電力系統との接続については、接続義務について定めた再エネ特措法だけではなく、①電気設備に関する技術基準を定める省令（平成9年通商産業省令第52号）および電気設備の技術基準の解釈（経済産業省電力安全課）、②電力品質確保に係る系統連系技術要件ガイドライン（平成16年16資電部第114号）、③電力系統利用協議会（ESCJ）が策定する電力系統利用協議会ルールのうちの系統アクセスルール、④一般電気事業者が定める系統連系技術要件などを遵守する必要がある。

平成24年4月3日の閣議決定により、①平成24年度措置として、送電線網・接続可能地点等の系統の受入可能情報や接続コスト（費用の内訳、工期等）等について、更なる情報開示を進めるため、たとえば閲覧等の手法により広く情報が得られるよう見直しを行うとともに、②同じく平成24年度措置として、電力会社によって異なる系統接続申請書類や運用ルールを見直し、手続書類の様式を簡素化・統一化するとともに、標準処理期間の短縮化を図ることとされた。

第1章 再生可能エネルギーの固定価格買取制度の概要

# Ⅷ 賦課金（サーチャージ）

## 1 概　要

　各一般電気事業者の供給区域においては、特定供給者の供給する再生可能エネルギー電気の電力量と、その調達価格を最終的に負担する使用者（需要家）の数に大きな不均衡があるところ、公平の観点から全国一律の賦課金を徴収する必要があるため、次のような仕組みをとった。

〔図表5〕　賦課金等の流れ（経済産業省「『電気事業者による再生可能エネルギー電気の調達に関する特別措置法案』の概要」(http://www.meti.go.jp/press/20110311003/20110311003-3.pdf)から引用）

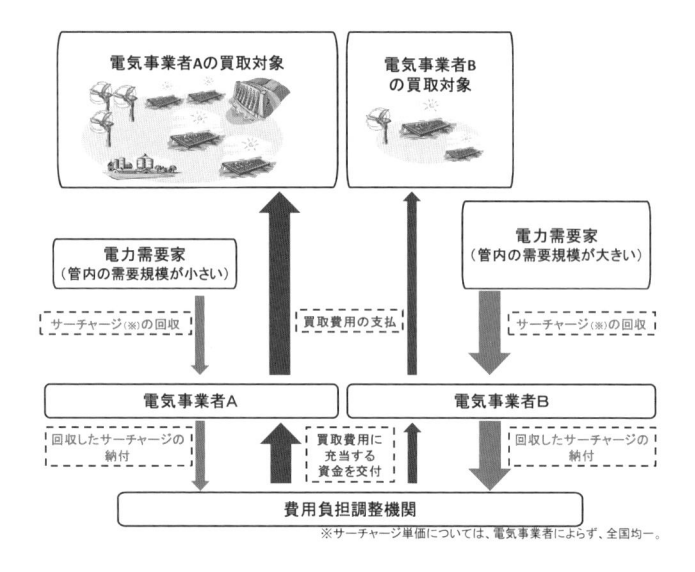

### (1)　賦課金
　再生可能エネルギー電気を調達価格で調達する一般電気事業者、特定電気

事業者および特定規模電気事業者は、納付金に充てるため、これら電気事業者から電気の供給を受ける電気の使用者（需要家）に対し、電気の供給の対価の一部として賦課金を支払うべきことを請求することができる（16条1項）。賦課金の額は、使用者に供給した電気の量に、電気を供給した年度における納付金単価に相当する金額を乗じて得た額である（16条2項）。

### (2) 納付金

費用負担調整機関[60]は、賦課金を徴収した電気事業者から、1か月ごと（施行規則17条）に、納付金を徴収し（11条1項）、その管理を行う（19条2項1号）。

#### (A) 納付金の額

納付金の額は、電気の使用者ごとに毎月供給した電気の量（特定電気量）に、当該年度の納付金単価を乗じて得た額（17条1項の認定（後述2参照）を受けた電力多消費事業者については80％（施行令2条3項）を減額）から消費税・地方消費税分を控除して得た額を合計したものとする（12条1項、施行規則18条1項）。

#### (B) 納付金単価

納付金単価は、経済産業大臣が、年度開始前に、以下の額を基礎に、前々年度のすべての電気事業者に係る交付金合計額と納付金合計額の過不足額等を勘案して決定する（12条2項）。

（当該年度においてすべての電気事業者に交付される交付金の見込額＋当該年度における事務費の見込額）÷（当該年度における全電気事業者が供給することが見込まれる電気の量の合計量）

再生可能エネルギー電気の調達にかかった費用が確定するのを待って事後回収することとすると、①電気事業者に金利負担が発生し、結果的に国民負担が増すおそれがあること、②相対的に財政基盤が弱く、かつ、再生可能エ

---

[60] 19条1項に基づき一般社団法人低炭素投資促進機構が指定されている。

ネルギー買取量比率の高い特定規模電気事業者ほど、財務の影響が大きくなること、③事後回収方式の場合、買取りが終了した次年度においては、買取りは行われないにもかかわらず、負担だけ発生すること、などから、買取りと同時並行的に調達費用を回収することにしたものである[61]。納付金単価(平成25年4月の定例の検針日から、同年5月の定例の検針日の前日までに電気事業者が電気の使用者に供給した電気に係る納付金の額の算定から適用される)は、1キロワット時当たり0.35円（消費税および地方消費税の額に相当する額を含む）である（平成24年経済産業省告示第142号）。

(3) 交付金

　費用負担調整機関が11条1項に従い電気事業者から徴収した納付金と、予算上の措置に係る資金（18条）をもって、電気事業者に交付金を交付する（8条）。予算上の措置に係る資金を充てることについては、衆議院において賦課金に係る特例（17条、後述2参照）が追加修正されたことに伴い、賦課金の減免によって生じる不足分を補う範囲において、政府が必要な予算上の措置を講ずると追加修正されたものである（衆議院経済産業委員会議録19号（平成23年8月23日）佐藤茂樹委員発言（10頁））。

(A) 交付金の金額

　費用負担調整機関が電気事業者に対して、1か月ごと（施行規則14条）に交付する交付金の金額は、特定契約ごとに次の①から②を控除した額から消費税・地方消費税相当額を控除し、交付金の交付に伴い当該電気事業者が支払うこととなる事業税相当額を加算した金額とする（9条、施行規則15条）。

① 電気事業者が特定契約に基づき調達した再生可能エネルギー電気の量（キロワット時で表す）に当該特定契約に係る調達価格を乗じて得た額（9条1号）

② 特定契約に基づき再生可能エネルギー電気を調達しなかったとしたな

---

[61] 買取制度小委員会・前掲注(8)14頁

らば、当該再生可能エネルギー電気の量に相当する量の電気の発電・調達に要することとなる費用（回避可能費用）（9条2号）

### (B) 回避可能費用

前述②の回避可能費用は、発電・調達に要することとなる1キロワット時当たりの費用とし、経済産業大臣が電気事業者ごとに定める額（以下、「回避可能費用単価」という）に、消費税・地方消費税相当額を加算し、これに当該電気事業者が特定契約に基づき調達した再生可能エネルギー電気の量を乗ずる方法によって算出する（施行規則16条）。

回避可能費用単価（電気事業者が平成25年4月1日以後に特定契約に基づき調達した再生可能エネルギー電気に係る交付金の額の算定から適用される）は以下のとおりである（回避可能費用単価等を定める告示（平成24年経済産業省告示第144号。以下、「告示144号」という）4条）。

① 一般電気事業者（4条1号）　次に掲げる額について一般電気事業供給約款料金算定規則（平成11年通商産業省令第105条）21条により燃料費調整を行った額

（単位：円／1キロワット時当たり）

| 北海道 | 東北 | 東京 | 中部 | 北陸 |
|---|---|---|---|---|
| 6.24 | 5.92 | 9.98 | 6.57 | 4.33 |

| 関西 | 中国 | 四国 | 九州 | 沖縄 |
|---|---|---|---|---|
| 5.09 | 6.36 | 4.82 | 5.10 | 8.19 |

② 特定電気事業者および特定規模電気事業者（4条2号）　1キロワット時当たり7.04円（特定規模電気事業者（新電力）の回避可能費用については、すべての新電力の個別事情を考慮した回避可能費用の算定は困難であるため、一般電気事業者の加重平均値を用いることとされている（パブコメ回答5－17（77頁）））に、各一般電気事業者が一般電気事業供給約款料金算定規則21条により燃料費調整を行った各月の額を次の表の割合により加重

平均した額

| 北海道 | 東北 | 東京 | 中部 | 北陸 |
|---|---|---|---|---|
| 4％ | 9％ | 31％ | 15％ | 3％ |

| 関西 | 中国 | 四国 | 九州 | 沖縄 |
|---|---|---|---|---|
| 17％ | 7％ | 3％ | 10％ | 1％ |

## 2　賦課金の特例

　再エネ特措法16条に定める賦課金については、電気を大量に消費する事業所について大きな負担となり、その生産活動にも支障が生じ得る。この点について、当初国会に提出された法案には特段の特例は設けられていなかったが、衆議院における修正により、賦課金の特例が設けられた。事業者が申請し、要件を満たせば、経済産業大臣が、毎年度[62]、賦課金の負担が当該事業者の事業活動の継続に与える影響に特に配慮する必要がある事業所として認定する（17条）。

### (1)　再エネ特措法17条の認定の要件

　再エネ特措法17条の認定の要件は次のとおりである。

① 　事業が製造業である場合には、製造業の電気使用に係る原単位(売上高1000円当たりの電気の使用量(キロワット時で表示))の平均である0.7の8倍を超える事業を行う者であること。事業が製造業以外である場合には、製造業以外の業種に係る電気使用に係る原単位の平均である0.4の14倍を超える事業を行う者であること（17条1項、施行令2条1項、告示144号1条）

---

[62] 過去に賦課金の減免の認定を受けたことがある場合に、減免措置の適用の更新が認められるものではない（パブコメ回答4－15（70頁））。

事業者はいくつもの事業を行っていることもあり得るところ、その事業の識別については、それぞれの事業者が日本標準産業分類を当てはめることができる場合には、極力それを活用することとされた。また、事業者が原単位基準に適合するような業態を恣意的に定義する事態を回避するため、企業会計基準委員会策定の「企業会計基準17号　セグメント情報等の開示に関する会計基準」に準拠した基準に基づき、認定を受けようとする「事業」の識別が行われ、さらに、その事業の識別が当該基準に真に合致しているかどうか、および当該事業の売上高が適切に計上されているかどうか、公認会計士または税理士の確認を受けることが求められている（施行規則21条2項3号、パブコメ案57頁）。

② 年間の当該事業に係る電気使用量が100万キロワット時を超える事業所であること（17条1項、施行令2条2項）

③ 賦課金の特例を受けようとする年度の前年度の11月1日から同月30日の間に認定の申請をすること（施行規則21条5項）

### (2) 適正な認定の確保

不正に賦課金の軽減という効果が得られることのないよう、前述の公認会計士または税理士の確認のほか、以下のような方策が採られている。

#### (A) 報告徴求、立入検査

経済産業大臣は、再エネ特措法17条の規定の施行に必要な限度において、その事業所について認定を受け、または受けようとする者に対し、当該認定に係る事業に係る電気の使用量、売上高その他必要な事項について報告をさせ、またはその職員に、当該事業所またはその者の事務所に立ち入らせ、帳簿、書類等を検査させることができる（40条2項）。

#### (B) 公　表

経済産業大臣は、認定を受けた事業所についての、事業者の氏名・名称、住所（法人の場合、代表者の氏名、事業所の名称・所在地）、対象となる事業の電気使用量、対象となる事業の電気の使用に係る原単位・当該事業の売上高、

事業の名称・内容等を公表する（17条4項、施行規則22条1項）。

　(C)　取消し

　偽りその他不正の手段により認定を受けた者があるときは、経済産業大臣は認定を取り消さなければならず（17条5項）、取消しの日から起算して5年を経過しない者については、経済産業大臣は認定してはならない（同条2項）。また、経済産業大臣は、認定を受けた者が同条1項の要件（前述(1)）を欠くに至ったと認めるときは、経済産業大臣はその認定を取り消すことができる（同条6項）。

　⑶　**認定の効果**

　経済産業大臣の認定を受けた場合、賦課金が80％減額される（17条3項、施行令2条3項）。

# IX　RPS法の取扱い

## 1　RPS（Renewables Portfolio Standard）とは

　RPSとは、電気事業者による新エネルギー等の利用に関する特別措置法（平成14年法律62号）（以下、「RPS法」という）に基づき、電気事業者に対して、前年の電気の供給量に応じた一定量以上の新エネルギー等電気[63]の利用[64]を義務づける制度である。2003年から義務づけられたが、その結果、RPS法の対象となる新エネルギー等供給実績は、2003年の40.6億キロワット時から、2009年には86.1億キロワット時となっており[65]、一定の成果があったといえる。

### (1)　新エネルギー等利用義務を負う者──「電気事業者」

　RPS法において新エネルギー等利用義務を負う「電気事業者」は、一般電気事業者（電気事業法2条1項2号）、特定電気事業者（同項6号）および特定規模電気事業者（同項8号）である（RPS法2条1項）。

### (2)　新エネルギー等電気の利用義務の履行

　RPS法上の電気事業者は、毎年度、前年の電気の供給量に応じた一定量（以下、「基準利用量」という）以上の量の新エネルギー等電気を利用しなければならない（RPS法5条）。電気事業者が利用する新エネルギー等電気は自ら

---

[63] 新エネルギー等発電設備（経済産業大臣の認定（RPS法9条1項）を受けた発電設備（RPS法2条4項））を用いて新エネルギー等（同条2項）を変換して得られる電気（同条3項）

[64] 供給する電気（電気事業者に供給するものを除く）を新エネルギー等電気にすること（同条5項）

[65] 資源エネルギー庁省エネルギー・新エネルギー部　電力・ガス事業部「再生可能エネルギーの全量買取制度における詳細制度設計について」（平成22年11月15日総合資源エネルギー調査会新エネルギー部会・電気事業分科会　第9回買取制度小委員会　新エネルギー部会　第11回RPS法小委員会合同会合資料3）7頁

発電しまたは他から購入しなければならない（電気事業者による新エネルギー等の利用に関する特別措置法施行規則（以下、「RPS法施行規則」という）4条）。また、他の電気事業者がその基準利用量を超える量の新エネルギー等電気を利用する場合、当該他の電気事業者の同意を得て、経済産業大臣の承認を受けて、その超過分に相当する新エネルギー等電気の量（新エネルギー等電気相当量（RPS法施行規則1条2項））を自己の基準利用量から減少することができる（RPS法6条）。電気事業者は新エネルギー等電気相当量のうち義務履行に充てるものの量および利用した新エネルギー等電気の量（新エネルギー等電気相当量の増量の記録をするために供したものを除く）を経済産業大臣に届け出なければならない（RPS法10条、RPS法施行規則18条）。新エネルギー等電気の利用をする量が基準利用量に達していない場合は、経済産業大臣は新エネルギー等電気を利用することを勧告することができ（RPS法8条1項）、新エネルギー等電気を利用する量が基準利用量を相当程度下回る場合は、経済産業大臣は新エネルギー等電気を利用することを命令することができる（同条2項）。

## 2 再エネ特措法による取扱い

再エネ特措法施行前においては、電気事業者はその裁量で新エネルギー等電気を購入し、その価格も相対契約で決まっていたところ、RPS制度の対象電源の大部分が、再エネ特措法に基づく買取義務の対象となる再生可能エネルギー電気であり、電気事業者は、再生可能エネルギー電気を一定期間、一定価格で調達する義務を負う（4条）こととなるため、RPS法は廃止することとされた（附則11条）。

ただし、既設の新エネルギー等発電設備を用いて得られる電気については、立法者の意思として、原則として再エネ特措法の対象ではないため、再エネ特措法施行前からRPS法に基づき電気事業者に新エネルギー等電気を売電していた者を保護する必要があった[66]。このため、RPS法の一部は「当分の

間」効力を有するものとされ（附則12条）、その間、電気事業者は毎年、利用を予定している経過措置利用量を経済産業大臣に届け出る義務(附則12条により読み替えた後（以下、「読替え後」という）の RPS 法 4 条 1 項）および、経過措置利用量以上の量の新エネルギー等電気を利用する義務（読替え後の RPS 法 5 条）を負う。

　「当分の間」とは、新エネルギー等電気を供給している既存の設備について、予期せぬ採算性の悪化等にあわないように一定の期間の経過措置をとる趣旨であり、発電設備の投資回収に必要な期間を想定したものである[67]。

---

66　衆議院経済産業委員会における安井政府参考人発言（衆議院経済産業委員会議録第15号（その一）（平成23年 7 月27日）34頁）
67　衆議院経済産業委員会における細野政府参考人発言（衆議院経済産業委員会議録第17号（平成23年 8 月 3 日） 4 頁）

# X　苦情・紛争解決手続――電力系統利用協議会（ESCJ）

　出力抑制に関するルールや出力抑制の妥当性・適切性をめぐり相当な苦情や紛争処理事案が発生する可能性があり、再生可能エネルギー電源の接続に関しても、接続要件や電力系統への接続コスト（電源線や系統増強のための費用）をめぐって、相当な苦情や紛争処理事案が出てくる可能性が指摘されている[68]。

　このような事態に対し、一つの対策として電力系統利用協議会において電力系統利用協議会ルールを改正することが求められ（その一つとして優先給電指令についての改正（前述Ⅶ2(3)(B)(b)）がある）、もう一つの対策として電力系統利用協議会に「紛争の解決」の権限を持たせた。

## 1　概　要

### (1)　送配電等業務支援機関

　一般社団法人電力系統利用協議会は、経済産業大臣より送配電等業務支援機関（電気事業法93条）として指定された機関である。送配電等業務支援機関とは、一般電気事業者および卸電気事業者が行う託送供給の業務その他の変電、送電および配電に係る業務（以下、「送配電等業務」という）の円滑な実施を支援することを目的とする法人（同法93条）である。具体的な業務内容としては、送配電等業務の実施に関する基本的な指針の策定、送配電等業務の円滑な実施を確保するため必要な電気事業者に対する指導、勧告等、送配電等業務に関する情報提供および連絡調整のほか、送配電等業務についての電気事業者からの苦情の処理および紛争の解決を行うことである（同法94条各号）。

---

[68]　制度環境小委員会・前掲注(6)19頁

## (2) 経　緯

送配電等業務支援機関は、平成15年6月に成立した改正電気事業法において創設されたものである。送配電分野における設備形成、系統アクセス、系統運用および情報開示等については、従来、一般電気事業者が自主的にルールを策定し、運用してきたが、小売自由化範囲を拡大し需要家の選択肢を実質的に確保すると同時に、安定供給を確保するため、一層の公平性・透明性を確保する中立機関として制度設計されたものである[69]。

## (3) 構　成

### (A) 構成員

構成員は、①一般電気事業者グループ、②特定規模電気事業者グループ、③卸電気事業者および系統に連系している自家用発電設備設置者等グループ（以下、「卸電気事業者等グループ」という）並びに④学識経験者グループ（経済学、法律学、電子工学の各分野から少なくとも1名以上の学識経験者の参加があること）から構成される[70]。

### (B) 総　会

総会における各グループの議決権については、各グループの議決権総数が常に同数となる方法であることが定款に定められていることが求められる[71]。

### (C) 理事会

理事会において、学識経験者グループを除く三つのグループ（以下、「利害関係グループ」という）から選出される理事数および議決権は各グループ同数

---

[69] 総合資源エネルギー調査会電気事業分科会中間報告「今後の望ましい電気事業制度の詳細設計について」（平成15年12月9日）2頁

[70] 経済産業省「電気事業法に基づく経済産業大臣の処分に係る審査基準等」（平成12・05・29資第16号）の「電気事業法第93条第1項の規定に基づく送配電等業務支援機関の指定基準について」（別添6）第1の3(1)

[71] 経済産業省・前掲注(69)第1の3(2)。電力系統利用協議会定款は、会員の議決権数は、（最大会員数のグループの会員数）÷当該所属グループの会員数）で算出されるものと規定する（19条）。

であり、また、組織自体の中立性が強く求められていることから[72]、学識経験者グループから選出される理事数および議決権は、利害関係グループの一のグループから選出される理事数および議決権と比べ多数であることが要求されている[73]。理事は、各グループを代表するのではなく、中立的に判断し行動することが定款・規程に定められることが要求される[74]。

(D) 専門委員会

送配電等業務支援機関としての業務（前述(1)参照）を行うため、専門委員会としてルール策定のための委員会とルール監視のための委員会を設置することとされている[75]。

専門委員会の委員長については、原則として中立者である学識経験者を理事会で選任することを定款・規程に定めることが要求されている[76]。

## 2 紛争の処理

平成23年8月、再エネ特措法の制定にあわせて、電気事業法も改正され、送配電等支援機関の業務のうち、同法94条3号に定める「送配電等業務についての電気事業者からの苦情の処理を行うこと」が「送配電等業務についての電気供給事業者からの苦情の処理及び紛争の解決を行うこと」に改正された。

電気供給事業者とは、電気を供給する事業を営む者をいい（電気事業法24条の6第1項1号）、卸供給事業者（同法2条1項12号）や自家用発電設備設置者等を含むものであるとされる[77]。

---

72 電気事業分科会・前掲注(68)4頁
73 経済産業省・前掲注(69)第1の3(3)。電力系統利用協議会定款では、利害関係グループは各3名、学識経験者グループは5名となっている（22条2項）。
74 経済産業省・前掲注(69)第1の3(3)。電力系統利用協議会定款22条3項
75 経済産業省・前掲注(69)第1の3(4)③
76 経済産業省・前掲注(69)第1の3(4)④。電力系統利用協議会定款46条1項
77 資源エネルギー庁電力・ガス事業部ほか・前掲注(46)248頁

また、「苦情の処理」については、改正前から、実質的には一般的にいう「紛争処理」を想定したものであり、純粋に民間事業者間で行われる紛争処理業務を規定した立法例を踏まえて「苦情の処理」の文言とされているに過ぎないと解されてきた[78]。しかし、制度環境小委員会中間取りまとめが「再生可能エネルギー電気の固定価格買取制度のもと、接続や出力抑制について相当な苦情や紛争処理事案が出てくる可能性があること、また、紛争が専門的・技術的見地から適切に解決されるよう、送配電等業務支援機関の業務対象として一定規模以上の電源で発電する者を追加するとともに、紛争の解決が送配電等業務支援機関の業務として制度的に担保されることが必要である」とした[79]ことを反映して、同法94条3号を改正したものと考えられる。

(1) **苦情の受付**

苦情については、系統利用相談室が受け付けるが（苦情の処理規程2条）、①申出者が電気供給事業者、または一般電気事業者および卸電気事業者の変電、送電および配電に係る設備の利用者（電気供給事業者を除く）であって、②原則として当該苦情が電力系統利用協議会ルールにかかわる案件であれば、苦情の申出は受理される（同規程3条1項）。

申出者の希望により、指導・勧告案件に係る手続またはあっせん・調停手続に移行する（同規程5条）。

(2) **指導・勧告**

指導・勧告案件に係る手続を行うルール監視のための委員会は、ルール監視委員会とされている（指導・勧告案件処理規程2条1項）。ルール監視委員会は、事実調査等を行い、一方当事者の行為が送配電等業務の円滑な実施の確保を阻害するとの結論を得た場合、指導、勧告等の内容に係る委員会案を策定する（同規程6条2項10号）。理事会は委員会案について審議を行い、当事者

---

[78] 資源エネルギー庁電力・ガス事業部ほか・前掲注(46)488頁
[79] 制度環境小委員会・前掲注(6)19～20頁

の不服のないときは、委員会案の内容を尊重して理事会の判断とし（同規程7条2項）、最終的な指導、勧告等の内容として当事者に送達する（同条7項）。

#### (3) あっせん・調停

電力系統利用協議会におけるあっせん・調停案件は、①電気供給事業者等と送配電等業務を行う一般電気事業者または卸電気事業者との間の案件または、電気供給事業者等同士の案件であって、②その解決が送配電等業務における公平性、透明性、中立性の確保に資するものであって、③対象となる電源の出力が原則として500キロワット以上であるもの、が対象となる（あっせん・調停に係る処理規程2条1項）。

理事会は、電力系統利用協議会の中立者会員である弁護士および学識経験者からあっせん・調停手続を行う候補者を選任し（同規程13条1項）、相手方当事者があっせん・調停手続への参加を応諾した場合、ルール監視委員会は候補者の中から1名から3名のあっせん調停人を選任する（同規程14条1項）。あっせん調停人は、系統利用紛争解決パネル（同規程6条1項）において手続を進め、和解案・調停案をすべての当事者が受け入れ和解が成立した場合、当事者は和解合意書を作成する（同規程25条1項）。

電力系統利用協議会は平成24年7月19日に裁判外紛争解決手続の利用の促進に関する法律（平成16年法律第151号。以下、「ADR法」という）に基づく法務大臣の認証を取得している。これにより、①電力系統利用協議会に対する利用者の信頼確保を図るとともに、②和解が成立する見込みがないことを理由に手続を終了した場合、手続の実施を依頼した当事者が手続終了の通知時から1か月以内に、手続の目的となった請求について訴えを提起したときは、時効中断（民法147条1号）に関しては、当該手続における請求のときに訴え提起があったものとみなされる（ADR法25条）といった法的効力が付与される[80]。

---

80　山本和彦＝山田文『ADR仲裁法』（日本評論社、2008）224～225頁

## 3　今後の方向性

　規制・制度改革の一環として、電力系統利用協議会については、中立、公平、透明性を向上させるための改善等について平成23年度から検討を開始し、結論を得次第措置を講ずることとされている[81]。

　また、資源エネルギー庁に置かれる総合資源エネルギー調査会総合部会の下に設置された電力システム改革専門委員会は、電力システムについて専門的な検討を進めた結果、強い情報収集権限・調整権限に基づいて、広域的な系統計画の策定や需給調整を行う、広域系統運用機関（仮称）を設立し、苦情の処理・紛争の解決といった業務をESCJから引き継ぐべきであるとした[82]。平成23年3月の東日本大震災を契機に電力システムの改革の必要性が議論されているところであり、今後の議論の推移を注視する必要がある。

---

81　「エネルギー分野における規制・制度改革に係る方針」（平成24年4月3日閣議決定）51番
82　電力システム改革専門委員会「電力システム改革専門委員会報告書」（2013年2月）28頁

# 第2章

# 再生可能エネルギー発電設備をめぐる法規制

第 2 章　再生可能エネルギー発電設備をめぐる法規制

# Ⅰ　発電および電気の供給に関する法令——電気事業法

　再生可能エネルギーを用いての発電および電気供給については、主として電気事業法が規制する。

## 1　電気工作物

　前提として、再生可能エネルギー発電設備がどのような電気工作物に当たるかを確認する必要がある。
　「電気工作物」とは発電、変電、送電もしくは配電または電気の使用のために設置する機械等の工作物をいう（電気事業法 2 条 1 項16号）。

### (1)　事業用電気工作物と一般用電気工作物

　電気工作物は一般用電気工作物と事業用電気工作物に分類される。
　一般用電気工作物は、次の①または②に当たり、かつ、③小出力発電設備以外の発電用の電気工作物と同一の構内に設置するもの、④爆発性・引火性の物が存在するため電気工作物による事故が発生するおそれの多い場所（火薬類を製造する事業場および石炭坑）に設置するものを除いたものである（電気事業法38条 1 項、電気事業法施行規則48条 1 項・ 2 項）。

①ⓐ　600ボルト以下の電圧で受電し、
　ⓑ　その受電の場所と同一の構内においてその受電に係る電気を使用するための電気工作物であって、
　ⓒ　その受電のための電線路以外の電線路によりその構内以外の場所にある電気工作物と電気的に接続されていないもの
②ⓐ　構内に設置する小出力発電設備であって、
　ⓑ　その発電に係る電気を600ボルト以下の電圧で他の者がその構内において受電するための電線路以外の電線路によりその構内以外の場所

にある電気工作物と電気的に接続されていないもの

ここで「小出力発電設備」とは、600ボルト以下の電気の発電用の電気工作物であって、①出力50キロワット未満の太陽電池発電設備、②出力20キロワット未満の風力発電設備、③出力20キロワット未満および最大使用水量毎秒1立方メートル未満の水力発電設備（ダムを使うものを除く）等をいう（電気事業法38条2項、電気事業法施行規則48条3項4項）。また、「構内」とは、柵、塀、堀等によって明確に区切られており、一般人が自由に立ち入ることがない区域をいう[1]。

事業用電気工作物とは、一般用電気工作物以外の電気工作物をいう（電気事業法38条3項）。

### (2) 事業用電気工作物と自家用電気工作物

自家用電気工作物とは、電気事業の用に供する電気工作物および一般用電気工作物以外の電気工作物をいう（電気事業法38条4項）。つまり、事業用電気工作物のうち、電気事業の用に供する電気工作物を除いたものである。ここで「電気事業」とは一般電気事業、卸電気事業、特定電気事業および特定規模電気事業をいう（同法2条1項9号）が、再生可能エネルギー発電設備を用いての電気の供給は、一般の需要（一般電気事業についての同法2条1項1号）や特定の供給地点における需要（特定電気事業についての同項5号）、電気の使用者の一定規模の需要（特定規模電気事業についての同項7号）に応ずる電気の供給ではなく、一般電気事業者、特定電気事業者および特定規模電気事業者の用に供するためにこれらの者に電気を供給するものである。また、一般電気事業者にその一般電気事業者の用に供するために電気を供給する事業の用に供することを主たる目的とする発電用の電気工作物の出力の合計が200万キロワット（電気事業法施行規則2条1号）を超える場合は卸電気事業（電気

---

[1] 資源エネルギー庁電力・ガス事業部　原子力安全・保安院編『2005年版　電気事業法の解説』（経済産業調査会、2005）297頁

事業法2条1項4号）に当たるが、これを超えない限り卸電気事業に当たらない。

このため再生可能エネルギー発電設備は、基本的には自家用電気工作物に当たる。

## 2　工事計画の届出

　水力発電所、地熱発電所、出力2000キロワット（1000キロワット＝1メガワット）以上の太陽電池発電所、出力500キロワット以上の風力発電所および一定規模以上のバイオマス発電所（火力発電所）の設置については、経済産業大臣（太陽光発電設備、風力発電設備、出力90万キロワット未満の水力発電設備については、電気工作物の工事が行われる場所を管轄する産業保安監督部長（電気事業法施行令9条表9号））への工事計画の事前届出が必要である（電気事業法48条、電気事業法施行規則65条1項1号・別表第2の発電所の項中一の下欄の事前届出を要するもの欄中1）[2]。平成24年6月に別表第2が改正され、太陽光発電設備については、出力500キロワット以上出力2000キロワット未満のものについて工事計画の事前届出が不要となった。

　届出においては、同施行規則の様式49（同施行規則66条1項）に次の添付書類を付する。

　①　工事計画書（発電所の名称、位置、出力および周波数（同施行規則別表第

---

[2]　電気事業法施行規則別表第2には「地熱発電所」の記載はないが、「火力発電所」が地熱発電所を含むと考えられる。電気事業法や電気事業法施行規則に定義されているものではないが、たとえば同施行規則別表第1の3の項では「火力発電所（地熱を利用するものに限る。）」と規定されている。事前届出を要するか否かについては、その原動力が汽力、ガスタービン、内燃力またはガスタービンおよび内燃力以外のいずれであるかにより、基準となる出力の大きさに違いがある（同施行規則別表第2の発電所の項中一の下欄の事前届出を要するもの欄中1）が、地熱発電所は「汽力を原動力とする火力発電所」に分類され（電気事業法関係手数料規則別表第2の2の1の項㈡2（「汽力（地熱を利用するものに限る。）を原動力とする火力発電所」）参照）、原則として出力にかかわりなく事前届出を要するとされている（同施行規則別表第2の発電所の項中一の下欄の事前届出を要するもの欄中1(2)）。

3一)、モジュールの個数等（同表一㈤)（同施行規則規則66条3項))

② 送電関係一覧図、地形図、平面図等（同施行規則別表第3一)、発電方式に関する説明書等（同表一㈤)

③ 工事工程表

発電設備を設置しようとする者は、届出が受理された日から30日経過した後でなければその届出に係る工事を開始してはならない（電気事業法48条2項)。産業保安監督部長は、当該発電設備について、届出が受理された日から30日以内に限り、その工事の計画を変更しまたは廃止すべきことを命ずることができる（同条4項)。ただし、次に掲げる場合は、産業保安監督部長はこの30日の期間を短縮することができる（同条3項)。

① 電気事業法39条1項に定める技術基準に適合しないものでないこと（同法48条3項1号、47条3項1号)

② 特定対象事業（事業用電気工作物の設置または変更の工事で環境影響評価の対象となる事業（同法46条の4))に係るものについては、その特定対象事業に係る同法46条の17第2項の規定による通知（評価書につき変更命令をする必要がない旨の通知）に係る評価書に従っていること（同法48条3項1号、47条3項3号)

③ 環境影響評価法上の第2種事業（特定対象事業を除く）に係るものについては、環境影響評価法4条3項2号の措置（環境影響評価が行われる必要がない旨の通知）がとられたものであること（電気事業法48条3項1号、47条3項4号)

④ 水力発電設備については、発電水力の有効な利用を確保するため技術上適切なものであること（同法48条3項2号)

なお、発電設備から電力系統までの電源線の架設に関して、電圧17万ボルト以上の送電線路の設置については、工事の計画の届出（電気事業法48条）が必要となる（電気事業法施行規則65条1項1号・別表第2の送電線路の項)。それ以外については、別途届出をする必要はないが、発電設備の工事計画の届出

において、送電関係一覧図を添付する必要がある（同施行規則66条1項2号・別表第3一）。

## 3 使用前自主検査

設置工事の計画の届出（電気事業法48条）をして発電設備を設置しようとする者は、当該発電設備について、自主検査を実施して、結果を記録・保存しなければならない（同法50条の2第1項）。

### (1) 対　象

自主検査の対象となるのは、設置工事の計画の届出（電気事業法48条）をする事業用電気工作物であるが、そのうち、出力3万キロワット未満であってダムの高さ15メートル未満の水力発電所は除かれる（電気事業法施行規則73条の2の2第1号）。

### (2) 検査内容・検査時期

検査内容は、損傷、変形等の状況、機能・作動の状況について、①その工事が届出をした工事の計画に従って行われていること、②技術基準に適合することの確認である（電気事業法50条の2第2項、電気事業法施行規則73条の4）。

検査時期は、工事が一部完成し、完成した部分を使用しようとするとき、または計画に係るすべての工事が完成したとき等である（同施行規則73条の3）。

### (3) 使用前安全管理審査

使用前自主検査を行う事業用電気工作物を設置しようとする者は、使用前自主検査の実施に係る体制について、経済産業大臣（太陽光発電設備、風力発電設備、出力90万キロワット未満の水力発電設備については、使用前自主検査の場所を管轄する産業保安監督部長（電気事業法施行令9条表9号の2））が行う審査（「使用前安全管理審査」という）を受けなければならない（電気事業法50条の2第3項）。この使用前安全管理審査においては、自主検査の実施に係る組織、検査の方法、工程管理、検査記録の管理等について審査を行う（同条4項、

電気事業法施行規則73条の8）。経済産業大臣は、使用前安全管理審査に基づき、当該事業用電気工作物を設置する者の使用前自主検査の実施に係る体制について総合的な評定を行って（電気事業法50条の2第6項）、審査を受けた者に通知しなければならない（同条7項）。使用前自主検査の実施につき十分な体制がとられていると評定されるか否かによって、使用前安全管理審査の頻度に差を持たせている（同条3項、電気事業法施行規則73条の6）。

## 4 維 持

事業用電気工作物を設置する者は、事業用電気工作物を、経済産業省令で定める技術基準に適合するように維持しなければならない（電気事業法39条1項）。

この経済産業省令には、電気設備に関する技術基準を定める省令、発電用風力設備に関する技術基準を定める省令（平成9年通商産業省令第53号）、発電用水力設備に関する技術基準を定める省令（平成9年通商産業省令第50号）等がある。

これらの省令を定めるにあたっての基準は、①人体に危害を及ぼし、物件に損傷を与えないようにすること、②他の電気的設備その他の物件の機能に電気的・磁気的障害を与えないようにすること、③損壊により一般電気事業者の電気供給に著しい支障を及ぼさないようにすること、④一般電気事業の用に供する事業用電気工作物の損壊により、一般電気事業に係る電気の供給に著しい支障を及ぼさないようにすること、というものである（電気事業法39条2項）。

事業用電気工作物がこれらの省令で定める技術基準に適合しない場合、経済産業大臣（太陽光発電設備、風力発電設備、出力90万キロワット未満の水力発電設備については、産業保安監督部長）は修理、改造、移転や一時停止を命じ、またはその使用を制限することができる（電気事業法40条、電気事業法施行令9条表6号）。

## 5　電気事業法22条の不適用

　特定契約に基づく、一般電気事業者に対するその一般電気事業の用に供するための再生可能エネルギー電気の供給については、電気事業法22条の適用はない（7条）。

　一般電気事業者に対するその一般電気事業者の用に供するための電気の供給のうち、出力合計が200万キロワット以下であって（これを超えると卸電気事業（電気事業法施行規則2条1号）にあたる）、10年以上の期間にわたり供給することを約し、その供給電力が1000キロワットを超えるものおよび5年以上の期間にわたり供給することを約し、その供給電力が10万キロワットを超えるものは、卸供給に当たる（電気事業法2条1項11号、電気事業法施行規則3条）。電気事業法22条1項は、経済産業大臣に届け出た料金その他の供給条件によるのでなければ卸供給を行ってはならないとする。届出にあたっては、届け出る料金の適正な算定のため、卸供給料金算定規則（平成11年通商産業省令第107号）に従って料金を算定する必要がある。しかし、再エネ特措法においては、電気事業者は、認定発電設備を用いて供給される電気を調達価格により調達することが義務づけられている（4条1項、前述第1章Ⅵ2参照）ため、電気事業法22条の適用は排除されている。

## 6　自主的保安——保安規程

### (1)　策定・届出

　事業用電気工作物を設置する者は、事業用電気工作物の工事、維持および運用に関する保安を確保するため、保安を一体的に確保することが必要な発電設備の組織ごとに保安規程を策定し、発電設備の使用開始前に産業保安監督部長に届け出なければならない（電気事業法42条1項、電気事業法施行令9条表7号）。

　この届出は、保安規程届出書（電気事業法施行規則様式41）に保安規程を添

付して行われる（同施行規則51条1項）。

#### (2) 保安規程の内容

保安規程においては、以下の事項等を規定しなければならない（電気事業法施行規則50条2項・4項）。

① 発電設備の工事、維持、運用に関する業務を管理する者の職務・組織
② 発電設備の工事、維持、運用に従事する者に対する保安教育
③ 発電設備の工事、維持、運用に関する保安のための巡視、点検、検査
④ 発電設備の運転・操作
⑤ 発電設備の運転を相当期間停止する場合における保全の方法
⑥ 災害その他非常の場合に採るべき措置
⑦ 発電設備の工事、維持、運用に関する保安についての記録
⑧ 使用前自主検査に係る実施体制・記録の保存
⑨ その他発電設備の工事、維持、運用に関する保安に関し必要な事項

#### (3) 実効性の確保

産業保安監督部長は、必要があれば保安規程の変更を命ずることができる（電気事業法42条3項）。また、発電設備の設置者および従業者は、保安規程を遵守する義務を負う（同条4項）。

## 7 主任技術者

#### (1) 選任・届出

事業用電気工作物を設置する者は、発電設備の工事、維持および運用に関する保安の監督を行わせるため、主任技術者を選任し、経済産業大臣に届け出なければならない（電気事業法43条1項・3項、電気事業法施行規則52条1項表6号）。

#### (2) 適格性

主任技術者は原則として、主任技術者免状の被交付者である、設置者の従業員から選任しなければならない（電気事業法43条1項、「主任技術者制度の解

釈及び運用（内規）」（平成25年1月28日付け経済産業省大臣官房商務流通保安審議官通知20130107商局第2号。以下、「主任技術者内規」という）1(1))。

(A) 例外1──不選任（外部委託）

次の要件を満たす場合には、主任技術者を選任しないことができる(電気事業法施行規則52条2項、52条の2、主任技術者内規3）。

① 自家用電気工作物で出力1000キロワット未満であること
② 発電設備の保安管理業務を次に定める要件に該当する者(同施行規則52条の2）に委託する契約を締結していること
　ⓐ 保安業務従事者が電気主任技術者免状の被交付者であること、かつ事業用電気工作物の工事、維持、運用実務に従事した期間が所定の期間以上であること
　ⓑ 絶縁抵抗計、電流計等の機械器具を保有していること
　ⓒ 保安業務担当者が担当する事業場の種類・規模に応じて、所定の算定方法で算定した値が一定未満であること
　ⓓ 保安管理業務遂行の体制が、その適確な遂行に支障を及ぼすおそれがないこと
　ⓔ 同施行規則53条5項により承認が取り消された場合、当該承認に係る委託契約の相手方（取消しにつき有責）で、取消しから2年経過しない者でないこと
　ⓕ 同施行規則53条5項による承認取消しにつき有責の者であって、取消しから2年経過しないものを保安管理業務に従事させていないこと
③ 保安上支障がないとして産業保安監督部長の承認を受けたもの

なお、エネルギー分野における規制・制度改革に係る方針（平成24年4月3日閣議決定。以下、「規制・制度改革方針」という）において、太陽電池発電設備に係る電気主任技術者の不選任承認範囲につき、現行は1000キロワット未満であるが、2000キロワット未満への引上げ可能性について検討し、技術動向や安全性の状況を踏まえて見直しを行う（平成24年度検討・結論、結論を得

次第必要に応じ措置）と定められた[3]。

(B) **例外2——外部選任**

主任技術者を次に掲げる者から選任することができる（主任技術者内規1(1)）。

① 労働者派遣事業の適正な運営の確保及び派遣労働者の就業条件の整備等に関する法律（昭和60年法律88号。以下、「労働者派遣法」という）2条2号に規定する派遣労働者であって、選任する事業場に常時勤務する者（電気事業法施行規則52条3項ただし書に従い兼任を承認される場合は、いずれかの事業場に常時勤務する者）（主任技術者内規1(1)①）

ただし、労働者派遣法26条に基づく労働者派遣契約において、次のⓐから©までに掲げる事項がすべて約されている場合に限る。

ⓐ 設置者は、自家用電気工作物の工事、維持および運用の保安を確保するにあたり、主任技術者として選任する者の意見を尊重すること

ⓑ 自家用電気工作物の工事、維持および運用に従事する者は、主任技術者として選任する者がその保安のためにする指示に従うこと

ⓒ 主任技術者として選任する者は、自家用電気工作物の工事、維持および運用に関する保安の監督の職務を誠実に行うこと

② 設置者から自家用電気工作物の工事、維持および運用に関する保安の監督に係る業務（以下、「保安監督業務」という）の委託を受けている者（以下、「保安監督業務受託者」という）またはその役員もしくは従業員であって、選任する事業場に常時勤務する者（電気事業法施行規則52条3項ただし書に従い兼任を承認される場合は、いずれかの事業場に常時勤務する者）（主任技術者内規1(1)②）

ただし、当該委託契約において前述①ⓐから©までに掲げる事項がすべて約されている場合に限られる。

---

[3] 規制・制度改革方針4番

「事業場」とは、基本的には発電所がこれに該当するが、発電所の運転および停止を遠隔で監視および操作する制御所（遠隔常時監視制御方式、電気設備技術基準の解釈47条1項4号）もこれに含まれる[4]。制御所の位置については、法令や内規その他の書面による規定はないが、主任技術者の兼任に関するルール（主任技術者内規4（10頁））を援用して、制御所から発電所まで2時間以内に到達できるところにあること（高速道路を用いることを前提としてもよい）を要求する運用がなされているようである。

また、「常時勤務」とは通常の職員と同じ勤務体制で、5日で40時間を目途としているようである。

なお、保安監督業務受託者が当該自家用電気工作物の維持・管理の主体[5]であって、当該自家用電気工作物について電気事業法39条1項の維持義務を果たすことが明らかな場合は、当該保安監督業務受託者を設置者とみなし、当該受託者（以下、「みなし設置者」という）が主任技術者の選任を行うことができる。

また、①および②の規定は、主任技術者を選任するみなし設置者に準用され、この場合「設置者」とあるのは「みなし設置者」と読み替えるものとされる。この取扱いは、電気事業法43条2項の許可（主任技術者免状の被交付者以外の者の選任（後述(C)参照））並びに電気事業法施行規則52条2項（外部委託（前述(A)参照））および3項ただし書（兼任（後述(3)参照））の承認についても同様とされる（以上、主任技術者内規1(1)②）。

---

[4] 主任技術者が常時勤務すべき事業場としては、発電所を管理する事業場を直接統括する事業場も含まれる（電気事業法施行規則52条1項6号）。「直接統括」しているか否かは、設置者がどのような管理体制をとっているかについて、主任技術者選任の経済産業大臣への届出（電気事業法43条3項）の際に届出書類を基に産業監督保安部が判断するようである。この「統括する事業場」に主任技術者が常時勤務すれば主任技術者の選任について定める同条1項を満たすこととなるが、事業場における保安管理体制が手薄になるという理由で、現在、新規に認められるのは難しいようである。

[5] 実際に点検や軽微な修理等を行う者をいうと考えられる。

(C) 例外3——主任技術者免状の被交付者以外の者の選任（許可選任）

次に掲げる要件を満たす場合には、主任技術者免状の被交付者以外の者を主任技術者に選任することができる（電気事業法43条2項、主任技術者内規2）。

① 出力500キロワット未満の発電所等を直接統括する事業場
② 電気主任技術者として選任しようとする者が第1種電気工事士等であること
③ 産業保安監督部長（電気事業法施行令9条表8号）の許可を受けること

### (3) 兼　任

原則として、事業用電気工作物を設置する者は、主任技術者に2以上の事業場または設備の主任技術者を兼ねさせてはならない（電気事業法施行規則52条3項本文）。ただし、事業用電気工作物の工事、維持および運用の保安上支障がないと認められる場合で、経済産業大臣または産業保安監督部長（監督に係る事業用電気工作物が一の産業保安監督部の管轄区域内にのみある場合）の承認を受けた場合は、2以上の事業場・設備の主任技術者を兼任することができる（同項ただし書）。

なお、兼任させようとする事業場・設備の最大電力が2000キロワット以上となる場合や、兼任させようとする事業場・設備が6以上となる場合は、保安業務の遂行上支障となる場合が多いと考えられるので、特に慎重を期することとするとされる（主任技術者内規4(1)なお書）。

(A) 承認の要件

電気事業法施行規則52条3項ただし書の承認は、その申請が次の①から④までに掲げる要件に適合する場合に行うものとされる（主任技術者内規4(1)）。

① 兼任させようとする者が兼任する事業場が、その者が常時勤務する事業場の事業用電気工作物を設置する者（みなし設置者を含む。以下同じ）の事業場、設置者の親会社・子会社である者の事業場、設置者の兄弟会社の事業場であること。たとえば設置者がSPCであって、保安監督業務受託者がみなし設置者である場合（主任技術者内規1(2)）、当該受託者が保

安監督業務の委託を受けている他の事業場において主任技術者を兼任することができる。

② 兼任させようとする者が第1種電気主任技術者免状、第2種電気主任技術者免状または第3種電気主任技術者免状の被交付者であること

③ 兼任させようとする事業場・設備が、その者が常時勤務する事業場またはその者の住所から2時間以内に到達できるところにあって、点検を電気事業法施行規則53条2項5号の頻度に準じて行うこと

④ 電気主任技術者が常時勤務しない事業場の場合、電気工作物の工事、維持および運用のために必要な事項を電気主任技術者に連絡する責任者が選任されていること

### (B) 屋根貸しの場合

#### (a) 事業用電気工作物として扱われる場合

住宅等の屋根に住宅所有者とは異なる設置者が太陽電池発電設備を設置する、いわゆる「屋根貸し」において、出力50キロワット未満の小出力発電設備を設置した場合でも、売電用の電線路を受電用の電線路と別途設けて送電する場合で、責任分界点を構外に設けた場合、他の者がその構内において受電しておらず、電気工作物が構外にわたることで公衆に対する保安上の危険度が高くなるため、このような太陽電池発電設備は事業用電気工作物として扱われる（電気事業法施行規則38条1項2号）[6]。

#### (b) 兼任の特例

太陽電池発電設備が事業用電気工作物として扱われると、主任技術者の選任が必要となる（電気事業法43条1項）が、売電用配電線路の設置者は太陽電池発電設備の設置者であると考えられる。したがって、当該配電線路に係る保守・管理の責任は、太陽電池発電設備の設置者にあるため、設置者には電

---

6 原子力安全・保安院 電力安全課「いわゆる屋根貸しによる太陽電池発電設備の取扱い及び電気主任技術者制度の運用について」（平成24年6月29日（同年9月6日改正））2（パターン2-2）

Ⅰ　発電および電気の供給に関する法令——電気事業法

気主任技術者を選任する義務が生じる（電気事業法43条1項）。電気主任技術者の選任方法としては自社従業員からの選任や外部選任（前述(2)(B)）のほか、外部委託（前述(2)(A)）や許可選任（前述(2)(C)）が認められる。ただし、屋根貸しにより設置される太陽電池発電設備は小規模であり、安全性も高いため、屋根貸しにより設置される出力50キロワット未満の太陽電池発電設備に係る電気主任技術者の兼任においては、当分の間、兼任する事業場の数は考慮せず、兼任する事業場の出力の合計が2000キロワット未満までは承認するものとされた（兼任させようとする事業場・設備は、その者が常時勤務する事業場またはその者の住所から2時間以内に到達できるところにあることは引き続き必要である）[7]。

---

7　電力安全課・前掲注(6) 3

第2章 再生可能エネルギー発電設備をめぐる法規制

# II 各再生可能エネルギー電気に関する法令上の規制

## 1 土地取引に関連する法令——国土利用計画法

　再生可能エネルギー発電設備を設置するための土地を取得する場合には、国土利用計画法（昭和49年法律第92号。以下、「国土法」という）および公有地の拡大の推進に関する法律（昭和47年法律第66号）などが適用される場合があるが、ここでは国土法について概説する。

　国土法は、土地取引の規制に関する措置等を講ずることによって、総合的かつ計画的な国土の利用を図ることを目的としている（国土法1条）。発電設備を設置するための土地の売買または（使用収益の対価ではなく）権利の対価を得て地上権や賃借権の設定（国土法14条1項、国土法施行令5条）を行った場合は、契約締結日から2週間以内に、土地に関する権利の移転・設定の対価の額等を、当該土地が所在する市町村長を経由して都道府県知事に届け出なければならない（国土法23条1項）。ただし、市街化区域（すでに市街地を形成している区域およびおおむね10年以内に優先的かつ計画的に市街化を図るべき区域（都市計画法7条2項））では2000平方メートル未満、市街地区域以外の都市計画区域（市または要件を満たす町村の中心の市街地を含み、一体の都市として総合的に整備・開発・保全する必要のある区域として、都道府県が指定した区域（同法4条2項、5条1項））では5000平方メートル未満、その他の区域では1万平方メートル未満の土地の売買については届出は不要である（国土法23条2項）[8]。

---

[8] 国土法は、適正かつ合理的な土地利用を確保するため、地価の上昇等の場合には、規制区域（12条1項）、監視区域（27条の6第1項）、注視区域（27条の3第1項）等を指定して、そこでの土地取引の規制を行う。

## 2　設置予定地に関連する法令

およそ発電設備の設置においては、当該設置予定地がどのような土地であるかによってさまざまな法規制がなされている点を考慮する必要がある。当該土地の性状によって、港湾法、海岸法、漁港漁場整備法、公有水面埋立法、河川法、砂防法、地すべり等防止法、自然公園法、自然環境保全法、温泉法、森林法、都市計画法、景観法、農地法、生産緑地法等のさまざまな目的に基づく法規制が設けられている。さらに、各地方自治体の定める条例や要綱も遵守しなければならない。以下では、各発電設備に特に密接に関連するものについて検討していく。

### (1)　自然公園法

#### (A)　概　説

自然公園法（昭和36年法律第161号）は、優れた自然の風景地を保護するとともに、その利用の増進を図ることにより、国民の保健、休養および教化に資するとともに、生物の多様性の確保に寄与することを目的とする（同法1条）。

自然公園は、国立公園、国定公園および都道府県立自然公園から構成される（自然公園法2条1号）。国立公園とは、日本の風景を代表するに足りる傑出した自然の風景地であって、環境大臣が関係都道府県および中央環境審議会の意見を聴き、指定（同法5条1項）するもの（同法2条2号）を、国定公園とは、国立公園に準ずる優れた自然の風景地であって、関係都道府県の申出により、中央環境審議会の意見を聴き、環境大臣が指定（同法5条2項）するもの（同法2条3号）を、都道府県立自然公園は、優れた自然の風景地であって、都道府県が指定（同法72条）するもの（同法2条4号）をそれぞれいう。

#### (B)　自然公園における区域

環境大臣は国立公園について、都道府県知事は国定公園について、当該公園の風致を維持するため、公園計画に基づいて、その区域内に特別地域を指

定することができる（自然公園法20条1項）。この特別地域（後述の特別保護地区を除く）は第一種特別地域、第二種特別地域および第三種特別地域に区分される（自然公園法施行規則9条の2各号）。

　第一種特別地域は、特別保護地区に準ずる景観を有し、特別地域のうちでは風致を維持する必要性が最も高い地域であって、現在の景観を極力保護することが必要な地域をいう（同条1号）。第三種特別地域は、特別地域のうちでは風致を維持する必要性が比較的低い地域であって、特に農村漁業活動については原則として風致の維持に影響を及ぼすおそれが少ない地域をいい（同条3号）、第二種特別地域は、第一種特別地域および第三種特別地域以外の地域であって、特に農村漁業活動についてはつとめて調整を図ることが必要な地域をいう（同条2号）。

　環境大臣は国立公園について、都道府県知事は国定公園について、①当該公園の景観を維持するため、特に必要があるときは、公園計画に基づいて、特別地域内に特別保護地区（自然公園法21条1項）、当該公園の海域の景観を維持するため、公園計画に基づいて、その区域の海域内に、海域公園地区（自然公園法22条1項）をそれぞれを指定することができる。

　自然公園のうち、特別地域および海域公園地区に含まれない区域が普通地域（同法33条1項）であるが、特別地域を保護するための緩衝地帯（バッファーゾーン）と考えられている[9]。

### (C) 風力発電設備の設置に対する規制

　自然公園内の風力発電設備の設置における許可基準は以下のとおりである。
① 当該風力発電設備の色彩および形態がその周辺の風致または景観と著しく不調和でないこと（自然公園法施行規則11条11項・1項5号）
② 当該風力発電設備の撤去に関する計画が定められており、かつ、当該風力発電設備を撤去した後に跡地の整理を適切に行うこととされている

---

9　畠山武道『自然保護法講義〔第2版〕』（北海道大学図書刊行会、2005）215頁

ものであること（同条11項・1項6号）
③　当該風力発電設備に係る土地の形状を変更する規模が必要最小限であると認められること（同条11項・10項7号）。
④　支障木の伐採が僅少であること（同条11項・10項9号）
⑤ⓐ　次に掲げる地域内において行われるものでないこと
　　㋐　特別保護地区、第一種特別地域または海域公園地区（同条条11項1号・1項2号イ）。
　　㋑　第二種特別地域または第三種特別地域のうち、植生の復元が困難な地域等（同条11項1号・1項2号ロ）
　ⓑ　当該風力発電設備が主要な展望地から展望する場合の著しい妨げにならないものであること（同条11項1号・1項3号）
　ⓒ　当該風力発電設備が山稜線を分断する等眺望の対象に著しい支障を及ぼすものではないこと（同条11項1号・1項4号）
⑥　野生動植物の生息または生育上その他の風致または景観の維持上重大な支障を及ぼすおそれがないものであること（同条11項2号）

他方、人工的改変度が高い地点や、視認されにくい地点等であって、風力発電設備の設置による自然景観への影響が相対的に小さいと認められる場合には、当該地域における自然的、社会経済的状況を充分に把握し、評価を行うことも必要と考えられる[10]。

**(D)　地熱発電設備の設置に対する規制**

　　(a)　昭和49年（1974年）および平成6年（1994年）の各通知

地熱発電設備の設置については、昭和49年（1974年）の環境庁（当時）通知により、当面実施箇所を全国で6地点とし、実施にあたっては、自然の保護と調整の図り得る安定した新技術の開発に努めるよう指導するものとし、し

---

[10] 環境省自然環境局「国立・国定公園内における風力発電施設設置のあり方に関する基本的考え方」（平成16年2月）5頁

たがって、当分の間、国立公園および国定公園内の景観および風致維持上支障があると認められる地域においては新規の調整工事および開発を推進しないものとするとされていた[11]。これは、当時操業を開始した地熱発電所が、①発電所施設による自然景観の著しい損傷、②出力維持のための補充井掘削により、自然改変面積が拡張する可能性、③地下の熱水に含まれる有害物質による水質への影響、④蒸気中の硫化水素による植生等への悪影響、⑤冷却塔からの水蒸気による周辺植生への着氷被害のおそれ、⑥生産井の騒音、⑦温排水、微小地震等のおそれ、⑧蒸気等の汲み上げによる地獄現象等の衰退のおそれ、などの影響を及ぼすことが懸念されていたためである[12]。また、平成6年の環境庁の通知においては、普通地域内での地熱発電については、風景の保護上の支障の有無について個別に検討し、その都度開発の可否の判断を行うものとしていた[13]。

(b) 平成24年の通知

しかし、環境省から平成24年に出された通知は、①特別保護地区および第一種特別地域においては、地熱開発は厳に認めないものとし、②温泉関係者や自然保護団体等の地域の関係者による合意形成が図られ、当該合意に基づく地熱開発計画が策定されることを前提としつつ、③地熱開発の行為が小規模で風致景観等への影響が小さなものや既存の温泉水を用いるバイナリー発電などで、主として当該地域のエネルギーの地産地消のために計画されるもの等については、第二種特別地域、第三種特別地域、普通地域において自然環境の保全や公園利用に支障がないものについては認めることとし、その促進のために地域への情報提供を行うなどの取組みを積極的に進めることとす

---

[11] 「自然公園地域内において工業技術院が行う『全国地熱基礎調査』等について」（昭和49年9月17日付け環境庁自然保護局企画調整課長通知環自企第469号）
[12] 地熱発電事業に係る自然環境影響検討会「国立・国定公園内における地熱発電に係る通知見直しに向けた基本的考え方」（2012年3月）2頁
[13] 「国立・国定公園内における地熱発電について」（平成6年2月3日付け環境庁自然保護局計画・国立公園課長通知環自計第24号・環自国第81号）

るとともに、上記昭和49年および平成6年の通知を廃止した[14]。各地種区分における取扱いは次のとおりである。

　(i)　特別保護地区・第一種特別地域

　①地熱開発および②区域外からの傾斜掘削は認められない。しかし、③重力探査、電磁探査等の地熱資源の状況把握のために広域で実施することが必要な調査であって、自然環境の保全や公園利用への支障がなく、かつ地表部に影響がなく原状復旧が可能なものについては、個別に判断して認めることができるものとする。

　(ii)　第二種特別地域・第三種特別地域

　①前述(b)③を除き、原則として地熱開発を認めないが、②公園区域外または普通地域からの傾斜掘削については、自然環境の保全や公園利用への支障がなく、特別地域の地表への影響がないものに限り、個別に判断して認めることができるものとする。さらに、③自然環境の保全と地熱開発の調和が十分に図られる優良事例で、地域における合意形成の場の構築等の取組みの実施状況等を継続的に確認し、真に優良事例としてふさわしいものであると判断される場合は、掘削や工作物の設置の可能性についても個別に検討したうえで、その実施について認めることができるものとする。

　(iii)　普通地域

　風景の保護上の支障等がない場合に限り、個別に判断して認めることができるものとする。

### (2)　自然環境保全法

#### (A)　概　説

　自然公園法が、優れた自然の風景地を保護するとともに、その利用の増進を図ることを目的とする（自然公園法1条）のに対し、自然環境保全法（以下、

---

[14] 「国立・国定公園内における地熱発電の取扱いについて」（平成24年3月27日付け環境省自然環境局長通知環自国発第120327001号）

「保全法」という）は、自然環境を保全することが特に必要な区域等の生物の多様性の確保その他の自然環境の適正な保全を総合的に推進することを目的としている（保全法1条）。このため、保全法の定める保護区は、利用の便宜をまったく考慮しておらず、自然公園に比べて規制も厳しくなっている。当初は、自然公園法を含む個々の法律の運用を総合的に調整するための基本理念や基本方針を明らかにし、さらにそれを実施するための手段を制度的に設けるため昭和47年（1972年）に制定されたものであるが、現在の保全法は、自然公園法の上位にある法律ではなく、自然公園法の枠の外で貴重な自然を保護しようとする法律にすぎないと解されている[15]。

**(B) 原生自然環境保全地域**

(a) 要　件

環境大臣は、次の要件を満たす区域について、原生自然環境保全地域として指定することができる（保全法14条1項）。

① その区域における自然環境が人の活動によって影響を受けることなく原生の状態を維持していること
② 1000ヘクタール（その周囲が海面に接している区域については300ヘクタール）（保全法施行令1条）以上の土地であること
③ 国または地方公共団体が所有するものであること（保安林（海岸保全区域内の森林で保安林に指定されたものを除く）の区域を除く）。原生自然環境保全地域は原則として人為的な改変を禁止するのに対し、保安林は恒常的・人為的な管理が必要であり、両者は相容れないので、保安林は原生自然環境保全地域から除かれている[16]。
④ 自然環境を保全することが特に必要であること

(b) 手　続

---

[15] 畠山・前掲注(9)233〜234頁
[16] 畠山・前掲注(9)236〜237頁

環境大臣は、原生自然環境保全地域の指定をしようとするときは、あらかじめ都道府県知事または中央環境審議会の意見を聴き（保全法14条2項）、事前に土地を所管する行政機関の長または地方公共団体の同意を得なければならない（同条3項）。

(c) 効　果

原生自然環境保全地域においては、工作物の新築・改築・増築や土地の形質を変更することは、学術研究その他公益上の事由により特に必要と認めて環境大臣が許可した場合または非常災害のために必要な応急措置として行う場合を除き、禁止される（保全法17条1項）。

なお、原生自然環境保全地域の区域は国立公園もしくは国定公園または都道府県立自然公園の区域に含まれないものとされる（自然公園法71条、81条）。

(C)　**自然環境保全地域**

(a) 要　件

環境大臣は、原生自然環境保全地域以外の区域で、高山性植生または亜高山性植生、優れた天然林、特異な地形・地質・自然現象、動植物を含む自然環境が優れた状態を維持する海岸・湖沼・海域等であって、自然的社会的諸条件からみてその区域における自然環境を保全することが特に必要なものを、自然環境保全地域として指定することができる（保全法22条1項）。

なお、自然公園の区域は自然環境保全地域の区域には含まれないものとされる（保全法22条2項）。

(b) 手　続

環境大臣は、自然環境保全地域の指定をしようとするときは、あらかじめ関係地方公共団体の長または中央環境審議会の意見を聴き（保全法22条3項）、公告して案を公衆に縦覧し（同条4項）、縦覧に供された案に異議がある旨の意見書の提出があったとき等は、環境大臣は公聴会を開催しなければならない（同条6項）。

環境大臣は、自然環境保全地域に関する保全計画を決定し（保全法23条1

*111*

項)、これに基づき特別地区および海域特別地区を指定することができる(保全法25条1項、27条1項)。

　(c)　効　果

　自然環境保全地域の区域のうち特別地区および海域特別地区においては、工作物の新築・改築・増築や土地(海底)の形質を変更することは、原則として環境大臣の許可を受ける必要がある(保全法25条4項、27条3項)。自然環境保全地域の区域のうち、特別地区および海域特別地区に含まれない区域(普通地区)については、これらの行為をしようとする者は環境大臣に対して届け出なければならない(保全法28条1項)。

### (3)　森林法

#### (A)　保安林

　(a)　概　説

　保安林には、その目的により、①水源かん養保安林、②土砂流出防備保安林、③土砂崩壊防備保安林、④飛砂防備保安林、⑤防風、水害防備、潮害防備、干害防備、防雪、防霧保安林、⑥なだれ防止、落石防止保安林、⑦防火保安林、⑧魚(うお)つき保安林、⑨航行目標保安林、⑩保健保安林、⑪風致保安林の11種類のものがある(森林法25条1項)。

　農林水産大臣は、国有林および民有林(①から③までのもの(流域保全保安林)で、国土保全上または国民経済上特に重要な流域(重要流域)内に存するものに限る)について、都道府県知事はその他の民有林について、それぞれ保安林として指定することができる(森林法25条1項、25条の2)。ただし、海岸法3条の規定により指定される海岸保全区域および自然環境保全法14条1項の規定により指定される原生自然環境保全地域については指定することができない(森林法25条1項ただし書、25条の2第1項後段)。

　(b)　保安林の指定

　農林水産大臣または都道府県知事は、保安林の指定を行う場合、その旨、保安林の所在場所、指定の目的、指定施業要件を告示し(森林法33条1項・6

項)、この告示により指定の効力が生じる(同条2項・6項)。なお、保安林の指定に利害関係を有する地方公共団体の長またはその指定に直接の利害関係を有する者は、保安林として指定すべき旨を書面により農林水産大臣または都道府県知事に申請することができる(森林法27条1項)。

　指定施業要件とは、①立木の伐採の方法および限度、②伐採跡地で行う必要のある植栽の方法、期間および樹種をいう(森林法33条1項)。

　保安林に指定されると、原則として、都道府県知事の許可なく立木を伐採することはできない(森林法34条1項)。

　都道府県知事は、立木の伐採の許可の申請があった場合において、①伐採方法が指定施業要件に適合し、かつ②指定施業要件に定める伐採の限度を超えない場合には、許可しなければならない(同条3項)。また、①伐採方法が指定施業要件に適合し、かつ②指定施業要件に定める伐採の限度を超える場合には、伐採の限度まで申請における伐採の面積・数量を縮減したうえで、許可しなければならない(同条4項)。

　(c) 保安林の解除

　　(i) 要　件

　農林水産大臣および都道府県知事は、それぞれ管轄する保安林について、指定の理由が消滅したときは、遅滞なくその部分につき保安林の指定を解除しなければならず、公益上の理由により必要が生じたときは、その部分につき保安林の指定を解除することができる(森林法26条1項・2項、26条の2第1項・2項)。

　「指定の理由が消滅したとき」とは、たとえば当該保安林の機能を代替する機能を果たすべき施設等(代替施設)が設置されたときをいい、再生可能エネルギー発電設備の設置は、代替施設の設置に該当するものとして取り扱うこととされている[17]。また、「公益上の理由」とは、保安林として維持するこ

---

17　平成24年6月29日林野庁森林整備部治山課「保安林解除及び作業許可要件に係る留意

とから得られる利益（保全利益）とほかの目的（利便、地域振興等）を比較衡量して、後者の方が大きいと判断されるときをいうと解される[18]。

なお、保安林の解除に利害関係を有する地方公共団体の長またはその解除に直接の利害関係を有する者は、保安林の指定を解除すべき旨を書面により農林水産大臣または都道府県知事に申請することができる（森林法27条1項）。

(ii) 手　続

農林水産大臣は保安林を解除しようとするときは、あらかじめその旨並びに解除予定保安林の所在場所、保安林として指定された目的および解除の理由を、その森林の所在地を管轄する都道府県知事に通知しなければならない（森林法29条）。通知を受けた都道府県知事は、その通知内容を告示し、その森林の森林所有者およびその森林に関し登記した権利を有する者に通知しなければならない（森林法30条）。また、都道府県知事が保安林を解除しようとするときは、あらかじめその旨並びに解除予定保安林の所在場所、保安林として指定された目的および解除の理由を告示し、森林所有者および登記した権利を有する者に通知しなければならない（森林法30条の2）。告示するのは、保安林の解除に利害関係のある者に意見書を提出する機会を与える趣旨である。

保安林の解除に利害関係を有する地方公共団体の長またはその解除に直接の利害関係を有する者は、森林法30条または30条の2で定める告示の内容に異議があるときは、都道府県知事を経由して農林水産大臣に（森林法30条の場合）、または都道府県知事に（森林法30条の2の場合）、告示の日から30日以内に意見書を提出することができる（森林法32条1項）。保安林を解除しようとする農林水産大臣または都道府県知事は、意見書について公開による意見の

---

事項」Ⅰ－1およびその【解説】4
[18] 畠山・前掲注(9)83頁。「保安林解除及び作業許可要件に係る留意事項」は、土地収用法等により土地を収用・使用できることとされている事業等の用に供する必要が生じたときとする（同Ⅰ－1）。

聴取を行わなければならない（同条2項）。この公開による意見の聴取を行うときは、その期日の1週間前までに意見の聴取の期日および場所を、当該意見書を提出した者に通知しこれを公示しなければならない（同条3項）。

　農林水産大臣または都道府県知事は、解除する旨等の告示の日から40日経過後、意見書の提出があったときは意見の聴取をした後でなければ保安林の解除をすることができない（同条4項）。

　農林水産大臣または都道府県知事は、保安林を解除する場合、その旨並びに保安林の所在場所、指定の目的および解除の理由を告示しなければならず（森林法33条1項・6項）、この告示により指定の効力が生じる（同条2項・6項）。

　なお、保安林の解除という行政処分について提起された著名な取消訴訟としていわゆる長沼ナイキ訴訟（最一判昭和57年9月9日民集36巻9号1679頁）がある。裁判所は、「直接の利害関係を有する者」（森林法27条1項）には、解除処分に対する取消しの訴えを提起する原告適格があるが、それ以外の者は、保安林の指定によってなんらかの事実上の利益を害されることがあっても、取消訴訟の原告適格はないとした。そのうえで、代替施設が整備されて洪水の危険が解消され、保安林の存続の必要性がなくなったと認められるに至れば、原告適格を有するとされた者の訴えの利益は失われるとして、住民の上告を棄却した。

### (B)　林地開発許可

#### (a)　全国森林計画

　農林水産大臣は森林・林業基本法11条1項の基本計画に即し、全国の森林につき、5年ごとに、15年を1期とする全国森林計画を立てなければならない（森林法4条1項）。全国森林計画は、主として流域別に全国の区域を分けて定める区域ごとに、森林の整備および保全に関する基本的な事項のほか、森林の立木竹の伐採に関する事項、間伐および保育に関する事項等を定めるものである（同条2項）。

(b) 地域森林計画

　都道府県知事は、全国森林計画に即して、森林計画区別に、その森林計画区に係る民有林につき、5年ごとに、10年を1期とする地域森林計画を立てなければならない（森林法5条1項）。森林計画区にあるすべての民有林が地域森林計画の対象となるのではなく、自然的経済的社会的諸条件およびその周辺の地域における土地の利用の動向からみて、森林として利用することが相当でないと認められる民有林は地域森林計画の対象から除かれる（同項かっこ書）。地域森林計画においては、森林の整備および保全に関する基本的な事項のほか、森林の立木竹の伐採に関する事項、伐採立木材積その他間伐および保育に関する事項等が定められる（同条2項）。

(c) 開発許可

　地域森林計画の対象となっている民有林での1ヘクタール（森林法施行令2条の3）を超える規模の開発行為については、原則として都道府県知事の許可を受けなければならない（森林法10条の2第1項）。なお、当該許可の申請があった場合において、①森林の災害防止機能からみて、開発行為により当該森林の周辺地域において土砂の流出、崩壊等の災害を発生するおそれがなく（同条2項1号）、②森林の水害防止機能からみて、当該機能に依存する地域において水害を発生させるおそれがなく（同項1号の2）、③森林の水源のかん養機能からみて、当該機能に依存する地域において水の確保に著しい支障を及ぼすおそれがなく（同項2号）、かつ、④森林の環境保全機能からみて、当該森林の周辺地域において環境を著しく悪化させるおそれがない（同項3号）場合には、都道府県知事は許可しなければならない（同条2項各号）。ただし、許可するに際し、一定程度の森林の残置や造成を求める等、条件を付することができる（同条4項）。この条件は、森林の現に有する公益的機能を維持するために必要最小限度のものに限り、かつ、その許可を受けた者に不当な義務を課することとなるものであってはならない（同条5項）。

(d) 林地開発許可処分取消訴訟の原告適格

この開発許可のような行政処分は、取消訴訟（行政事件訴訟法3条3項）において取消判決が確定すると、失効してしまう。そこで、どのような者に原告適格（同法9条）があるかが問題となる。開発区域の周辺に居住しまたは立木等を所有する者が、森林法10条の2に基づく許可の取消しを求めた訴訟で、最高裁判所は同条2項1号および1号の2は、「土砂の流出又は崩壊、水害等の災害防止機能という森林の有する公益的機能の確保を図るとともに、土砂の流出又は崩壊、水害等の災害による被害が直接的に及ぶことが想定される開発区域に近接する一定範囲の地域に居住する住民の生命、身体の安全等を個々人の個別的利益としても保護すべきものとする趣旨を含むものと解すべきである」として、問題となった開発区域は過去に二度水害が発生している川の水源となっていること等から、「土砂の流出又は崩壊、水害等の災害による直接的な被害を受けることが予想される範囲の地域に居住する者は、開発許可の取消しを求めるにつき法律上の利益を有する者として、原告適格を有する」とした。他方、森林法10条の2第2項2号および3号は、「水の確保や良好な環境の保全という公益的な見地から開発許可の審査を行うことを予定しているものと解されるのであって、周辺住民等の個々人の個別的利益を保護する趣旨を含むものと解することはできない」として、当該開発区域内またはその周辺に所在する土地上に立木を有する者および同川から取水して農業を営む者は原告適格が認められないとした。そのうえで、原告適格が認められた者の上告は棄却した（最三判平成13年3月13日民集55巻2号283頁）。森林法10条の2第2項1号・1号の2は周辺住民の生命、身体の安全等という個人的利益を保護する趣旨と解されるが、同項2号・3号の規定は同様には解し得ないと判断したものと考えられている[19]。

### (4) 国有林野の管理経営に関する法律
#### (A) 概　説

---

[19] 福井章代「判解」ジュリスト1219号145頁、146頁（2002）

*117*

第 2 章　再生可能エネルギー発電設備をめぐる法規制

　国有林野の貸付けを受け、その土地で風力等の再生可能エネルギー発電設備を設置する場合に、国有林野の管理経営に関する法律（昭和26年法律第246号。以下、「管理経営法」という）が適用される。

　国有林野とは①国の所有に属する森林原野であって、国において森林経営の用に供し、または供するものと決定し、国有財産法 3 条 2 項 4 号の企業用財産となっているもの（管理経営法 2 条 1 号）、または②国の所有に属する森林原野であって、国民の福祉のための考慮に基づき森林経営の用に供されなくなり、国有財産法 3 条 3 項の普通財産となっているもの（同法 4 条 2 項の所管換または同条 3 項の所属替をされたものを除く）（同条 2 号）をいう。

　国有林野は、その用途または目的を妨げない限度において、①公用、公共用または公益事業の用に供するとき（管理経営法 7 条 1 項 1 号）や、貸し付けまたは使用させる面積が 5 ヘクタールを超えないとき（同項 5 号）等、契約により、貸付け、または貸付け以外の方法により使用させることができる（管理経営法 7 条）。

　「国有林野を自然エネルギーを利用した発電の用に供する場合の取扱いについて」（平成13年 9 月 7 日13林国業第65号　林野庁長官より各森林管理局長あて、最終改正平成24年 3 月30日23林国業第159号）は、民間事業者が行う発電の用に供するもので、①地方公共団体が、自然エネルギーを利用した発電に特に適し、これを利用することが地域の活性化に資するものとして、地方公共団体が定める基本構想等、これを実現するための基本的な施策に関する計画、当該施策の実施に関する計画等の地域の振興計画に位置づけており、または、地方公共団体の長の同意があり（当該事業に関する陳情の採択等を通じ、議会の反対意思が明らかであると認められる場合を除く）、②電気事業法 2 条 1 項 9 号にいう電気事業者に対する電気供給量が当該民間事業者による電力発生量の過半を占めるものである場合、管理経営法 7 条 1 項 1 号にいう「国有林野の用途又は目的を妨げない程度において、公用、公共用又は公益事業の用に供するとき」に該当するとする。

(B) 国有林野の貸付け、地上権の設定

(a) 国有林野の貸付け

国有林野における、植樹および建物の所有以外の目的での土地の貸付けの期間は30年以内とされており（管理経営法7条2項、国有財産法21条1項3号）、更新も可能でその期間は30年以内とされている（管理経営法7条2項、国有財産法21条2項）。

貸付期間中に、国または公共団体において公共用、公用または公益事業の用に供するため必要が生じたときは、農林水産大臣は当該貸付契約を解除することができる（管理経営法7条2項、国有財産法24条1項）。解除された場合、借受人はこれによって生じた損失について農林水産大臣に補償を求めることができる（管理経営法7条2項、国有財産法24条2項）。

(b) 国有林野の地上権設定

電線路およびその付属設備を設置するために農林水産大臣は国有林野に地上権を設定することができる（管理経営法施行令3条、国有財産法施行令12条の6第2号・7号）が、発電設備は地上権設定の対象とされていない。

(C) 特　例

(a) 随意契約による国有林野の使用

規制・制度改革方針は、農山漁村における再生可能エネルギー電気の発電の促進に関する法律案（以下、「農山漁村再エネ法案」という）が成立した場合[20]、「同法の規定に基づき市町村の認定を受けた『設備整備計画』に記載された再生可能エネルギー発電設備を国有林野に設置するときは、一定条件の下、包括協議において、公共用、公用又は公益事業の用に供するものとして、随意契約により、国有林野の使用を認める」としている[21]。

(b) 市町村の認定による許可の代用

---

20　農山漁村再エネ法案は平成24年2月17日に国会に提出され、衆議院農林水産委員会に付託されたものの、審査未了のまま衆議院は解散した。

21　規制・制度改革方針・前掲注(3)31番①

農山漁村再エネ法案においては、市町村は農林漁業の健全な発展と調和のとれた再生可能エネルギー電気の発電の促進に関する基本的な計画（以下、「基本計画」という）を作成することができ（同法案4条1項）、基本計画においては再生可能エネルギー発電設備の整備を促進する区域等を定める（同条2項）。他方、再生可能エネルギー発電設備の整備を行おうとする者は、設備整備計画を作成し、基本計画を作成した市町村の認定を申請することができる（同法案7条1項）。

この認定を受けた場合、その者（「認定設備整備者」という）が認定設備整備計画に従って、①農用地を農用地以外のものにするために賃借権・地上権等を取得する場合、②民有林において林地開発許可が必要な行為や保安林において立木の伐採を行う場合、③国立公園・国定公園における特別地域内において工作物の新築等の行為を行う場合等においては、それぞれに必要な許可があったとみなされる（同法案9条〜15条）。

(c) 農林地所有権移転等促進事業

また、市町村の基本計画においては農林地所有権移転等促進事業（農林地等についての所有権の移転、地上権・賃借権等の設定を促進する事業）についての事項を定めることができ（農山漁村再エネ法案4条4項）、農林地所有権移転等促進事業を行おうとするときは、農業委員会の決定を経て、所有権移転等促進計画を定めなければならない（同法案16条1項）。この計画を定めたときは、遅滞なく公告しなければならず（同法案17条）、この公告があったときに、所有権が移転し、地上権・賃借権が設定される（同法案18条）。

(5) **農地法**

(A) **農地の転用**

(a) 概　説

農地を農地以外のものにする場合には、都道府県知事（4ヘクタールを超える場合は農林水産大臣）の許可が必要となる（農地法4条1項）。

ここで「農地」とは耕作の目的に供される土地をいう（農地法2条1項前

段）ことから、「農地以外のものにする」とは、農地を耕作の目的に供される土地以外の土地にするすべての行為を指すと考えられる。また、「耕作の目的に供される土地」には、現に耕作されている土地のほか、現在は耕作されていなくても耕作しようとすればいつでも耕作できるような、客観的に見てその現状が耕作の目的に供されるものと認められる土地(休耕地、不耕作地等)も含まれる[22]。

このため、休耕地において太陽光発電設備を設置することは、原則として「農地以外のものにする」ことに該当すると考えられる。

(b) 許可基準――一般基準

農地の区分にかかわらず、次の場合には、農地の転用は許可されない。

① 次に掲げる事由により、申請に係る用途に供することが確実と認められない場合（農地法4条2項3号）

　ⓐ 申請者に対象となる農地を農地以外のものにする行為を行うために必要な資力・信用があると認められないこと（同号）

　ⓑ 対象となる農地を農地以外のものにする行為の妨げとなる権利を有する者の同意を得ていないこと（同号）。なお、「農地以外のものにする行為の妨げとなる権利」とは、所有権、地上権、賃借権等使用・収益を目的とする権利をいう[23]。

　ⓒ 農地法4条1項の許可を受けた後、遅滞なく、対象となる農地を申請に係る用途に供する見込みがないこと（農地法施行規則47条1号）

　ⓓ 申請に係る事業の施行に関して行政庁の免許、許可、認可等の処分を必要とする場合に、これらの処分がされなかったことまたはこれらの処分がされる見込みがないこと（同条2号）

---

[22] 「農地法関係事務に係る処理基準について」（平成12年6月1日付け農林水産事務次官12構改B第404号、平成21年12月11日最終改正）第1(1)①

[23] 「農地法の運用について」（平成21年12月11日付け農林水産省経営局長・農林水産省農村振興局長21経営第4530号・21農振第1598号）第2の1(2)ア(イ)

ⓔ 申請に係る事業の施行に関して法令により義務づけられている行政庁との協議を現に行っていること（同条2号の2）

ⓕ 対象となる農地と一体として申請に係る事業の目的に供する土地を利用できる見込みがないこと（同条3号）

ⓖ 対象となる農地の面積が申請に係る事業の目的からみて適正と認められないこと（同条4号）

ⓗ 申請に係る事業が工場、住宅その他の施設の用に供される土地の造成（その処分を含む）のみを目的とするものであること（同条5号）。ただし例外あり。

② 次に掲げるような、周辺の農地に係る営農条件に支障を生ずるおそれがあると認められる場合（農地法4条2項4号）

ⓐ 対象となる農地を農地以外のものにすることにより、土砂の流出・崩壊その他の災害を発生させるおそれがあると認められる場合

ⓑ 農業用用排水施設の有する機能に支障を及ぼすおそれがあると認められる場合

また、通達によれば次に掲げる場合も含まれる[24]。

ⓒ 対象農地の位置等からみて、集団的に存在する農地を蚕食し、または分断するおそれがあると認められる場合

ⓓ 周辺の農地における日照、通風等に支障を及ぼすおそれがあると認められる場合

ⓔ 農道、ため池等農地の保全または利用上必要な施設の有する機能に支障を及ぼすおそれがあると認められる場合

③ 仮設工作物の設置等一時的な利用に供するため農地を農地以外のものにしようとする場合で、その利用に供された後にその土地が耕作の目的に供されることが確実と認められないとき（農地法4条2項5号）

---

24 農地法の運用について・前掲注(23)第2の1(2)イ

(c) 許可基準——立地基準

営農条件等から見た農地の区分に応じた許可基準（立地基準）は次のとおりである。

(i) 農用地区域内にある農地

市町村が定める農業振興地域整備計画において、農用地区域は、農用地等（農業振興地域の整備に関する法律3条）として利用すべき土地の区域として位置づけられている（同法8条2項1号）。このため、土地収用法に基づき認定を受けた事業の用に供する場合等を除き、原則として転用は許可されない（農地法4条2項1号イ）。

(ii) 第一種農地

良好な営農条件を備えている農地で、①おおむね10ヘクタール以上の規模の一団の農地の区域内のもの、②土地改良事業等の工事が完了または実施中の区域内にあるもの、③傾斜・土性等の自然的条件からみて近傍の標準的な農地を超える生産を挙げることができると認められるものをいう（農地法4条2項1号ロ、農地法施行令11条）。土地収用法により認定された事業の用に供するため等のほか、原則として転用は許可されない（農地法4条2項1号）。

(iii) 甲種農地

市街化調整区域内にある特に良好な営農条件を備えている農地で、①おおむね10ヘクタール以上の規模の一団の農地の区域内の農地のうち、その区画の面積、形状、傾斜および土性が高性能農業機械による営農に適するものと認められるもの、および②特定土地改良事業等の施行に係る区域内の農地で工事完了後8年経過したもの以外のもの、をいう（農地法4条2項1号ロ、農地法施行令12条、農地法施行規則41条、42条）。原則として転用は許可されない（農地法4条2項1号）。

(iv) 第二種農地

農用地区域内にある農地以外の農地のうち、第三種農地の区域に近接する区域その他市街地化が見込まれる区域内にある農地で、鉄道の駅等が500

メートル以内にあるもの等がこれに当たる(農地法 4 条 2 項 1 号ロ(2)、農地法施行令14条、農地法施行規則45条、46条)。

　対象となる農地に代えて周辺の他の土地を供することにより当該申請に係る事業の目的を達成することができると認められる場合には、原則として許可されない(農地法 4 条 2 項 2 号)。対象となる「農地に代えて周辺の他の土地を供することにより当該申請に係る事業の目的を達成することができると認められる」か否かの判断は、①当該申請に係る事業目的、事業面積、立地場所等を勘案し、申請地の周辺に当該事業目的を達成することが可能な農地以外の土地や第三種農地があるか否か、②その土地を申請者が転用許可申請に係る事業目的に使用することが可能か否か等により行う[25]。

　(v)　第三種農地

　農用地区域内にある農地以外の農地のうち、市街地の区域内または市街地化の著しい区域内にある農地で、鉄道の駅等が300メートル以内にあるもの等をいう (農地法 4 条 2 項 1 号ロ(1)、農地法施行令13条、農地法施行規則43条、44条)。転用を許可することができる。なお、都市計画法 7 条 1 項の市街化区域であって、国土交通大臣または都道府県知事が、都市計画区域の整備、開発および保全の方針もしくは区域区分に関する都市計画を定めるにあたり、あらかじめ農林水産大臣に協議をし(都市計画法23条 1 項)、その協議が調った場合の、当該市街地区域にある農地については、あらかじめ農業委員会に届出をして農地以外のものにする場合は、都道府県知事等の許可は不要である(農地法 4 条 1 項 7 号)。

(B)　農地法 5 条

---

[25]　農地法の運用について・前掲注(23)第 2 の 1 (1)オ(イ)。なお、「再生可能エネルギー発電設備の設置に係る農地転用許可制度の取扱いについて」(平成24年 3 月28日付け農林水産省農村振興局長23農振第2508号) は、第二種農地または第三種農地においては、再生可能エネルギー発電設備の設置主体によらず、農地転用許可を受けて、かかる設備の設置が可能であるとする。

農地を農地以外のものにするため、地上権・賃借権を設定し、または所有権を移転する場合、都道府県知事（4ヘクタール超は農林水産大臣）の許可が必要である。次に掲げる場合は許可されないことを除き、5条の許可基準は4条のそれと同様である。

① 仮設工作物の設置その他の一時的な利用に供するため所有権を取得しようとする場合（5条2項5号）
② 農地において採草放牧地にするため所有権、地上権、賃借権等を取得しようとする場合において、農地法3条2項の規定によりかかる権利取得の許可をすることができない場合に該当すると認められる場合（5条2項7号）

許可手続は次のとおりである。

(a) 2ヘクタール以下の農地：都道府県知事の許可

当事者双方が申請書を、農業委員会を経由して都道府県知事に提出する（農地法施行令15条1項）。農業委員会は申請書に意見を付して都道府県知事に送付する（同条2項、3条2項）。

(b) 2ヘクタール超4ヘクタール以下の農地：都道府県知事の許可

当事者双方が前記(a)と同様に申請書を提出し、農業委員会は申請書に意見を付して都道府県知事に送付し（同条2項、3条2項）、都道府県知事は農林水産大臣に協議する（農地法附則2項3号）。

(c) 4ヘクタール超の農地：農林水産大臣の許可

(i) 事前審査

地方農政局長等および都道府県知事が、事業計画者に対して事前審査の申出を行うよう指導する（農地法に係る事務処理要領[26]（以下、「事務処理要領」という）第4・4(1)）。事業計画者は、農地の権利者と用地取得等の交渉に入る

---

[26] 平成21年12月11日付け農林水産省経営局長・農林水産省農村振興局長21経営第4608号・21農振第1599号

前に、直接地方農政局長等に対し、農地転用事前審査申出書を提出する。この写しは都道府県知事に送付される（事務処理要領第4・4(2)）。

　(ii)　許可申請

当事者双方が申請書を、都道府県知事を経由して地方農政局長等に提出する（農地法施行令15条1項ただし書、農地法施行規則48条1項）。都道府県知事は申請書に意見を付して地方農政局長等に送付する（農地法施行令15条2項、7条3項、事務処理要領第4・1(2)ア(ア)）。

　(d)　市街地区域[27]内の農地：農業委員会への届出

当事者双方が届出書を農業委員会に提出する（農地法施行令5条1項6号）。

(C)　規制・制度改革

規制・制度改革方針は、耕作放棄地を使用するなど地域の農業振興に資する場合については、再生可能エネルギー設備の設置に関し、農地制度における取扱いを明確化するとし[28]、また、農山漁村における再生可能エネルギーの発電適地マップを公表するとしている[29]。

## 3　設計・設置工事に関連する法令

(1)　都市計画法

(A)　都市計画区域・準都市計画区域

都市計画法（昭和43年法律第100号）上、都道府県は一体の都市として総合的に整備・開発・保全する必要がある区域を都市計画区域（都市計画法5条1項）として、放置すれば将来における一体の都市としての整備・開発・保全

---

[27] 都市計画法23条1項の農林水産大臣との協議が調っていることが条件である（農地法5条1項6号）（前述(A)(c)(v)参照)。
[28] 規制・制度改革方針・前掲注(3)28番。耕作放棄地のうち、農業委員会が農地に該当しないと判断した土地は、農地法の規制の対象外となるため、再生可能エネルギー発電設備を設置する場合、農地転用許可は要しないものと整理された。23農振第2508号・前掲注㉕1(2)
[29] 規制・制度改革方針・前掲注(3)27番

に支障が生じるおそれがある区域を準都市計画区域（都市計画法5条の2第1項）として、それぞれ指定することができる。

(B) 開発許可

都市計画区域または準都市計画区域内において、開発行為をしようとする者は、都道府県知事等（都道府県知事並びに政令指定都市（地方自治法252条の19第1項）、中核市（地方自治法252条の22第1項）および特例市（地方自治法252条の26の3第1項）の市長）の許可を受けなければならない（都市計画法29条1項）。ただし、次に掲げる面積未満の開発行為であれば、許可を受ける必要はない（同項ただし書、都市計画法施行令19条1項）。

 市街化区域：　1000平方メートル未満（三大都市圏の既成市街地等では500平方メートル未満（都市計画法施行令19条2項））

 区域区分が定められていない都市計画区域または準都市整備計画：

 3000平方メートル未満

 他方、都市計画区域および準都市計画区域外においては、1万平方メートル未満の開発行為であれば許可は不要である（都市計画法29条2項、都市計画法施行令22条の2）。

ここで「開発行為」とは、主として建築物（都市計画法4条10項、建築基準法（昭和25年法律第201号）2条1号）の建築または特定工作物（コンクリートプラント等地域の環境の悪化をもたらすおそれのあるもの、またはゴルフコース等の運動・レジャー施設や墓園で1万平方メートル以上のもの、都市計画法4条11項、都市計画法施行令1条）の建設の用に供する目的で行う土地の区画形質の変更をいう（都市計画法4条12項）。

通常、太陽光発電設備自体は「建築物」や「特定工作物」には当たらないと考えられるが、大規模な太陽光発電設備では、パワーコンディショナ等を収納するコンテナを数箇所設置することもある。このようなコンテナは、「建築物」に該当することもあり得る[30]。しかし、「主として」とは、区画形質の変更が行われる土地の利用態様について、機能的な面から判断して建築

127

物等に係る機能が主であることを指すところ[31]、国土交通省から各地方公共団体に発出された通知は、太陽光発電設備の付属施設が「建築物」に該当しても、その用途、規模、配置や発電設備との不可分性等から、主として当該付属施設の建築を目的とした開発行為には当たらないと開発許可権者(都道府県知事等)が判断した際は、都市計画法29条の開発許可は不要であるとする[32]。

### (2) 環境影響評価法(環境アセスメント法)

#### (A) 環境影響評価

環境影響評価(Environmental Impact Assessment、「環境アセスメント」ともいう)は、①事業の実施が環境に及ぼす影響(環境影響)について環境の構成要素(大気、水質、地質、動植物の生息・生育状況等)に係る項目ごとに調査、予測および評価するとともに、②①を行う過程においてその事業に係る環境の保全のための措置を検討し、③②の措置が講じられた場合における環境影響を総合的に評価することをいう(環境影響評価法(平成9年法律第81号。以下、「評価法」ともいう)2条1項)。

環境影響評価については、基本的に環境影響評価法がその手続や措置について規定している(評価法1条)が、事業用電気工作物の設置または変更の工事に関する環境影響評価については、電気事業法3章2節2款の2(46条の2以下)にも規定が置かれている。

---

30 パワーコンディショナを収納するコンテナについては、パワーコンディショナとしての機能を果たすために必要となる最小限の空間のみを内部に有し、稼動時は無人で、機器の重大な障害発生時を除いて内部に人が立ち入らないもので、複数積み重ねて使用しない場合にのみ、建築物に該当しないとされる(平成24年3月30日国住指第4253号国土交通省住宅局建築指導課長「パワーコンディショナを収納する専用コンテナに係る建築基準法の取扱いについて(技術的助言)」)。

31 愛知県建設部建築担当局建築指導課監修、財団法人東海建築文化センター編集『都市計画法 開発許可の実務の手引 改訂第17版』(大成出版社、2008)39頁

32 平成24年6月8日国都開第2号国土交通省都市局都市計画課開発企画調査室長「太陽光発電設備の付属施設に係る開発許可制度の取扱いについて(技術的助言)」

(B) 対象となる事業

「事業」とは、特定の目的のために行われる一連の土地の形状の変更並びに工作物の新設及び増改築をいい（評価法 2 条 1 項かっこ書）、第一種事業と第二種事業に区分される。

(a) 第一種事業

第一種事業は、法で定める12種（道路、ダム、鉄道、空港、発電用の事業用電気工作物等）（評価法 2 条 2 項 1 号）および政令で定めるもの（宅地造成事業、評価法施行令 2 条）の設置または変更の工事の事業等のうち、事業の規模が大きく、環境影響の程度が著しいものとなるおそれがあるものをいう（評価法 2 条 2 項）。第一種事業は環境影響評価の対象事業（同条 4 項）である。

事業用電気工作物の設置または変更の工事のうち第一種事業となるのは、出力 3 万キロワット以上の水力発電所、出力15万キロワット以上の火力発電所、出力 1 万キロワット以上の地熱発電所、原子力発電所および出力 1 万キロワット以上の風力発電所の設置または変更の工事の事業である（評価法 2 条 2 項 1 号ホ、評価法施行令 1 条・別表第 1 の五の項）。

(b) 第二種事業

第二種事業とは、第一種事業に準ずる規模（75％（評価法施行令 6 条）以上）を有する事業のうち、環境影響の程度が著しいものとなるおそれがあるかどうかの判定を行う必要があるものをいう（評価法 2 条 3 項）。第二種事業を実施しようとする者は、事業の種類、規模および区域といった事業の概要を経済産業大臣に届け出なければならない（評価法 4 条 1 項）[33]。また、第二種事業として発電用の事業用電気工作物の設置または変更の工事の事業等を行う者は、この届出書に、その工事について簡易な方法により環境影響評価を行った結果を記載しなければならない（電気事業法46条の 3 、電気事業法施行規則61

---

[33] 第二種事業を実施しようとする者は、判定を受けることなく環境影響評価その他の手続を行うことができる（評価法 4 条 6 項以下）。

条の 2）。

　経済産業大臣は、当該届出に係る第二種事業が実施されるべき区域を管轄する都道府県知事に届出に係る書面の写しを送付し、30日以上の期間を指定して環境影響評価その他の手続が行われる必要があるかどうかについての意見およびその理由を求めなければならない（評価法 4 条 2 項）。経済産業大臣は前述の都道府県知事の意見を勘案し、基準（発電所の設置または変更の工事の事業に係る環境影響評価の項目並びに当該項目に係る調査、予測および評価を合理的に行うための手法を選定するための指針、環境の保全のための措置に関する指針等を定める省令（平成10年通商産業省令第54号）2 条）に照らして、届出の日から起算して60日以内に、当該第二種事業についての判定を行う。環境影響の程度が著しいものとなるおそれがあると認めるときは、経済産業大臣は、環境影響評価その他の手続が行われる必要がある旨およびその理由を事業者および都道府県知事に通知しなければならない（評価法 4 条 3 項 1 号）。他方、環境影響の程度が著しいものとなるおそれがないと認めるときは、経済産業大臣は、環境影響評価その他の手続が行われる必要がない旨およびその理由を事業者および都道府県知事に通知しなければならず（同項 2 号）、事業者はこの通知を受けて初めて事業を実施することができる（同条 5 項）。

　事業用電気工作物の設置または変更の工事のうち第二種事業となるのは、出力 2 万2500キロワット以上 3 万キロワット未満の水力発電所、出力11万2500キロワット以上15万キロワット未満の火力発電所、出力7500キロワット以上 1 万キロワット未満の地熱発電所および出力7500キロワット以上 1 万キロワット未満の風力発電所の設置または変更の工事の事業である（評価法 2 条 2 項 1 号ホ、評価法施行令 1 条・別表第 1 の五の項）。

(C)　**環境影響評価の手続**

　(a)　方法書作成（評価法 5 条以下、電気事業法46条の 4 以下）

　第一種事業または経済産業大臣が環境影響評価その他の手続が行われる必要があると通知した第二種事業（併せて「特定対象事業」（評価法 2 条 4 項、電

気事業法46条の4))を実施しようとする事業者(「特定事業者」(同条))は、特定対象事業に係る環境影響評価を行う方法について、まず方法書を作成する必要がある(評価法5条1項)。

(i) 方法書の内容

方法書の記載内容は、特定対象事業の目的および内容、特定対象事業の実施区域およびその周囲の概況、環境影響評価の項目(大気環境、水環境、土壌、自然環境等)並びに調査、予測および評価の手法である(評価法5条1項各号、電気事業法46条の4)。

(ii) 地方公共団体の長への送付、公告・縦覧

方法書を作成した特定事業者は、特定対象事業に係る環境影響を受ける範囲であると認められる地域を管轄する都道府県知事および市町村長に方法書とこれを要約した要約書を送付する(評価法6条1項)とともに、経済産業大臣に届け出なければならない(電気事業法46条の5)。さらに特定事業者は、環境影響評価の項目並びに調査、予測および評価の手法について環境の保全の見地から意見を求めるため、方法書を作成した旨や、特定対象事業の名称、種類および規模等を官報、関係都道府県・市町村の公報・広報紙または日刊新聞紙へ掲載して公告しなければならない(評価法7条、評価法施行規則1条)。また、方法書を公告の日から起算して1か月間、特定事業者の事務所や関係都道府県・市町村の庁舎等の施設において縦覧に供するとともにインターネットの利用等の方法により公表しなければならない(評価法7条、評価法施行規則2条、3条の2)。また、特定事業者は、縦覧期間内に、方法書の記載事項を周知させるために方法書説明会を開催しなければならない(評価法7条の2)。

この公告・縦覧・公表は、事業の特色に応じて重点的に評価の項目を定め、より内容のある環境影響評価を実施するためのもので、スコーピング(絞込み)といわれる。住民から有益な情報を得て環境影響評価の信頼性を高めるためのものである[34]。

(iii) 意見書、地方公共団体の長の意見

　公告・縦覧・公表を受けて、方法書について環境の保全の見地から意見のある者は、公告の日から、縦覧期間満了日の翌日から起算して2週間を経過する日までの間に、特定事業者に対して意見書を提出して意見を述べることができる（評価法8条1項）。特定事業者は、意見の概要および意見についての事業者の見解を記載した書類を都道府県知事および市町村長に送付する（評価法9条）とともに、経済産業大臣に届け出なければならない（電気事業法46条の6）。

　かかる書類の送付を受けた都道府県知事は、方法書について環境の保全の見地からの市町村長の意見を求めなければならない（評価法10条2項）。都道府県知事は、市町村長の意見を勘案し、環境影響評価法8条1項の意見およびそれに対する特定事業者の見解に配意し（評価法10条3項、電気事業法46条の7第2項）たうえで、方法書について環境の保全の見地からの意見であって特定対象事業に係るものについて、経済産業大臣に意見を述べなければならない（評価法10条1項、電気事業法46条の7第1項）。

(iv) 方法書の審査

　経済産業大臣は、届出のあった方法書について、都道府県知事の意見を勘案し、環境影響評価法8条1項の意見の概要およびそれに対する特定事業者の見解に配意して、その方法書を審査し、その方法書に係る特定対象事業につき、環境の保全についての適正な配慮がなされることを確保するため必要があると認めるときは、特定事業者に対し、その特定対象事業に係る環境影響評価の項目並びに調査、予測および評価の手法について必要な勧告をすることができる（電気事業法46条の8第1項）。他方、かかる勧告をする必要がないと認めるときは、遅滞なく、その旨を特定事業者に通知しなければならない（同条2項）。

---

34　畠山・前掲注(9)287頁

電気事業法46条の8第1項の勧告があったときは、特定事業者は、都道府県知事の意見（評価法10条1項）を勘案し、意見を有する者の意見（評価法8条1項）に配意し、経済産業大臣の勧告を踏まえて、環境影響評価の項目並びに調査、予測および評価の手法を検討し、選定しなければならない（評価法11条1項、電気事業法46条の9）。こうして選定した項目および手法に基づき特定事業者は特定対象事業に係る環境影響評価を行わなければならない（評価法12条1項）。動植物の生息・生育状況を季節、ルートを変えて1～2年にわたり調査をするため、時間・費用がかかることになる[35]。

 (b) 準備書

  (i) 準備書の作成

　特定事業者は環境影響評価法12条1項の環境影響評価を行った後、環境影響評価の結果について環境の保全の見地からの意見を聴くための準備として、準備書を作成しなければならない。

　準備書における記載事項は、調査結果の概要、予測・評価の結果、環境保全のための措置、環境影響の総合的評価など（評価法14条1項）、電気事業法46条の8の勧告内容（電気事業法46条の10）である。

  (ii) 準備書の送付、公告等

　特定事業者は準備書およびその要約書を都道府県知事および市町村長に送付する（評価法15条）とともに経済産業大臣に届け出なければならない（電気事業法46条の11）。

　特定事業者は、準備書・要約書を送付した後、準備書を作成した旨等を公告し、公告の日から1か月間、準備書・要約書を縦覧に供するとともにインターネット等により公表しなければならない（評価法16条）。また、特定事業者は、縦覧期間内に、準備書の記載事項を周知させるために準備書説明会を開催しなければならない（評価法17条1項）。

---

35 畠山・前掲注(9)288頁

(iii)　意見書、関係都道府県知事の意見

　準備書について意見のある者は、公告の日から、縦覧期間満了日の翌日から2週間以内に意見書を提出することができ（評価法18条1項）、特定事業者は意見書における意見の概要および意見についての特定事業者の見解を記載した書類を都道府県知事・市町村長に送付する（評価法19条）とともに、経済産業大臣に届け出なければならない（電気事業法46条の12）。関係都道府県知事は、この書類の送付を受けたときは、関係市町村長の意見を勘案し、意見書における意見および事業者の見解に配意して（評価法20条3項）、環境の保全の見地からの意見を経済産業大臣に対し述べるものとする（評価法20条1項、電気事業法46条の13）。

　　　(iv)　経済産業大臣の勧告

　経済産業大臣は、関係都道府県知事の意見を勘案し、環境影響評価法18条1項の意見の概要・意見についての特定事業者の見解に配意して、その準備書を審査し、環境の保全についての適正な配慮がなされることを確保するため必要があると認めるときは、特定事業者に対し、環境影響評価について必要な勧告をすることができる（電気事業法46条の14第1項）。

　　(c)　評価書

　　　(i)　準備書の記載事項の検討

　特定事業者は、都道府県知事の意見（評価法20条1項）を勘案し、意見を有する者の意見（評価法18条1項）に配意し、経済産業大臣の勧告（電気事業法46条の14第1項）を踏まえて、準備書の記載事項について検討を加えなければならない（評価法21条1項、電気事業法46条の15第1項）。その際、対象事業の目的・内容の修正（事業規模の縮小、軽微な修正を除く）が必要な場合、方法書の作成から再び環境影響評価その他の手続を経なければならない（評価法21条1項1号）。

　　　(ii)　評価書の作成

　特定事業者は、対象事業の目的・内容の修正を行わない場合、準備書に係

る環境影響評価の結果についての事項を記載した環境影響評価書(「評価書」という)を作成しなければならない(評価法21条2項)。

　評価書の記載事項は、準備書の記載事項、環境影響評価法18条1項の意見の概要、都道府県知事の意見、これらの意見についての事業者の見解(評価法21条2項)、電気事業法46条の14の勧告の内容である(電気事業法46条の15第2項)。

　特定事業者は、評価書を作成したときは、経済産業大臣に届け出なければならない(電気事業法46条の16)。

　　　(ⅲ)　変更命令、変更命令を要しない旨の通知、公告・縦覧・公表

　経済産業大臣は、環境の保全について適正な配慮の確保のため特に必要・適切と認めるときは、評価書を変更すべきことを命ずることができる(電気事業法46条の17第1項)。変更命令をする必要がないと認めるときは、遅滞なくその旨を特定事業者に通知する(同条2項)とともに、その通知に係る評価書の写しを環境大臣に送付しなければならない(同法46条の18第1項)。特定事業者は、評価書を変更すべきことを命ずる必要がない旨の通知を受けたときは、都道府県知事・市町村長にその通知に係る評価書、これを要約した書類等を送付しなければならない(同条2項)。

　特定事業者は、評価書を変更すべきことを命ずる必要がない旨の通知を受けたときは、この通知に係る評価書を作成した旨を公告し、当該評価書、これを要約した書類等を縦覧・インターネット等による公表を行う(評価法27条、電気事業法46条の19)。

　(D)　**事業実施の留意点**

　特定事業者は、環境影響評価法27条、電気事業法46条の19の公告を行うまでは、特定対象事業を実施してはならない(評価法31条1項)。

　特定事業者は、評価書に記載されているところにより、環境の保全についての適切な配慮をして事業用電気工作物の設置・変更の工事の事業を実施する(評価法38条1項)とともに、評価書に記載されているところにより、環境

第2章　再生可能エネルギー発電設備をめぐる法規制

の保全に適切な配慮をして事業用電気工作物を維持・運用しなければならない（電気事業法46条の20）。

　(E)　環境影響評価法・電気事業法の改正

　環境影響評価法については平成23年4月に「環境影響評価法の一部を改正する法律」（平成23年法律第27号。以下、「改正法」という）が成立し、公布された。改正法附則11条により電気事業法も一部改正されている。改正法の規定は、一部は平成24年4月1日から施行されているが、次に挙げる部分は平成25年4月1日から施行される（改正法附則1条、平成23年政令第315号）。

　(a)　計画段階配慮書の作成

　事業計画検討の早期の段階での環境配慮の必要性から、第一種事業を行う者は、方法書の公表に先立ち、事業計画の立案の段階において、事業実施想定区域における当該事業に係る環境の保全のために配慮すべき事項（「計画段階配慮事項」という）について検討し（改正後の評価法3条の2第1項）、計画段階配慮書を作成し（同法3条の3第1項）、主務大臣に送付するとともに公表しなければならない（同法3条の4第1項）。

　(b)　事後調査

　評価書の公告を行った事業者は、環境の保全のための措置であって、事業の実施において講じたものについて報告書を作成し（改正後の評価法38条の2第1項）、公表しなければならない（同法38条の3第1項、電気事業法46条の21）。

　(F)　条例による環境影響評価

　各都道府県、政令指定都市で環境影響評価条例が制定されている。

　たとえば東京都においては、発電所の設置において、その出力の合計が、水力発電2万2500キロワット以上のもの、地熱発電7500キロワット以上のもの（火力発電11万2500キロワット以上のもの）が対象となる（東京都環境影響評価条例2条5号、別表5号、東京都環境影響評価条例施行規則3条・別表第1の五の項号㈠）。

　(3)　工場立地法

*136*

工場立地法は、従前は太陽光発電設備を設置する際に大きな制約となっていたが、その政省令の改正によりその問題はほぼ解消されたといえる。

(A) 概　説

　敷地面積9000平方メートル以上または建築物の建築面積の合計が3000平方メートル以上の製造業等に係る工場または事業場（工場立地法施行令2条。「特定工場」という）を新設しようとする者は、都道府県知事または市長に届け出なければならない（工場立地法6条1項）。

　経済産業大臣は、製造業等の業種の区分に応じ、生産施設（物品の製造施設、加工修理施設等）、緑地（植栽等の施設）および環境施設（緑地およびこれに類する施設で工場または事業場の周辺の地域の生活環境の保持に寄与するものとして主務省令で定めるもの）のそれぞれの面積の敷地面積に対する割合に関する事項等につき、製造業等に係る工場または事業場の立地に関する準則を公表するものとする（工場立地法4条1項1号）。

　発電所については、生産施設の面積の敷地面積に対する割合は75％以下（工場立地に関する準則[36]1条、別表第1）、緑地は20％以上（同準則2条）、緑地および緑地以外の環境施設は25％以上（同準則3条）と定められている。

　準則に適合しない場合、都道府県知事は届出をした者に対して勧告することができ（工場立地法9条2項）、勧告を受けた者が勧告に従わない場合、都道府県知事は勧告に係る事項の変更を命ずることができる（同法10条1項）。

(B) 工場立地法の政省令の改正

　従来、太陽光発電施設のうち、売電用でない自家消費用の太陽光発電施設は環境施設に含まれていた（旧工場立地法施行規則4条1号ト）が、売電用の太陽光発電施設は生産施設に含まれていた（同施行規則2条1号）。

　工場立地法施行令の改正（平成24年6月1日施行）により、太陽光発電所が

---

[36] 平成10年大蔵省・厚生省・農林水産省・通商産業省・運輸省告示第1号（最終改正平成24年1月31日）

工場立地法6条1項の届出の対象となる工場または事業場から除外された（工場立地法施行令1条。水力および地熱は従来より除外されている）。

また、工場立地法施行規則の改正（平成24年6月15日施行）により、工場に設置された太陽光発電施設のうち、売電用のものについても環境施設に分類されることとなった（工場立地法施行規則4条1号ト）。

## 4 発電設備の運営に関連する法令

### (1) 温泉法

地熱発電設置においては、温泉法の規制を検討する必要がある。

温泉（水蒸気を含む）をゆう出させる目的で土地を掘削する場合、都道府県知事の許可を得る必要がある（温泉法3条1項）。

都道府県知事は、ゆう出量に影響を及ぼす場合、技術上の基準（可燃性天然ガスに関するもの）に適合しない場合等を除き、土地の掘削を許可しなければならない（温泉法4条）。

地熱発電の開発の各段階における掘削等（調査段階における調査井の掘削等、地熱発電の開始にあたっての生産井の掘削等、生産井の追加掘削や還元井の掘削等）について、温泉法における許可または不許可の判断基準の考え方を示すものとして、平成24年3月に環境省自然環境局から「温泉資源の保護に関するガイドライン（地熱発電関係）」が公表されている。

### (2) 河川法

#### (A) 水利権（公水使用権）

河川法は、河川[37]の流水を占用しようとする者は、河川管理者の許可を受けなければならないとする（河川法23条）。河川などの公水の使用については

---

[37] 河川法における「河川」とは一級河川および二級河川をいう（河川法3条1項）が、それら以外の河川で市町村長の指定する河川（「準用河川」という）には、河川法における二級河川に関する規定が準用される（河川法100条）。その他の普通河川には河川法は適用されないが、条例による規制が及ぶ場合がある。

河川法による流水占用の許可のほかは、専ら慣習法に委ねられている[38]。河川法23条の許可により成立する公水使用権を許可水利権、河川法施行前から慣習により認められた公水使用権を慣行水利権という。

水利権(公水使用権)の性質について最高裁は、「公水使用権は、それが慣習によるものであると行政庁の許可によるものであるとを問わず、公共用物である公水の上に存する権利であることから、河川の全水量を独占排他的に利用しうる絶対不可侵の権利ではなく、使用目的を充たすに必要な限度の流水を使用しうるに過ぎないものと解するのを相当とする」とした(最三判昭和37年4月10日民集16巻4号699頁)。

河川管理者による実際の水利権調整は、許可水利権についても慣行水利権と事実上同様、過去に積み上げられてきた既得権を全面的に尊重することを前提とした調整に終始することが通常であり、法で想定される水の最有効使用という観点からの権利の整序を行うことは困難である。いったん許可された水利権については、更新の際もそのまま認められ、いわば早い者勝ちの既得権と化しているのが実態となっている[39]。

(B) 慣行水利権

慣行水利権は慣習法によって定まるものであり、権利として成立しているかどうか、権利の内容・範囲が必ずしも明らかでない場合も少なくない[40]。慣行水利権として成立するためには、「慣習による公水使用権は公共用物の一般使用と異なり一つの権利であるから、特定人の利益として承認され、ある程度継続的使用でなければならず、かつ相当長期間にわたり平穏公然に使用され、これが一般に正当な使用として承認されていることを要する。従って潅漑及び飲料のための公水の使用は公水使用権の一部を構成するものであるが、消防、洗濯のための使用は一般使用であつて権利とはいえずもとより公

---

[38] 松島諄吉「判批」行政判例百選Ⅰ〔第4版〕38頁
[39] 福井秀夫「判批」行政判例百選Ⅰ〔第5版〕43頁
[40] 松島・前掲注(38)29頁

水使用権を構成しない」[41]と考えられる。

慣行水利権については、現行河川法施行後、当該河川が一級河川や二級河川に指定されたときに、河川法23条の流水占用の許可を得たものとみなされる（河川法87条）。

慣行水利権の成立を法的に承認することは、河川法の施行等に伴う過渡的調整措置であることから、旧河川法が適用・準用された河川、または一級河川等に指定された河川については、適用・準用または指定以降は新たに慣行水利権が成立することはないと解される[42]。

(C) 水利権の許可

水利権の許可申請は、河川管理者に対して行われる。一級河川の河川管理者は、国土交通大臣（河川法9条1項）、二級河川の河川管理者は、都道府県知事等である（河川法10条1項）。

水利権許可の判断基準は、次のとおりである[43]。

① その水利使用の目的が社会全体からみて妥当性および公益性があり、申請された水利使用の内容が実際に実行されることが確実であること
② 取水予定量が河川の流況等に照らし安定的に取水可能であること。具体的には、以下の数値が、新たに取水しようとする取水量を充足するか否かである。

　　河川の流量−（河川維持流量＋既存の流水の占用のための必要水量）

　　ここで、「河川維持流量」とは、河川の適正な利用および河川の流水の正常な機能を維持できる最低限の流量をいう。
③ 他の河川の使用に対する、取水量の侵害以外の影響（水位低下による取水の困難、漁獲量減少等）が小さいこと。損失防止施設の設置、損失補償

---

[41] 長野地判昭和32年5月28日行裁例集8巻5号912頁（最判昭和37年の第1審判決）。
[42] 福井・前掲注(39)42頁
[43] 河川法研究会『逐条解説　河川法解説〔改訂版〕』（大成出版社、2006）145〜148頁

などの措置を講ずることにより、新たな流水の占用許可が行われることが多い。

④　工作物の設置またはその工事による治水等への影響が小さいこと

許可期間は、水力発電の場合はおおむね30年、その他の場合はおおむね10年である[44]。発電水利使用については、許可更新時、河川維持流量が著しく不十分であるもの等については、河川維持流量を確保するための取水制限流量等の具体的数値が、許可に係る水利使用規則に記載される[45]。

許可に付した条件に違反した場合、河川管理者は、占用許可の取消し、変更または新たに条件を付す等の措置をとることができる（河川法75条1項2号）。

(D)　その他の許可

水利使用の許可（河川法23条）のほか、河川区域内の土地の占用の許可（河川法24条）、河川区域内の土地における工作物の新築等の許可（河川法26条1項）、河川区域内の土地において土地の掘削等土地の形状の変更の許可（河川法27条1項）および河川保全区域（河川管理者が、河岸または河川管理施設を保全するために指定した、河川区域に隣接する一定の区域）における土地の形状の変更や工作物の新築等の許可（河川法55条1項）が必要となる。

(E)　他の水利使用に従属する小水力

(a)　許可手続の簡素化

河川からの取水が当初の水利使用（以下、「主たる水利使用」という）に完全に従属し、河川流量等に新たな影響を及ぼさない（以下、「完全従属」という）水利使用に係る許可手続については、添付図書の一部を省略することができる（河川法施行規則40条4項）。具体的には、①河川の流量と申請に係る取水量

---

[44]　「河川法の施行について」（昭和40年6月29日付け建設省河川局長通達建河発第245号）別添第1の8条
[45]　「発電水利権の期間更新時における河川維持流量の確保について」（昭和63年7月14日付け建設省河川局水政課長・開発課長通知建設省河政発第63号・建設省河開発第80号）

および関係河川使用者の取水量との関係を明らかにする計算(同施行規則11条2項1号ハ)、②河川法26条1項の許可(河川区域内の土地における工作物の新設等の許可)を必要としない水利使用においては、水利使用による影響およびその対策の概要(同施行規則11条2項1号ニ)と、工事計画の概要を記載した図書以外の図書(同項2号)の添付を省略することができる[46]。

(b) 許可手続が不要となるもの

発電のための水利使用については、従属元の水利使用がその目的を達する時点までは許可が必要であるものの、農業用水の排水など、従属元の水利使用の目的を達成した後の水や、下水とその処理水等の水利使用の許可と関係のない水を利用する場合などは、水利使用の許可は不要である[47]。

(c) 総合特別区域制度

平成23年に施行された総合特別区域法(平成23年法律第81号)に基づく総合特別区域制度により、河川法に基づく許可手続が簡素化された。すなわち、内閣総理大臣によって、その区域内の区域が地域活性化総合特別区域に指定(総合特別区域法31条1項)された地方公共団体は、地域活性化総合特別区域において実施しまたはその実施を促進しようとする特定地域活性化事業などについて定めた、地域の活性化を図るための計画(以下、「地域活性化総合特別区域計画」という)を作成し、内閣総理大臣の認定を申請するものとされる(同法35条1項)。この特定地域活性化事業として、河川法の許可を受けた水利使用のため取水した流水のみを利用する水力発電事業を定めた地域活性化総合特別区域計画について、内閣総理大臣の認定を受けたときは、河川法や電気事業法により必要とされる関係行政機関の長への協議や国土交通大臣の認可等は不要とし、許可手続が簡素化される(総合特別区域法49条〜51条)。また標

---

[46] 他の水利使用に従属する水利使用に係る添付図書の省略等について(平成17年3月28日付け国土交通省河川局水政課水利調整室長・河川環境課流水管理室長国河調第18号・国河流第18号)

[47] 小水力発電を行うための水利使用の許可申請ガイドブック Ver.3(平成23年3月)小水力のQ&A Q7 (38頁)

準処理期間も短縮される（同法52条）。

(F) 規制・制度改革

規制・制度改革方針において挙げられていたもののうち、小水力発電に係る河川法の許可手続の簡素化[48]については、一級河川のうちの指定区間（国土交通大臣の権限に属する事務の一部を都道府県知事が管理する（河川法9条2項））において、最大出力1000キロワット未満の発電のためにする水利使用の許可権限を国土交通大臣から都道府県知事に移譲した（河川法施行令2条1項3号イ）。また、平成24年度に検討し、可能な限り速やかに措置を行う法律事項として、農業用水の水路など既許可水利権の範囲内での従属発電については、河川の流量への新たな影響が少ないことから、従属発電における適正な水利使用を担保する措置、費用負担、従属元である農業用水等の利水者と発電事業者との関係等について整理を行い、手続の簡素化・合理化を図るため、登録制を導入するとする[49]。

(3) 廃棄物処理法

(A) 許　可

バイオマス発電設備においては、調達価格等に関する告示139号において記載されているとおり、建築資材「廃棄物」（同告示本則2項の表14号）、「一般廃棄物」発電設備（同15号）など、廃棄物を原燃料として発電することが前提とされている。

廃棄物を業として収集・運搬する場合（廃棄物の処理及び清掃に関する法律（以下、「廃棄物処理法」という）7条1項、14条1項）、業として処分する場合（同法7条6項、14条6項）、廃棄物処理施設を設置する場合（同法8条1項、15条1項）には、それぞれ都道府県知事の許可が必要となる。

(B) 「廃棄物」

---

48　規制・制度改革方針・前掲注(3)18番
49　規制・制度改革方針・前掲注(3)20番

廃棄物処理法において「廃棄物」とは、固形状または液状のごみ等の汚物または不要物をいう（同法2条1項）が、ある物が不要物に当たるか否かは明確ではない。おからの処理委託を無許可で受けた者が廃棄物処理法違反で起訴された事件において、最高裁は「『不要物』とは、自ら利用し又は他人に有償で譲渡することができないために事業者にとって不要になった物をいい、これに該当するか否かは、その物の性状、排出の状況、通常の取扱い形態、取引価値の有無及び事業者の意思等を総合的に勘案して決するのが相当である」とし、「おからは、豆腐製造業者によって大量に排出されているが、非常に腐敗しやすく、本件当時、食用などとして有償で取り引きされて利用されるわずかな量を除き、大部分は、無償で牧畜業者等に引き渡され、あるいは、有償で廃棄物処理業者にその処理が委託されており、被告人は、豆腐製造業者から収集、運搬して処分していた本件おからについて処理料金を徴していたというのであるから」本件おからは不要物に当たるとした（最二決平成11年3月10日刑集53巻3号339頁）。

　このため、バイオマス発電の原材料となり得る物の取引において、引き渡す側が金銭を支払う逆有償である場合には、当該原材料が廃棄物であると認定されるおそれが生じる。廃棄物と認定される場合には、その収集・運搬や処分において業許可が要求されることとなる。

(C)　**規制・制度改革**

　規制・制度改革方針において挙げられていたもののうち、バイオマス発電燃料に関し廃棄物か否かを判断する際の輸送費の取扱い等の明確化[50]については、産業廃棄物の占有者（排出事業者等）がその産業廃棄物を、電気エネルギー源として利用するために有償で譲り受ける者へ引き渡す場合、引渡し側が輸送費を負担し、当該輸送費が売却代金を上回る場合等、引渡し側に経済的損失が生じている場合でも、少なくとも、譲受人が占有者となった時点以

---

50　規制・制度改革方針・前掲注(3)24番

Ⅱ 各再生可能エネルギー電気に関する法令上の規制

降については、廃棄物に該当しないと判断してもよいと整理された[51]。

---

[51] 平成25年3月29日環産廃発第13032911号環境省大臣官房廃棄物・リサイクル対策部産業廃棄物課長『『エネルギー分野における規制・制度改革に係る方針』(平成24年4月3日閣議決定)において平成24年度に講ずることとされた措置(廃棄物処理法の適用関係)について(通知)」2

# 第3章

# 発電設備の設置・運用と資金調達

第3章　発電設備の設置・運用と資金調達

# I 再生可能エネルギー発電設備の設置・運営主体

## 1　SPC を設ける趣旨

　事業会社が大規模な再生可能エネルギー発電設備を設置する場合、当該事業会社本体が当該発電設備を設置し、運営することも考えられるが、プロジェクト会社（Project Company）として SPC（特別目的会社、Special Purpose Company）を設立して、SPC が当該発電設備を保有することが多く行われている。

　SPC に発電設備を保有させる理由としては、プロジェクト・ファイナンスによって発電設備を設置するための資金を調達することと関連がある。プロジェクト・ファイナンスとは、特定されたプロジェクトを対象として、原則として主たる返済原資が当該プロジェクトのキャッシュフローに依拠し、かつ担保が当該プロジェクトの資産に限定されるファイナンスをいう[1]、と考えられる。金融機関としては、返済原資を確実に押さえるため、プロジェクトを特定して、プロジェクトのキャッシュフローを、他の事業やプロジェクトから切り離すことが必要である。また、SPC のスポンサー（出資者）としては、SPC が金融機関からプロジェクト・ファイナンスによって資金調達する際に、スポンサーの他の事業や資産が担保とならないだけでなく、スポンサー自身は当該プロジェクト・ファイナンスに基づく債務の弁済義務を負わない。

　このため、原則として、一つのプロジェクトのみを実施する SPC を設ける

---

[1]　加賀隆一『プロジェクトファイナンスの実務－プロジェクトの資金調達とリスク・コントロール』（金融財政事情研究会、2007）5頁

必要性が生じることとなる。建設会社や重電メーカー、商社等がSPCのスポンサー（出資者）となって、一つの、場合によっては複数のプロジェクトごとに（ただし、キャッシュフローや資産はそれぞれのプロジェクトに分別し）プロジェクト会社（SPC）を設立し、多くの場合、SPCは第三者（スポンサーである場合もある）を受託者として外部委託を行い、発電設備の建設、運営・維持管理、売電等を行う。

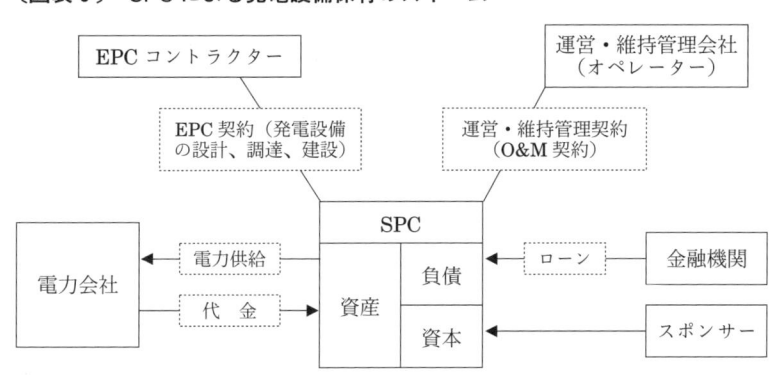

〔図表6〕 SPCによる発電設備保有のスキーム

## 2 SPCの形態

### (1) 法人型

法人には、会社法（平成17年法律第86号）に基づくものとして株式会社のほか、合同会社、合名会社および合資会社がある。以前は有限会社法に基づく有限会社があったが、これは、会社法の制定に伴い、株式会社（特例有限会社）として存続することとなった（会社法の施行に伴う関係法律の整備等に関する法律（平成17年法律第87号）2条1項）。そのほか、資産の流動化に関する法律（平成10年法律第105号）に基づく特定目的会社[2]、一般社団法人及び一般財団

---

2 「特別目的会社（SPC）」と異なる点に注意。特定目的会社（Tokutei Mokuteki Kaisha）の頭文字をとって「TMK」と呼ばれる。

法人に関する法律（平成18年法律第48号）に基づく一般社団法人や一般財団法人、投資信託及び投資法人に関する法律（昭和26年法律第198号）に基づく投資法人などがある。

(A) 　合名会社・合資会社

　合名会社は出資をする社員の全部が無限責任社員であり（会社法576条2項、1項5号）、合資会社は社員の一部が無限責任社員、その他の社員が有限責任社員である（会社法576条3項、1項5号）。無限責任社員とは、会社の財産をもって会社の債務を弁済することができない場合に、出資の額に関係なく弁済する義務を負う（会社法580条1項）のに対し、有限責任社員は、出資の価額（すでに会社に対して履行した出資の価額を除く）を限度として、会社の債務を弁済する責任を負う（同条2項）。

　前述1のとおり、スポンサー自身が債務の弁済義務を負わないことがプロジェクト会社（SPC）の設立の目的であることからすると、スポンサーが無限責任を負うこととなる合名会社や合資会社はSPCの選択肢にはなり得ないと考えられる。

(B) 　合同会社

　合同会社は、平成18年に施行された会社法によって設けられた種類の会社で、すべての社員が有限責任社員である（会社法576条4項、1項5号）。合同会社の社員になろうとする者は、定款の作成後、合同会社の設立の登記をする時までに、その出資に係る金銭の全額・金銭以外の財産の全部を払い込み、または給付しなければならない（同法578条）が、会社の債務弁済に際し、別途に当該債務を弁済する責任を負わない（同法580条2項参照）。

　合同会社は、アメリカの各州で制度化されているLimited Liability Company（LLC）にならって導入しようとされたものである[3]。アメリカでは発電設備に限らず、不動産等の所有主体としてLLCが用いられるのが一般

---

3 　江頭憲治郎『株式会社法　第4版』（有斐閣、2011）11頁

的であるようである。LLCと合同会社は、各構成員が有限責任のみを負う点と、法人である点は共通するが、LLCの場合は、パススルー導管としてLLCの段階では法人税が課税されないところ、合同会社についてはその所得に法人税が課税される点で大きく異なる。

(C) 株式会社

株式会社においては、株主になろうとする者が、引き受けた株式に対し全額の払込みまたは金銭以外の財産の全部の給付を履行しているため（会社法34条1項、36条、63条1項・3項、208条1項・2項・5項）、株主の責任はその有する株式の引受価額を限度とし（同法104条）、株主が会社の債務に対して引受価額を超えて弁済する義務を負わない。

(D) 合同会社と株式会社の差異

このように合同会社と株式会社はそれぞれの構成員である社員・株主が有限責任しか負わないという点では共通するが、その他の相違点はどうであろうか。

(a) 設立

(i) 登録免許税・定款の認証

株式会社においては、設立の登記における登録免許税の税額は資本金の額の1000分の7であり、算出された額が15万円未満の場合は、15万円となる（登録免許税法（昭和42年法律第35号）9条・別表第1第24号㈠イ）。また、株式会社の定款については公証人による認証が必要である（会社法30条1項）が、その手数料は5万円である（公証人手数料令（平成5年政令第224号）35条）。さらに、定款が電磁的記録（会社法26条2項）ではなく紙で作成される場合には、印紙税が4万円課税される（印紙税法（昭和42年法律第23号）7条・別表第1第6号）。

これに対し、合同会社においては、設立の登記における登録免許税の税額は株式会社と同じ資本金の額の1000分の7であるが、最低額は6万円である（登録免許税法9条・別表第1第24号㈠ハ）。また、定款が紙で作成される場合は、印紙税が4万円課税される（印紙税法7条・別表第1第6号）が、定款の認証

は不要である。

　　(ii)　現物出資

　株式会社において、金銭以外の財産の出資（現物出資）がある場合には、一定の場合を除き（会社法33条10項各号）、発起人の申立て（同条1項）に基づき裁判所は検査役を選任しなければならない（同条2項）。検査役は主として弁護士から選任される。検査役は必要な調査を行い、記録した書面等を裁判所に提供・報告しなければならない（同条4項）。裁判所は、検査役の報告を受け、財産の価額、および現物出資をした者に対して割り当てる設立時発行株式の数等の定款の記載または記録事項を不当と認めた場合には、これを変更する決定を行わなければならない（同条7項）。

　他方、合同会社における現物出資においては、検査役の調査は不要である。

　　(iii)　最低資本金

　株式会社、合同会社のいずれにおいても最低資本金額の規制はないが、株式会社においては、純資産額300万円未満の場合、株主に対して剰余金の配当を行うことはできない（会社法458条、453条）。合同会社においてはこのような制限はない。

　　(b)　株式の発行・出資の増加

　株式会社においては、新たに株式を発行する場合、払込金の半分以上の資本組入れが強制される（会社法445条2項）ところ、資本金の額は登記事項であり（同法911条3項5号）、増加する資本金の額の1000分の7（計算した額が3万円未満の場合3万円）の登録免許税が課税される（登録免許税法9条・別表第1の24号(1)ニ）。

　これに対し、合同会社においては、新たに社員が加入する場合や出資金額を増額する場合であっても、資本組入れの強制が適用されないため、その出資金額の全額を資本金でなく資本剰余金に組み入れることができる。この場合、資本金の額の増加について登記する必要はなく、登録免許税は課税されない（なお、資本金の額が増加する場合は、株式会社の上記取扱いと同じである）。

(c) 株式・持分の譲渡（振替株式についての記述は省略している）
　(i) 譲渡の効力発生要件

　株式会社においては、株券発行会社の株式については株券の交付（会社法128条1項）、株券発行会社でない会社の株式については、合意により譲渡の効力が生ずる。合同会社においては、社員の氏名は定款の必要的記載事項である（同法576条1項4号）ため、定款の変更が持分の譲渡の効力発生要件となる[4]。

　(ii) 譲渡の対抗要件

　株式会社においては、会社に対する対抗要件は株主名簿の名義書換（会社法130条1項）であり、第三者に対する対抗要件は、株券発行会社の株式については株券の交付（民法178条）[5]、株券発行会社でない会社の株式については、株主名簿の名義書換である（会社法130条1項）。これに対し、合同会社においては、会社法上規定はなく、会社に対する対抗要件は通知・承諾（民法467条1項準用）、第三者に対する対抗要件は確定日付ある通知・承諾である（民法467条2項準用）と考えられる[6]。

　(iii) 譲渡制限

　株式会社においては、株式の譲渡は原則として自由である（会社法127条）が、定款に、全部または一部の株式の内容として、譲渡による株式取得について当該株式会社の承認を要する旨の定めを設けることができる（同法107条1項1号・2項1号、108条1項4号・2項4号）。他方、合同会社においては、原則として社員全員の同意が必要である（同法585条1項）。もっとも、定款により別段の定めを設けることができる（同条4項）。

---

[4] 江頭憲治郎ほか座談会「合同会社等の実態と課題（上）」商事法務1944号（2011）14頁（大杉謙一教授発言）
[5] 酒巻俊雄＝龍田節編集代表『逐条解説会社法　第2巻　株式・1』（中央経済社、2008）252頁（北村雅史教授）
[6] 江頭ほか・前掲注(4)15頁（江頭教授発言）参照

(d) 株式・持分の担保権設定
　(i) 株式会社の株式の担保権設定
　株式会社においては、株式に設定する担保権として、質権者の氏名・名称、住所、質権の目的である株式について株主名簿に記載・記録のない略式株式質、株主名簿に記載・記録のある登録株式質（会社法148条）、そして譲渡担保がある。
　　(ｱ) 略式株式質
　略式株式質は株券発行会社の株式についてのみ認められる。効力発生要件は株券の交付であり（会社法146条2項）、会社および第三者に対する対抗要件は継続的な株券の占有である（同法147条2項）。
　効力としては、優先弁済権（民法362条2項、342条）のほか、転質権（同法362条2項、348条）や、株式会社の行う行為により株主が受けることのできる金銭等について質権の効力の及ぶ物上代位権(会社法151条)が認められる。優先弁済権の実現は競売によって行われる（民事執行法190条、192条、122条）。物上代位権を行使するには、原則として、その目的物が会社から質権設定者に対して払渡しまたは引渡しされる前にその差押えをしなければならない（民法362条2項、350条、304条1項ただし書）。
　　(ｲ) 登録株式質
　株主名簿への質権の記載・記録は質権設定者の請求によりなされる（会社法148条）。株券発行会社の株式以外の株式は登録株式質によってのみ質入れをすることができる（会社法147条1項）。
　登録株式質の内容としては、上記の略式株式質の権利のほか、剰余金の配当（同法151条8号）および残余財産の分配（同条9号）により株主が受けることのできる金銭を質権者が受領し、他の債権者に先立って自己の債権の弁済に充てることができることが挙げられる（同法154条1項）。
　　(ｳ) 譲渡担保
　譲渡担保は、法文で規定された担保ではなく、慣習として認められたもの

である。株券発行会社の場合、株券の交付によって効力が発生する（会社法128条1項）。優先弁済を受ける方法としては、任意売却（処分清算）・所有権取得（帰属清算）が認められ、略式株式質よりは制約が少ない[7]。

(ii) 合同会社の持分の担保権設定

合同会社における社員持分への質権設定は、会社法上規定がない。手続としては他の社員全員の同意を得て、確定日付ある承諾を得ることが実務上の取扱いである[8]。

(e) 株主・社員の退社

株式会社においては退社の概念がなく、株主は投下資本を回収するには、株式を第三者に譲渡する（会社法127条）か、会社に譲渡する（自己株式の取得）こととなるが、後者の場合、株主総会の特別決議が必要となる（同法156条1項・160条1項・309条2項2号）。

合同会社においては、①定款の定めがない場合、社員は事業年度の終了の時において（同法606条1項）、②やむを得ない事由があるときはいつでも（同条3項）、退社することができる。

(f) 業務執行（意思決定・執行）

株式会社においては、取締役が業務を執行する（会社法348条1項）が、合同会社においては、社員が業務を執行し（同法590条1項）、定款に別段の定めがなければ、社員が複数いる場合、合同会社の業務は社員の過半数（持分の過半数ではない）で決定する（同条2項）。業務執行社員が法人である場合には、当該法人は職務執行者を選任しなければならない（同法598条1項）。職務執行者は業務執行社員と同じく善管注意義務、忠実義務等の義務・責任を負う（同条2項、同法593条～597条）。

(g) 大会社の取扱い

---

7 江頭・前掲注(3)220～221頁
8 江頭ほか・前掲注(4)16頁（新家弁護士発言）

大会社とは、最終事業年度(会社法2条24号)に係る貸借対照表において、資本金として計上した額が5億円以上、または負債の部に計上した額の合計額が200億円以上の株式会社をいう(同法2条6号)。大会社は会計監査人を置かなければならない（同法328条2項）が、会計監査人による会計監査を有効に機能させるには、監査対象である取締役からの会計監査人の独立性の確保が重要であり、そのために、監査役による業務監査が不可欠と考えられる[9]。このため、会計監査人設置会社は、監査役を置かなければならない（同法327条3項）。合同会社においては、このような義務は生じない。

　また、大会社においては、取締役は、取締役の職務の執行が法令・定款に適合することを確保するための体制その他株式会社の業務の適正を確保するために必要なものとして、取締役の職務の執行に係る情報の保存及び管理に関する体制等（いわゆる内部統制システム）を整備しなければならない（同法348条4項、3項4号、会社法施行規則98条）。合同会社においては、このような内部統制システムを整備する義務は生じない。

　(h)　計算書類の公告

　株式会社は、定時株主総会の終結後遅滞なく、貸借対照表（大会社の場合は、貸借対照表および損益計算書）を公告しなければならない（会社法440条1項。ただし、定款で定めた公告方法が官報、または時事に関する事項を掲載する日刊新聞紙に掲載する方法である場合は、貸借対照表の要旨の公告で足りる（同条2項））。合同会社はこのような公告義務を負わない。

　(i)　会社更生法の適用の有無

　会社更生法は株式会社についてのみ適用され（会社更生法（平成14年法律第154号）1条)、合同会社には適用されない。他の倒産手続と異なり、更生会社の債権者は、更生手続開始の決定があったときは、更生会社の資産に対して有する担保権を実行することができない（会社更生法50条）。

---

[9]　江頭・前掲注(3)481〜482頁

(j) まとめ

以上をまとめると〔図表7〕のとおりとなる。

〔図表7〕 SPCの形態──**株式会社と合同会社**（明記のない条文は会社法）

|  | 株式会社 | 合同会社 |
|---|---|---|
| 設　立 | ①発起人が定款作成（26条）<br>②定款に公証人の認証（30条）<br>・認証の手数料5万円（公証人手数料令35条）、印紙税4万円（印紙税法別表第1第6号） | ①社員になろうとする者が定款作成（575条1項） |
|  | ③出資の全額の履行（34条1項、63条1項） | ②出資の全額の履行（578条） |
|  | ④設立の登記（49条）<br>・登録免許税：資本金の1000分の7、最低15万円（登録免許税法別表第1第24号(一)イ） | ③設立の登記（579条）<br>・登録免許税：資本金の1000分の7、最低6万円（登録免許税法別表第1第24号(一)ロ） |
|  | ・最低資本金規制なし。ただし、純資産額300万円未満の場合、剰余金の配当不可（458条、453条） | ・最低資本金規制なし |
|  | ・現物出資→検査役調査(33条)、裁判所が不当と認めると財産の価額、割り当てる設立時発行株式の数等について変更の決定（33条7項） | ・現物出資→検査役調査なし |
| 株主・社員の責任 | 株式の引受価額を限度（104条） | 出資の払込価額を限度(576条4項、578条、604条3項) |
| 株式・持分の譲渡 | ・原則自由 | ・原則：社員全員の同意が必要（585条1項）。ただし、定款により別段の定めが可能（同条4項）。 |
|  | ・株式譲渡の効力発生要件（振替株式は省略）： | ・持分譲渡の効力発生要件：定款変更←社員の氏名は定款 |

|  |  |  |
| --- | --- | --- |
|  | (1) 株券発行会社の株式：株券交付（128条1項）<br>(2) (1)以外：合意 | の必要的記載事項（576条1項4号） |
|  | ・株式譲渡の対抗要件：<br>(1) 対会社：株主名簿の名義書換（130条1項）<br>(2) 対第三者：株券発行会社の株式でも振替株式でもない株式→株主名簿の名義書換(130条2項) | ・持分譲渡の第三者対抗要件：確定日付ある通知・承諾か |
| 株式・持分の質権設定 | ①略式株式質：優先弁済権、転質権、物上代位権<br>・効力要件：株券の交付（146条2項）<br>・第三者対抗要件：継続的な株券の占有（147条2項）<br>②登録株式質：上記権利のほか剰余金の配当、残余財産の分配<br>・株券発行会社以外の株式は登録株式質のみ（147条1項） | ・対抗要件：他の社員全員の同意、確定日付ある承諾か |
| 株主・社員の退社 | ・会社による自己株式の取得←株主総会（156条1項、160条1項（特別決議））<br>・株式の第三者への譲渡（127条）<br>・退社の概念なし | 事業年度終了時（606条1項）。ただし、定款により別段の定め（606条2項）。「やむを得ない事由」あればいつでも退社可（606条3項） |
| 業務執行（意思決定・執行） | 取締役（348条1項） | 社員（所有と経営が一致）（590条1項）<br>・業務執行社員を定款で定める（590条1項）。<br>・業務執行社員が法人→職務執行者選任（598条1項）<br>　→業務執行社員と同じ義務・責任（598条2項）（善管注 |

|  |  | 意義務、忠実義務） |
|---|---|---|
| 会社更生法 | 適用あり→担保権実行不可（会社更生法50条1項） | 適用なし |
| 計算書類の公告義務 | あり（440条） | なし |
| 大会社（資本5億円以上、負債200億円以上） | 会計監査人設置義務（328条2項）→監査役設置義務（327条3項）または内部統制システム（348条4項・8項4号） | 適用対象外 |

　合同会社については、導入されてから日が浅いこともあり、なじみが薄いものであるが、コスト面で株式会社に勝るところもあり、導入を検討する価値はあるように思われる。

### (2) 組合型

　組合型のものとしては、民法上の組合や投資事業有限責任組合（いわゆるLPS）、有限責任事業組合（いわゆるLLP）等がある。

　組合においては財産が組合員によって共有されており（民法668条参照）、不動産登記等において、組合名義や組合代表者の肩書での名義における登記・登録は認められておらず、構成員全員の共有登記とする必要が生じる。この場合、組合員が変更する都度、登記を変更する手間と費用がかかる。

　さらに、民法上の組合においては、組合員がすべて無限責任を負うこととなるため、スポンサーとは別の主体としてSPCが債務を負う、というSPC組成のメリットも活かすことができない。

　ただし、民法上の組合においては、その活動による所得は組合員に直接帰属し、即時償却・税額控除等のメリット（後述Ⅲ）を享受できる（ただし、組合員が相応のリスクを負担していないと認められる場合につき租税特別措置法67条の12第1項・2項参照）。

　投資事業有限責任組合は有限責任組合員だけでなく、無限責任組合員も構

成員となることから、民法上の組合と同じ問題が生じる。また、そもそも各組合員が共同で行う事業は投資事業有限責任組合契約に関する法律（平成10年法律第90号）（以下、「LPS法」という）3条1項に列挙されているところ、電力の供給事業を行うことはできない。ただし、発電設備を保有し、電力を供給するSPCに対して投資事業有限責任組合が匿名組合出資（後述(4)）等の出資を行うことは可能である（LPS法3条1項6号）。

　有限責任事業組合は、個人または法人が出資して、それぞれの出資の価額を責任の限度として（有限責任）、共同で営利を目的とする事業を営むものである（有限責任事業組合契約に関する法律（平成17年法律第40号）3条1項）。組合員は業務を執行する権利を有するだけでなく、その義務を負い（同法13条1項）、何らかのかたちで業務執行を行う必要がある。このため、出資だけを行い、業務執行の全部を他の組合員に委任することはできない。

### (3) 信 託

#### (A) 信託とは

　「信託」については信託法（平成18年法律第50号）の2条1項で定義されているが、それによれば、信託契約、遺言または信託宣言のいずれかの方法により（信託法3条各号）、特定の者（「受託者」（信託法2条5項））が一定の目的（専らその者の利益を図る目的を除く）に従い、財産の管理または処分およびその他の当該目的の達成のために必要な行為をすべきものとすることをいう。

　再生可能エネルギー電気についていえば、信託法3条各号の方法のうち、基本的に1号の信託契約に基づいて信託が行われることになると考えられる。即ち、金銭または土地等を有する者（信託する者を「委託者」という（信託法2条4項））が特定の者（受託者）に対し、財産を譲渡する旨並びに受託者が一定の目的（再生可能エネルギー発電設備の建設、維持管理および電力の供給の目的）に従い、財産の管理または処分およびその他の当該目的の達成のために必要な行為をすべき旨の信託契約を締結する方法によって信託されることとなると考えられる。

I 再生可能エネルギー発電設備の設置・運営主体

具体的な例でいうと、まず、委託者が受託者に金銭(および土地)について信託を設定してそれと引き換えに受益権を得る。受益権とは、信託契約等の信託行為に基づいて受託者が受益者(受益権を有する者(信託法2条6項))に対して負う債務であって信託財産に属する財産の引渡しその他の信託財産に係る給付をすべきものに係る債権(受益債権)と、受益債権を確保するために信託法に基づいて受託者その他の者に対し一定の行為を求めることができる権利をいう(同条7項)。

次いで、受託者が信託譲渡された当該金銭を基に建設業者・重電メーカー等のEPCコントラクターに再生可能エネルギー発電設備の建設の注文を行うが、設置された再生可能エネルギー発電設備は受託者が管理のために所有することとなる。このように受託者に属する財産であって、信託により管理または処分すべき一切の財産を「信託財産」という(信託法2条3項)。

受託者はこうして設置された発電設備を運営し(実際には第三者に運営を委託することになろう[10])、電気事業者に電力を供給する。受託者はこうして得た収益を、受益者が有する受益権に従い配当する。

(B) **信託の機能**

(a) 信託一般に該当するもの

信託の機能としては、信託財産の管理、すなわち受託者に発電設備の設置および運営・維持管理を行わせること、受益権の形に分割して、原財産権よりも処分(資金化)を容易にすること、発電設備や土地を有する者の倒産のリスクを遮断すること、が挙げられる[11]。

---

10 信託会社から受託を受けた者は、原則として、忠実義務、善管注意義務および固有財産との分別管理義務(信託業法(平成16年法律第154号)28条各項)、行為準則(同法29条1項2項)といった信託業法の義務を負う(同法22条2項)。ただし、信託契約に、「信託会社は、委託者又は受益者のみの指図により信託財産の処分等信託の目的の達成のために必要な行為に係る業務を行う」旨の定めがあるとき、信託会社が当該業務を委託する場合は、委託を受けた者は前述の義務を負わない(信託業法22条3項3号、信託業法施行規則29条1号)。

最後の点については、信託の委託者に対して債権を有する者は、信託財産に属する財産に対して強制執行、仮差押え、仮処分または担保権の実行を行うことができない（信託法23条1項）。他方、受託者について破産手続開始の決定（破産法（平成16年法律第75号）30条）、再生手続開始の決定（民事再生法（平成11年法律第225号）33条）または更生手続開始の決定（会社更生法41条）がそれぞれなされた場合であっても、信託財産に属する財産は、それぞれ破産財団、再生債務者財産、更生会社財産等には属さない（信託法25条1項・4項・7項）。また、信託財産は受託者の破産財団に属しないため、信託契約は、受託者の破産の影響を受けない契約であり、受託者の破産管財人が有する双方未履行双務契約の解除権に関する規定（破産法53条）の適用を受けないと考えられる[12]。

　したがって、再生可能エネルギー発電設備（金銭を信託し、それに基づいて設置されたものを含む）や土地について、信託を設定した場合、当該発電設備や土地は、信託財産として、委託者の債権者から追及されることはなく、他方、受託者が倒産手続に入ったとしても、倒産手続に従い換価されることなく、また信託契約が破産管財人等に解除されることもない。

　また、信託においては受託者に課税されず、受益者について配当による所得が発生した時に課税される（法人税法12条1項本文）ことにより、二重課税が回避される点もメリットとして挙げられる。

(b)　再生可能エネルギー発電設備特有の問題

　土地の賃貸借については民法が適用されるところ、後述II 1(1)のような問題点がある。これに対し、信託については、その存続期間についての制限はないため、再生可能エネルギー発電設備（金銭を信託し、それに基づいて設置されたものを含む）および土地を合わせて信託する場合、調達期間の前後に発

---

11　四宮和夫『信託法〔新版〕』（有斐閣、1989）29～30頁、新井誠『信託法〔第3版〕』（有斐閣、2008）103頁
12　寺本昌広『逐条解説　新しい信託法〔補訂版〕』（商事法務、2008）101頁

電設備の設置工事期間や発電事業終了後の撤収期間を加えた期間を信託の存続期間とすることも可能である。

# Ⅱ 再生可能エネルギー発電設備の設置・運営

　事業会社または前述Ⅰのプロジェクト会社（SPC）が、再生可能エネルギー発電設備を設置し、運営するには、①再生可能エネルギー発電設備を設置する土地を確保したうえで、②発電設備を設計・調達・建設し、③②によって完成した発電設備を運営・維持管理して、④電気事業者に対して再生可能エネルギー電気を供給することとなる。

　このため、再生可能エネルギー発電設備の設置および運営においては、①に関して、土地の所有者との間で売買契約、賃貸借契約または地上権設定契約等を締結し、②に関して、知識と経験を有する EPC コントラクターとの間で、**EPC**（Engineering, Procurement & Construction）契約を締結し、③に関して、知識と経験を有するオペレーターとの間で、**O&M**（Operation & Maintenance）契約を締結し、バイオマス発電においては原燃料供給業者との間で原燃料供給契約を締結し、④に関して、電気事業者との間の接続契約・特定契約をそれぞれ締結する必要がある。

　このほか、複数のスポンサー（株主）が発電設備を設置し運営する主体としてプロジェクト会社（SPC）を組成する場合には、スポンサー間で、プロジェクト会社の運営に関する取決めとして株主間協定書を締結するのが一般的である。

## 1 賃貸借契約

### (1) 20年の期間制限

　再生可能エネルギー発電設備を設置するため土地を賃借する場合、一般に、当該賃借権は建物の所有を目的とするものではないので、借地借家法（平成3年法律第90号）は適用されない（同法2条1号）。このため、土地所有者との間

で締結される賃貸借契約においては、定期借地権等の設定は行われず、民法上の賃借権が設定される。民法上、賃貸借の存続期間は20年を超えることができず、契約でこれより長い期間を定めたときであっても、その期間は20年となる（同法604条1項）。この趣旨は、①賃貸借が長期間にわたる場合、貸主（所有者）は、みずから目的物の使用収益をするわけではないので、目的物を改良するようなことは例外的であり、他方、借主は、もとより他人の物であるから、改良するようなことは稀であるため、長期間にわたる賃貸借では、目的物の頽廃や毀損が顧みられない状況が生ずる、②20年を超えるような場合には地上権（他人の土地において工作物や竹木を所有するためその土地を使用する権利（同法265条））があるが、地上権は物権であるため、地上権者が目的物を改良することが期待できることから、長期の土地利用には地上権が適している、という点にあるとされる[13]。

また、賃貸借の存続期間は更新することができるが、その期間は更新の時から20年を超えることができない（同法604条2項）。また、更新は賃貸人（土地所有者）および賃借人の合意が必要であるため、当初の賃貸借契約の効力が発生してから20年経過した後、必ず賃貸人の合意を確保できるという保証はない。

現在、法制審議会民法（債権関係）部会で債権法改正について検討されているが、同部会で平成25年2月に決定された「民法（債権関係）の改正に関する中間試案」においては、「民法第604条を削除するものとする。（注）民法第604条を維持するという考え方がある」[14]とする。

---

[13] 民法（債権法）改正検討委員会『詳解・債権法改正の基本方針Ⅳ－各種の契約(1)』（商事法務、2010）241～242頁
[14] 「民法（債権関係）の改正に関する中間試案」62頁。法務省民事局参事官室「民法（債権関係）の改正に関する中間試案（概要付き）」（平成25年3月）157頁は「民法第604条の適用がある賃貸借であっても、例えばゴルフ場の敷地の賃貸借、重機やプラントのリース契約等においては20年を超える存続期間を定めるニーズがあるとの指摘を踏まえたものである。もっとも、長期の存続期間を一般的に認めると賃借物の損傷や劣化が顧

平成25年度の調達期間は、地熱発電および10キロワット未満の太陽光発電設備を除いては、調達期間は最長20年である（告示139号本則2項）。このため、土地を賃借して発電設備を設置し20年の調達期間を通して発電設備を運転しようとする場合、発電設備の設置工事にかかる期間および賃貸借契約終了に伴い発電設備の撤去にかかる期間を考慮すると、当該土地の利用期間は20年を超えてしまう。このため、発電設備の設置工事にかかる期間について別途の土地利用契約を締結するといった措置を講ずる必要がある。

### (2) 土地の賃借権の登記

民法上、不動産の賃借権を第三者（当該土地について所有権等の物権を取得した者など）に対抗するためには、登記をする必要がある（同法605条）。しかし、土地などの不動産の売買や地上権の設定においては、登記権利者（買主、地上権者）は登記義務者（売主、地上権設定者）に対して登記申請に協力せよと請求する権利（登記請求権）を有するが、賃貸借契約締結においては賃借人は土地所有者（賃貸人）に対して、登記請求権を有しない（大判大正10年7月11日民録27輯1378頁）。

他方、再生可能エネルギー発電プロジェクトにおいて、プロジェクト会社が資金調達として借入れを行うことを前提とすると、貸付人は、発電設備についての担保権の実行により、自らまたは第三者が発電設備の存する土地の使用権原を生ぜしめる権利を確保して発電設備を利用できるようにしておきたい。このため、発電設備について担保権を取得する際にはあわせて、賃借権についても登記を経たうえで担保権を取得することが考えられる。また、再生可能エネルギー発電設備について担保権を取得する場合、抵当権の目的とするため工場財団を組成することが考えられるが（工場抵当法（明治38年法律第54号）8条1項）、不動産の賃借権を工場財団組成物件として工場財団目

---

みられない状況が生じかねないこと等から同条の規定を維持（必要に応じて特別法で対処）すべきであるという考え方があり、これを（注）で取り上げている」とする。

録に記録するときは、その賃借権の登記の順位番号を記録するものとされており（工場抵当登記規則（平成17年法務省令第23号）11条1項）、賃借権が登記されていることが前提となる（後述Ⅳ3(2)参照）。

このため、土地所有者が賃借権の登記を拒む場合には、貸付人は債務返済の担保手段を別途講ずる必要がある。

### (3) 地上権との比較

#### (A) 登記義務

賃借権においては、賃借人は土地所有者（賃貸人）に対して登記請求権を有しないが、地上権については、地上権者は土地所有者（地上権設定者）に対して登記請求権を有する。

#### (B) 存続期間

賃借権については、前述(1)のとおり、存続期間は20年を超えることはできない（民法604条1項）が、地上権は、その存続期間は当事者間で自由に設定できる。地上権設定契約において地上権の存続期間を定めなかった場合に、当事者の請求があるときは、裁判所は20年以上50年以下の範囲内において、工作物の種類、状況、地上権の設定当時の事情を考慮して、その存続期間を定める（同法268条2項）。

#### (C) 土地上の工作物

賃借権においては、賃貸借終了後、賃借人は工作物を収去することができ、またその義務を負う（民法616条、598条）。地上権においても、権利消滅後、地上権者は工作物を収去することができ、またその義務を負う（同法269条1項）。しかし、土地所有者も、売渡請求権を有し、時価相当額で当該工作物を買い取る旨を通知したときは、地上権者は正当な理由がなければこの請求を拒否することができない（同項ただし書）。

#### (D) 譲渡・転貸

賃借人は、賃貸人の承諾がなければ、賃借権を譲渡し、または賃借している土地を転貸することはできない（民法612条）が、地上権者は、土地所有者

の承諾を得ることなく、その地上権を第三者に譲渡することができる。

(E) 抵当権者がいる場合

地上権を設定しようとする際に、すでに当該土地に抵当権が設定されていて登記されていれば、地上権を設定しても、当該抵当権が実行されると、当該土地の新所有者に対して地上権を主張することができない。他方、登記した賃貸借については、その設定登記前に登記をした抵当権者全員が賃貸借について同意し、その同意が登記されたときは、当該賃貸借は、同意した抵当権者に対して対抗することができる（民法387条1項）。抵当権者に不利益とならない賃貸借について、抵当権実行後の存続を保証するために、2003年の改正で導入されたものである[15]。

(F) 地代・賃料の不払い

賃貸借において、賃借人が賃料を支払わない場合、民法上、賃貸人が相当期間を定めてその履行を催告し、その期間内に賃料の支払がなければ、賃貸人は賃貸借契約を解除することができるとの規定がある（民法541条）。しかし、最高裁は、家屋の賃貸借においてであるが、賃料の不払いのあった賃借人「にはいまだ本件賃貸借の基調である相互の信頼関係を破壊するに至る程度の不誠意があると断定することはでき」ず、賃貸人の解除権の行使は「信義則に反し許されない」として、賃借人に債務不履行があるとしても、信頼関係を破壊するに至る程度でなければ、賃貸人は賃貸借契約を解除することはできないとする（最三判昭和39年7月28日民集18巻6号1220頁）。他方、地上権においては、地上権者が2年以上地代の支払いを怠ったときは、土地所有者は地上権の消滅を請求することができる（民法266条1項、276条）。

(4) 屋根貸し

倉庫や工場、住宅等の建物の屋根を借りて太陽光発電設備を設置・運営す

---

[15] 内田貴『民法Ⅲ〔第3版〕債権総論・担保物権』（東京大学出版会、2005）440～441頁

る場合、建物の屋根の賃貸借について民法上規定はなく、また一個の不動産の一部についての登記の申請は認められない（不動産登記法25条13号、不動産登記令20条4号）。このため、屋根が賃貸借されている建物が譲渡された場合、当該建物の新所有者に対して屋根の賃借権を主張することができない。仮に新所有者が太陽光発電設備を取り外せという場合には、賃借人は取り外さざるを得ない（かかる場合には、賃借人は賃貸人（建物の譲渡人）に対して損害賠償を請求することができる旨の特約を賃貸借契約に規定することが一応考えられる）。

政府は、屋根等の賃借権については、再エネ特措法の施行後の状況を見つつ、必要な措置について検討していくとしている（パブコメ回答2－113、2－114（35頁））。

## 2　EPC契約

EPCコントラクターとプロジェクト会社との間の建設工事に関する条項を規定した契約である。発電設備の建設工事は大きく分けて、①発電設備の設計、エンジニアリング（engineering）、②設備機械の調達、製造（procurement）、③発電設備の建設、組立て（construction）、といった三つの段階からなる。これらの段階に応じて別々にプロジェクト会社が注文者として請負契約等を締結することも考えられるが、その場合、契約によっては、①から③までの段階においていずれの請負人等も責任を負わない箇所が発生し、いずれの請負人等がその箇所について責任を負うのかという紛争が生じるおそれがある。

プロジェクト・ファイナンスにおける貸付人の立場からすれば、①請負代金が固定または予見可能な価格（fixed or predictable price）であり、②特定の日（certain date）を完工予定日として、③直ちに運転開始が可能な状態（full turn-key）で引渡しを受ける、といった条項を定めることが望まれる[16]。

ただし、EPCコントラクターは、完工遅延、費用の増加、想定を下回る出

力といった予期できない事由の発生に備え、リスクプレミアムを請負代金に上乗せすることで対応するということも考えられる[17]。

また EPC 契約においては、完工遅延の場合の損害賠償額の予定や瑕疵担保責任、不可抗力が発生した場合の増加費用の分担等が規定される。

## 3 O&M 契約

プロジェクト会社（SPC）は運営・維持管理業務を行うオペレーターとの間で O&M 契約を締結し、オペレーターに対して再生可能エネルギー発電設備の運転や維持管理を委託する。プロジェクト会社としては、オペレーターが適正に当該再生可能エネルギー発電設備を運営し、維持管理しているかをモニタリングする能力を備える必要がある[18]。

また、運営・維持管理業務を行うオペレーターが、当該設備の工事、維持および運用に関する保安の監督に係る業務の委託を受ける場合、オペレーターがみなし設置者となって、その役員または従業員を当該発電設備における主任技術者として選任することも考えられる（前述第 2 章 I 7(2)(B)参照）。

## 4 特定契約・接続契約

電気事業者との間の特定契約（再エネ特措法 4 条）および接続契約（再エネ特措法 5 条）については、第 1 章Ⅵおよび Ⅶで述べたとおりである。実務上は、資源エネルギー庁が公表した特定契約・接続契約に関するモデル契約書をひな型としてそれぞれの契約が締結されるものと考えられるが、このモデル契約書は、基本的に、再エネ特措法およびその政省令、パブコメ回答が反映さ

---

16 加賀・前掲注(1)173〜174頁、Scott L. Hoffman, The Law and Business of International Project Finance (3rd. ed., 2008) 165頁
17 Hoffman・前掲注(16)171頁
18 エドワード・イェスコム（佐々木仁訳）『プロジェクトファイナンスの理論と実務』（金融財政事情研究会、2006）198頁

れている。

## 5　株主間協定書

　各スポンサーを当事者として、SPC に対する出資割合や SPC の意思決定方法、取締役の任命、利益相反が生じた場合の処理、SPC 発行株式の譲渡等について規定するものである。

## Ⅲ 再生可能エネルギー発電設備取得に関する税務

### 1 即時償却

　使用または時間の経過とともに価値の減少するものを減価償却資産といい[19]、再生可能エネルギー発電設備はそのうちの「機械及び装置」に当たる（法人税法2条23号、法人税法施行令13条3号、減価償却資産の耐用年数等に関する省令（昭和40年大蔵省令第15号）1条1項2号・別表第2の31の項）。その償却費は各事業年度の損金の額に算入される（法人税法31条1項）。

　しかし、租税特別措置法（以下、「租特法」という）においては、再生可能エネルギー発電設備の導入を促進するため、前述の償却費について即時償却の特則を設けた（租特法42条の5第1項1号イ・6項）。

#### (1) 要　件

　再生可能エネルギー発電設備取得により即時償却制度の適用を受ける要件は以下のとおりである。

(A) 主　体

青色申告書を提出する法人であること。

(B) 行　為

① 平成27年3月31日までの期間（指定期間）に

②ⓐ 製作・建設後事業の用に供されたことのない認定発電設備を取得し、または

　ⓑ 認定発電設備を製作・建設し、

③ 取得または製作・建設した日から1年以内に国内の当該法人の事業の

---

[19] 金子宏『租税法〔第17版〕』（弘文堂、2012）312頁

用に供した場合

④　③のうち、認定発電設備を貸付けの用に供した場合を除く

⑤　国や地方公共団体の補助金・給付金等をもって取得、製作・建設したものでないこと（租特法42条の5第9項）

⑥　法人が所有権移転外リース取引（所有権が移転しないもの等をいう（法人税法64条の2第3項、法人税法施行令48条の2第5項5号））により取得した認定発電設備でないこと（租特法42条の5第8項）

(2)　効　果

事業の用に供した日[20]を含む年度（以下、「供用年度」という）の認定発電設備の償却限度額は、普通償却限度額と特別償却限度額との合計額とし、特別償却限度額を取得価額から普通償却限度額を控除した金額相当額とする。

## 2　税額控除

(1)　要　件

再生可能エネルギー発電設備取得により税額控除を受ける要件は以下のとおりである（租特法42条の5第2項）。

(A)　主　体

中小企業者・農業協同組合等で青色申告書を提出するものであること。「中小企業者」とは資本金の額・出資金の額が1億円以下の法人で、以下のいずれかでもないものをいう（租特法42条の4第12項5号、租特法施行令27条の4第10項）。

①　発行済株式・出資の総数・総額の2分の1以上が同一の大規模法人

---

20　「事業の用に供した日」とは、一般的にはその減価償却資産のもつ属性に従って本来の目的のために使用を開始するに至った日をいう。たとえば、機械等を購入した場合は、機械を工場内に搬入しただけでは事業の用に供したとはいえず、その機械を据え付け、試運転を完了し、製品等の生産を開始した日が事業の用に供した日となる（国税庁タックスアンサーNo.5400 Q&A 3）。

（資本金の額・出資金の額が1億円を超える法人）の所有であること
② 発行済株式・出資の総数・総額の3分の2以上が大規模法人の所有であること

また「農業協同組合等」とは、農業協同組合、農業協同組合連合会、中小企業等協同組合、漁業協同組合、森林組合、森林組合連合会などをいう（租特法42条の4第12項6号）。

(B) 行　為
① 上記1(1)(B)の①から⑤までと同じ。
② 即時償却の適用を受けない。

(2) 効　果

供用年度の所得に対する法人税の額から、認定発電設備の取得価額の100分の7相当額を控除する（ただし、法人税の額の100分の20相当額を限度とする）。

## 3　固定資産税の軽減措置

原則として、償却資産に対して課税される固定資産税の課税標準は、賦課期日における当該償却資産の価格で償却資産課税台帳に登録されたものである（地方税法349条の2）。これに対して、再生可能エネルギー発電設備の導入を促進するため、固定資産税の軽減措置が設けられ、認定発電設備（低圧かつ10キロワット未満の住宅等太陽光発電設備を除く）について、平成24年5月29日から平成26年3月31日までの間に新たに取得されたものに対して課せられる固定資産税の課税標準は、新たに固定資産税が課せられたことになった年度から3年度分の固定資産税に限り、課税標準となるべき価格の3分の2に軽減される（地方税法附則15条34項、地方税法施行規則附則6条58項）。

# Ⅳ　資金調達

　事業会社または前述Ⅰのプロジェクト会社（SPC）が、再生可能エネルギー発電設備を設置するには多額の資金が必要となる。ここでは、ローン契約に基づく金融機関からの借入れおよび元利金の支払債務を担保するためのさまざまな担保の設定、投資家・ファンド等からの匿名組合出資について検討する。

## 1　金融機関からの借入れ──コーポレート・ファイナンスとプロジェクト・ファイナンス

　金融機関が資金を貸し付けるに際しては、発電設備を設置・運営する事業会社や、SPCのスポンサーの支払能力に着目して貸し付ける、いわゆるコーポレート・ファイナンスと、プロジェクトからのキャッシュフローに着目して貸し付ける、プロジェクト・ファイナンスがある。SPCが発電設備を設置・運営する場合のコーポレート・ファイナンスにおいては、SPCを借入人として貸し付けるものの、たとえばスポンサーが保証人としてSPCの債務を保証することとなる。

## 2　プロジェクト・ファイナンス

### (1)　定　義

　プロジェクト・ファイナンスとは、前述Ⅰ1のとおり、特定されたプロジェクトを対象とし、原則として主たる返済原資が当該プロジェクトのキャッシュフローに依拠し、かつ担保が当該プロジェクトの資産に限定されるファイナンスをいう[21]、と考えられる。

---

21　加賀・前掲(1) 5頁

プロジェクト・ファイナンスにおいては、ファイナンスの対象となるプロジェクトを明確に特定し、返済原資となるプロジェクトのキャッシュフローおよび担保となる資産を他のプロジェクトからしっかり切り離す必要がある[22]。

前述ⅠⅠのとおり、対象となる再生可能エネルギー発電プロジェクトにおいて、発電設備の設置・運営主体であるプロジェクト会社（SPC）が、電気事業者に電力を供給して代金を得る。そして、プロジェクト・ファイナンスとして貸付けを行う金融機関は、この代金を基に元本の返済および金利の支払を受ける。このため、他のプロジェクトにおけるキャッシュフローと区別するため、再生可能エネルギー発電プロジェクトごとに組成されたプロジェクト会社（SPC）に対して貸付けを行うこととなる。

SPCの借入れにおいて、スポンサーが、その引き受けたSPC発行株式についての出資の履行以外に何ら責任や義務が遡求（リコース、recourse）されないファイナンスをノン・リコース・ローンという。他方、不測の事態が発生した場合への備えも含め、プロジェクトの円滑な実施のため、スポンサーが完工保証（後述(4)(A)(b)参照）を行ったり、必要資金が不足した際のプロジェクトへの追加的資金拠出を行ったりといった義務を負うものをリミテッド・リコース・ローンという。実際のプロジェクト・ファイナンスにおいては、リミテッド・リコース・ローンが多く採用されていると考えられる[23]。

(2) **プロジェクト・ファイナンスのメリット**

SPCに対するプロジェクト・ファイナンスにおいて、スポンサーにとってのメリットとしては、スポンサー本体において借入金の返済義務が生じないこと、スポンサー本体の他の事業や資産を担保として徴求されることがないことが挙げられる[24]。スポンサー本体の信用力に依拠してスポンサーが借り

---

22 加賀・前掲(1) 5 頁
23 加賀・前掲(1) 7 頁

入れ、または SPC が借り入れてスポンサーが債務保証するコーポレート・ファイナンスに関しては、借入人・保証人としては、長期間にわたりオンバランスとなる借入金や債務保証（偶発債務）を避ける傾向にあるといわれている[25]。

貸付人の立場においても、キャッシュフローや資産が貸付人のコントロール下に置かれるため、案件の監理やその時々に応じた債権保全策をとりやすくなるといったメリットがある[26]。

### (3) プロジェクト・ファイナンスの特徴

プロジェクト・ファイナンスにおいては、プロジェクト固有のリスクを発見、分析、評価し、リスクをセキュリティ・パッケージ（債権保全策）を通じてコントロールし、融資可能な案件に仕立てる一連のリスク・コントロールが必要となる。また、プロジェクト関係者の利害関係を調整し、各当事者がそれぞれ対応を得意とするリスクをとる形でセキュリティ・パッケージに具体化するリスク・シェアリングが必要となる[27]。

### (4) プロジェクト・ファイナンスにおけるリスク

プロジェクト・ファイナンスにおけるリスクについては、分類のしかたもさまざまである[28]が、以下では、プロジェクト当事者に主として起因するコマーシャル・リスク、政府・政府機関に起因するポリティカル・リスクおよび天災等の不可抗力リスクに分けて検討する[29]。

#### (A) コマーシャル・リスク

(a) スポンサー・リスク

---

24 加賀・前掲(1)12頁
25 加賀・前掲(1) 4 頁
26 加賀・前掲(1)16頁
27 加賀・前掲(1) 8 頁
28 たとえばイェスコム・前掲注(18)236頁は、コマーシャル・リスク、マクロ経済リスク（物価変動、金利変動など）、政治リスク（political risk）に分類される、とする。
29 加賀・前掲(1)72頁

事業を行うのは借入人たる SPC であるが、実態は、親会社たるスポンサーの技術力、財務能力、経営能力といったプロジェクト遂行能力に左右されることとなる。このため、スポンサーには実施する事業分野において豊富な経験や知見が求められ、出資金の払込みや追加の資金サポートを行うことができる十分な信用力が必要となる。

そこで、貸付人としては、スポンサーの有する技術・経験に問題があれば、技術・経験を有する一流企業と SPC が O&M 契約を締結することや、できるだけ多くの出資金を早い時期にプロジェクトに投入する（貸付実行前に全額を払い込む等）こと等を要求することが考えられる[30]。

(b) 完工リスク

プロジェクトが当初予定した期日内もしくは予算内に完成せず、または完成しても要求される水準の能力に達しないおそれがある。

貸付人としては、SPC が豊富な経験・知見を有する一流の EPC コントラクターを採用すること、EPC 契約に基づき、事前に合意した契約価格（固定価格 fixed price）で、所定の完工日までに、直ちに運転開始が可能な状態（full turn-key）で再生可能エネルギー発電設備が SPC に引き渡されること、当該発電設備の不具合については EPC コントラクターが保証や損害賠償責任を負うことがそれぞれ望まれる（前述Ⅱ2参照）。

発電設備が予定日になっても完工しない場合、設置工事のコストが増加し、同時に元利金の支払負担の増加につながるおそれがある。また、電気事業者に対する電力供給の遅れにより電気事業者が支払う調達価格の入金が想定より遅れるため、借入金の返済スケジュールに影響を及ぼすおそれもある。さらに、バイオマス発電においては、原燃料供給契約において原燃料の引取義務の不履行による損害賠償のおそれもある。

このリスクに対しては、建設工程における各重要ポイント（milestone）の

---

[30] 加賀・前掲(1)77頁

スケジュールを EPC 契約に盛り込み、定期的にアップデートすることが考えられる。EPC コントラクターのスケジュールの遅れに対する警告として機能するだけでなく、建設費用の支払いをスケジュールと結びつけることにより、適時に建設工程を履践するインセンティブとしても働く[31]。また、EPC 契約の規定だけでかかる完工リスクが十分カバーできない場合には、スポンサーによる完工保証（建設費用が増加した場合の追加建設費用に対してスポンサーが追加的な資金拠出を約束したり、一定の期間経過後においてもいまだプロジェクトの設備が完工せず事業が開始しない場合、貸付人に対して融資の返済を保証したりすること[32]）を要求する必要がある[33]。

また、プロジェクト会社が予備費口座（contingency account）を開設して資金を用意しておくことも考えられる[34]。

発電設備が予定日になっても完工しない場合や、完工後、保証したレベルの電力量の発電が確保されない場合、一般的に用いられる対策は EPC コントラクターがプロジェクト会社に支払う損害賠償額の予定（liquidated damage payment）である。想定されていた電力量を供給していればプロジェクト会社が達成することができたであろう DSCR（debt service coverage ratio、当期の元利金支払額で当期のキャッシュフローを割ったもの）を維持するために、期限前弁済に充てるのに必要な金額を損害額として算出するのが一般的である[35]。

リスクを EPC コントラクターに分配しても EPC コントラクターが十分な信用力がなければ無意味であり、EPC コントラクターの信用力だけではなく、EPC コントラクターの親会社の保証等による信用補完が必要になることも

---

31　Hoffman・前掲注(16)166頁
32　加賀・前掲注(1)21頁、イェスコム・前掲注(18)315頁
33　加賀・前掲(1)78頁
34　Hoffman・前掲注(16)166頁
35　Hoffman・前掲注(16)166頁

あると考えられる[36]。

再生可能エネルギー発電設備については、建物の建設とは異なり、完工後運転して正常に発電することが求められるのであり、完工後一定期間の間、EPCコントラクターが運転性能について保証するといった事項を定めることも考えられる。

　(c)　技術リスク

採用する技術が不適切で、当初の計画どおりにプロジェクトが稼動しないリスクをいう[37]。たとえば、太陽光発電設備においても、近時PID（Potential Induced Degradation、電圧誘起出力低下）という現象が生じることが報告されている[38]。スポンサーやEPCコントラクター等に保証等による応分のリスク負担を求める必要がある[39]。

　(d)　操業・保守リスク

オペレーターが、プロジェクトの操業・保守について必要な能力・経験を有しない場合、操業率が低下しまたは操業が不可能になる可能性がある。貸付人としては、プロジェクト会社に、能力・経験を有する一流のオペレーターに委託することを求めるとともに、日常の操業・保守や、定期的な大規模定期補修に必要な資金を内部積立金として十分に留保するよう求める必要がある。また、操業中の事故・災害に対する保険を適正に付保するよう求める必要がある[40]。

---

36　Hoffman・前掲注(16)169頁
37　加賀・前掲注(1)79頁、イェスコム・前掲注(18)270〜271頁
38　太陽光発電システムを高電圧で使うと、モジュール回路に電流漏れが発生し、出力が落ちる現象であり、高温多湿の環境下で起きるとされている。高電圧下で使われる産業用太陽電池に特有の問題であり、モジュール表面のガラス内のナトリウムがイオン化し、ガラスに電気が流れ、電流漏れが起きるとされる。ドイツのフラウンホーファー研究機構が高電圧負荷試験を行ったところ、PID現象が見られたのは13社13製品のうち9製品で、その出力低下率は平均56％、最大で90％低下するモジュールがあった（日刊工業新聞2012年8月14日）。
39　加賀・前掲注(1)79頁、イェスコム・前掲注(18)270〜272頁
40　加賀・前掲(1)80頁

(e) 原燃料調達リスク

再生可能エネルギー発電プロジェクトのうちバイオマス発電については、当初想定していた操業に十分な原燃料が調達できないリスクがある。貸付人としては、プロジェクト会社が原燃料(木質チップ等)の供給元を多角化し、または代替燃料をあらかじめ手配しておくことや、原燃料を契約どおり供給するか、そうでない場合はそれに見合う金銭を原燃料供給業者が支払うといったプット・オア・ペイ契約をプロジェクト会社が原燃料供給者との間で長期にわたり締結しておくことが望ましい[41]。

(f) オフテイクリスク

オフテイクリスクとは、一般的には、プロジェクトの生産物・サービスについて、必要なキャッシュフローを生み出すに十分な量・価格にて購入や引取りが行われないリスクをいう[42]。電力系統における需要を供給が上回るために行われる出力抑制(再エネ特措法施行規則6条3号)がこれに含まれると考えられる。出力抑制については、再エネ特措法施行規則6条3号イ〜ハに定める場合等においては、出力抑制により生じた損害の補償を接続請求電気事業者に請求することはできない（第1章Ⅶ2(3)(B)以下参照)。

(g) 環境リスク

プロジェクトが自然や社会環境に悪影響を及ぼすリスクであって[43]、再生可能エネルギー電気については、たとえばバイオマス発電における燃えがらや地熱発電所における地下の蒸気に含まれる副産物の処理を適切に行わない場合などが考えられる。

(B) ポリティカル・リスク──法制変更リスク

法制変更リスクとは、通常、海外のプロジェクト・ファイナンスにおいて、ホスト国政府・政府機関が、プロジェクトに関連する法制やいったん出した

---

41 加賀・前掲(1)80〜81頁
42 加賀・前掲(1)81頁
43 加賀・前掲(1)82頁

許認可の内容を変更したり、取り消したりするリスクをいう[44]。

再エネ特措法においては、調達期間中であっても、物価その他の経済事情に著しい変動が生じ、または生ずるおそれがある場合には、調達価格等が改定されることがあり得る（再エネ特措法3条8項）。決定的に有効な対策は見当たらないが、この問題については衆議院の経済産業委員会で当時の経済産業大臣が予測可能性を害すると答弁していたこと等もあり（第1章Ⅴ2参照）、ある年度までに再生可能エネルギー発電設備の導入、特に太陽光発電設備の導入が爆発的に進んだとしても、政府としては、次の年度以降の調達価格等で調整することで十分対応できるようにも思われる。

(C) 不可抗力リスク

地震、台風、津波、洪水、落雷等の天災により再生可能エネルギー発電設備の全部または一部が稼動しないリスクが考えられる。このリスクに対する対応としては保険を付保することであり、発電設備自体の損害の補償、発電設備が稼動しないことによる損失の補償および第三者に生じた人的・物的損害の補償のための保険が考えられる。ただし、保険によってすべてカバーされるわけではなく、事故が生じても保険会社が補償する義務を負わない免責事由について確認する必要がある[45]。

## 3 ローン契約と担保契約

### (1) ローン契約

ローン契約（金銭消費貸借契約）においては、貸付実行を行うための前提条件（Conditions Precedent）、表明保証事項（Representations & Warranties）、誓約事項（Covenants）および期限の利益喪失事由（Events of Default）が通常定められている。

---

[44] 加賀・前掲(1)87頁
[45] 加賀・前掲注(1)154〜155頁、イェスコム・前掲注(18)305〜308頁

(A) 貸付実行前提条件

すべて充足されること（または貸付人が放棄すること）を条件として貸付人が貸付実行を行う義務を負う場合の、それぞれの条件を貸付実行前提条件という（貸出前提条件、貸出先行条件等ともいう）。貸付実行前提条件は、基本的に貸付人の債権保全のために必要となる諸条件を示したものであって[46]、①借入人（プロジェクト会社）の会社情報に関する文書（借入人の意思決定機関によるローン契約・プロジェクト関連契約の締結についての承認決議に関する議事録等）、②事業に関する文書（EPC契約等の締結済みのプロジェクト関連契約や事業運営に必要な許認可等）、③融資に関する文書（締結済みの融資・担保関連契約）、④そのほか、すべての投資家の資金（プロジェクト会社への出資や劣後ローン）の実行またはその確約が行われたことの証拠文書等の貸付人への提出などが挙げられる[47]。

(B) 表明保証

表明保証（representations & warranties）とは、契約を締結する際に、一方当事者が、一定の時点における契約当事者自身に関する事項、契約の目的物の内容等に関する事項について、当該事項について記載されている情報の内容が真実かつ正確である旨明示的に宣言・表明し、相手方に保証するものである。また、表明保証した事実が真実かつ正確でない場合、相手方当事者は損失・損害の補償の請求が可能であると規定されることが通例である[48]。もともとは英米法上の概念であるが、日本の契約法等のシステムの中で検討すべきであるところ、一定の事実（担保事故）が生じた際は、それによって生じた損失・損害を補償する義務を負う損害担保契約（製品の品質保証条項等）と同じ性質を持つと考えられる[49]。再生可能エネルギー発電設備に対するプ

---

46 加賀・前掲注(1)177頁、イェスコム・前掲注(16)540頁
47 イェスコム・前掲注(16)540～541頁
48 江平亨「表明・保証の意義と瑕疵担保責任との関係」弥永真生＝山田剛志＝大杉謙一編『現代企業法・金融法の課題』（弘文堂、2004）82頁参照

ロジェクト・ファイナンスにおいては、借入人についての事項のほか、特定契約・接続契約の締結、当該年度の調達価格等の確保といった発電事業についての事項などがその内容となる。ローン契約における表明保証違反の効果として、損失・損害の補償のほか、期限の利益喪失事由に当たるとされることも一般的である。

　(C)　誓約事項

　誓約事項（Covenants）とは、借入人の作為義務や不作為義務について規定するものであり、その主たる目的は、①発電設備の設置や運営が、貸付人と合意した内容に従って進められることを確実にすること、②プロジェクト会社に影響を与えうる問題をあらかじめ貸付人に知らしめること、③貸付人の担保権を保護することと考えられる[50]。

　(D)　期限の利益喪失事由

　借入人が期限の利益を喪失すると、借入人は債務全額について直ちに返済する義務を負う（民法137条参照）。貸付人が借入人に一定の事態が生じたときは、貸付人の債権保全の必要上、その債権の弁済期を到来させ、その回収を可能な状態にする定めが期限の利益喪失条項である[51]。期限の利益喪失事由は、その発生により借入人が当然に期限の利益を喪失する、または貸付人の請求により借入人が期限の利益を喪失する事由をいい、借入人の財務状況の悪化や、その契約違反などがこれに当たる。ただし、貸付人は直ちにローン契約を終了させて担保権を実行するものではなく、プロジェクト会社にとっては貸付人その他の当事者と交渉により問題の解決を図ろうとする契機となる[52]。

---

49　松尾健一「判批」商事1876号（2009）53頁
50　イェスコム・前掲注(18)547頁参照
51　鈴木禄弥編『新版　注釈民法(17)債権(8)〔補訂版〕』（有斐閣、2001）（鈴木禄弥・山本豊）330頁
52　イェスコム・前掲注(18)551頁

## (2) 担保契約

### (A) 担保権設定と契約上の地位譲渡予約

貸付人としては、元本の返済および利息の受取りについては、対象となる再生可能エネルギー発電設備から生じるキャッシュフローを原資とすることを念頭に置いている。このため、借入人からの弁済が滞った場合、再生可能エネルギー発電設備を目的物とする担保権を実行して売却し、その代金を回収することではなく、貸付人の指定する第三者に引き続き当該発電設備を運転してもらい、そこから得られるキャッシュフローを基に弁済を受けることをのほうが望ましいといえる。また、別の第三者が発電設備等の資産に担保権の設定を受けると、その担保権が実行された場合、貸付人は発電設備等から生じるキャッシュフローを確保し得ない。

このため、再生可能エネルギー発電設備すべて、特定契約に基づく電力供給に対する代金請求権、発電設備に関して付保された保険の保険金請求権、発電設備が設置されている土地またはその利用権といった資産等について担保権を取得するだけではなく、発電設備の設置者に元利金の支払いが危ぶまれる事由が生じた場合には、当該設置者が締結しているEPC契約、O&M契約、接続契約・特定契約などさまざまな契約について契約上の地位を譲渡する旨の契約を締結することが考えられる。さらに、発電設備の設置者がプロジェクト会社（SPC）である場合には、その株式・持分についても担保権を取得することが一般的であると考えられる。

### (B) 工場財団抵当

#### (a) 概 説

太陽光発電設備や風力発電設備においては、工場に属する土地・建物、機械・器具などの動産および工業所有権等の権利が有機的に結合された統一体としての企業設備そのものを、一体のものとして把握して担保化した[53]工場

---

[53] 加藤一郎＝林良平編『担保法大系（第3巻）』（金融財政事情研究会、1985）197頁（飛

財団への抵当権設定が考えられる[54]。

なお、工場財団について定める工場抵当法（明治38年法律第54号）において、営業のため電気の供給の目的に使用する場所は「工場」とみなされる（同法1条2項）ため、太陽光発電設備・風力発電設備も工場抵当法の対象になると考えられる。

工場財団は、工場に属する土地および工作物、機械・器具・電柱・電線等の付属物、地上権、賃貸人の承諾あるときは物の賃借権等の全部または一部から組成される（工場抵当法12条）。工場財団は一個の不動産とみなされ（同法14条1項）、所有権または抵当権以外の権利の目的とすることはできない（同条2項、抵当権者の同意を得て賃貸することは可能である（同項ただし書））。工場財団の設定は、工場財団登記簿に所有権保存の登記をすることによってなされ（工場抵当法9条）、この所有権保存の登記は、その登記後6か月以内に抵当権設定の登記を受けないときはその効力を失う（工場抵当法10条）。

(b) 工場財団目録

平成16年の法改正以前は、登記簿にはどの工場について財団が設定されているかを記載するにとどめ、個々の組成物件の内容は目録に記載させて所有権保存登記を申請する際に提出させ（改正前工場抵当法22条）、この目録を登記簿の一部とみなし、その記載はこれを登記とみなすこととして（同法35条）、財団の内容を公示していた[55]。現行法は、工場財団を組成するものは工場財団の表題部の登記事項とされているが（同法20条2項、21条1項4号）、登記官

---

沢隆志）

[54] 工場財団抵当に類するものとして、「工場抵当」があるが、これは工場に属する土地または建物を目的として設定された抵当権の効力は、土地または建物の付加物・従物のほか、備え付けられた機械・器具その他の工場供用物件に及ぶとされるものである（工場抵当法2条）。工場抵当は、個々の土地または建物ごとに抵当権を設定しなければならないため手続が煩雑となり得るうえ、知的財産権や地上権、賃借権を担保化することができない（加藤＝林・前掲注(53)196〜197頁）。ただし、プロジェクト会社が発電設備用地としての土地を所有する場合には、工場抵当の利用も考えられる。

[55] 加藤＝林・前掲注(53)213頁

は、工場財団を組成するものを明らかにするため、これを記録した工場財団目録を作成することができる（同法21条2項）。登記申請者は、工場財団につき所有権保存登記を申請する場合に、工場財団目録に記録すべき情報を提供しなければならない（同法22条）。

この工場財団目録に、地上権・不動産の賃借権の登記の順位番号を記載することが要求されている（工場抵当登記規則10条、11条1項）ため、事実上、地上権・不動産の賃借権の登記が前提となる。

(c) 財団としての一体性維持

工場財団は、財団の一体性を維持するために「一個の不動産」とみなされており（工場抵当法14条1項参照）、このうえに1個の所有権と抵当権が成立すると観念されている[56]。このため、他人の物・権利または差押え、仮差押えもしくは仮処分の目的物は工場財団の組成物件に含めることはできない（同法13条1項）。また、工場財団の所有権保存登記申請においては、登記官は官報をもって、工場財団に属するべき動産につき権利を有する者、差押債権者等は一定の期間（1か月以上3か月以内）内にその権利を申し出るべき旨を公告する（同法24条2項）。この期間内に権利の申出がない場合は、その権利は存しないものとみなされ、差押え、仮差押えまたは仮処分の効力は失われる（同法25条）。

権利が存しないものとみなされるとは、第三者は自己の権利を主張することができないという趣旨である。しかし、第三者の権利を知っているか過失で知らなかった者を保護する必要はないため、そのような者に対しては当該第三者は自己の権利を主張できるとの見解もある[57]。

また、工場財団に属するものの譲渡は禁じられており（工場抵当法13条1項）、譲渡しても抵当権の追及力が及ぶと考えられる[58]。

---

[56] 河上正二「担保物権法講義16 （第5章）抵当権（その10） 特殊の抵当権(3)：特別法上の抵当権」法学セミナー675号79頁（2011）82頁

[57] 石田穣『民法大系(3) 担保物権法』（信山社、2010）592頁

*187*

このとき、第三者による即時取得が認められるかが問題となる。即時取得とは、動産の取引の安全を確保するため、ある動産の処分権原のない者との売買等の取引行為によって、平穏にかつ公然と動産の占有を始めた者は、前主の権原について善意無過失であれば、即時にその動産について行使する権利（所有権等）を取得する（民法192条）というものである。即時取得による権利取得は、前主からの承継ではないので、原始取得であり[59]、従来の権利に付着していた制限・負担は消滅する[60]。判例は財団から分離され、第三者に譲渡され、引き渡された場合、即時取得の適用を肯定している（最二判昭和36年9月15日民集15巻8号2172頁）。河上教授は、この判例について「妥当であろうが、公示がある以上、第三者の善意・無過失の認定は慎重である必要があろう」とする[61]。

工場財団に属するものに対して差押え、仮差押または仮処分を行うことはできず（工場抵当法13条2項）、仮に他の債権者が工場財団に属するものを差し押さえた場合、抵当権者や設定者は執行異議の申立て（民事執行法11条）または第三者異議の訴え（民事執行法38条）を提起することができる[62]。

(d) 太陽電池モジュールの入替え——組成物件の変更

太陽電池モジュールの入替えにより、工場財団目録に記載されている事項に変更（組成物件の分離、滅失および追加）が生じたとき、工場財団の所有者は遅滞なく工場財団目録の記録の変更登記をする義務を負う（工場抵当法38条1項）。この場合、登記申請の添付書類として抵当権者の同意を証する書面が必要である（同条2項）。

(i) 組成物件の追加

---

[58] 河上・前掲注(56)82頁
[59] 内田貴『民法Ⅰ〔第4版〕総則・物権総論』（東京大学出版会、2008）469頁
[60] 河上正二「物権法講義2 第1章物権の観念と民法物権法の見取り図（その2）」法学セミナー641号90頁（2008）101頁
[61] 河上・前掲注(56)82頁
[62] 河上・前掲注(56)82頁

組成物件を追加する際には、工場財団所有権保存登記申請の場合と同様、当該追加組成物件について公告を行う必要がある（工場抵当法43条、24条、25条）。

工場財団は所有権保存登記をすることで成立するため（9条）、財団目録への記載による登記（21条1項4号・2項）が財団の組成物件たることの成立要件であると考えられる[63]。

このため、追加による目録の記載の変更登記がなされたときにはじめて、当該物件が工場財団に属することになるのであり、抵当権の効力も及ぶこととなる。

　(ii)　組成物件の分離

工場財団に属するものを財団から分離するときは、抵当権者の同意を得ることでその物に対する抵当権は消滅する（15条）が、工場財団から離脱させるには変更登記が必要となると考えられる。

　(iii)　組成物件の滅失

組成物件が滅失した場合、目録の記載の変更登記を申請しなければならないが、これはすでに生じている事実を財団目録に反映させるものであり、第三者に対する対抗要件ではないと考えられる[64]。

　(e)　費　用

工場財団の所有権保存登記にかかる登録免許税は財団1個につき3万円、（根）抵当権設定登記にかかるそれは債権額（極度額）の1000分の2.5である（登録免許税法9条・別表第1第5号㈠㈡）。また、太陽発電モジュールの入替え等による財団目録の変更の登記にかかる登録免許税は財団1個につき6000円である（同税法別表第1第5号㈦）。

　(f)　実　行

---

63　加藤＝林・前掲注(53)216頁
64　加藤＝林・前掲注(53)218〜219頁

財団が一個の不動産とみなされているため、その実行は担保不動産競売（民事執行法180条 1 号）によるが、大規模な工場設備等については、裁判所は抵当権者の申立てにより工場財団を個々のものとして売却に付すべき旨命ずることができる（工場抵当法46条）。

(C) **動産譲渡担保**

(a) 概 説

太陽光発電設備については、太陽光パネルに譲渡担保権を設定し、動産及び債権の譲渡の対抗要件に関する民法の特例等に関する法律（平成10年法律第104号、以下「動産・債権譲渡特例法」という）に基づき動産譲渡登記を行うことも担保権設定の方策として考えられる。なお、動産とは不動産以外の物であり（民法86条 2 項）、不動産は土地およびその定着物をいう（同条 1 項）が、「土地の定着物」とは、土地に固定的に付着して容易に移動し得ない物であって、取引観念上継続的にその土地に付着せしめた状態で使用されると認められる物をいう[65]。架台に設置した太陽光パネルは「土地に固定的に付着して容易に移動し得ない」とまではいえず、動産に当たると考えられる。

法人が動産を譲渡した場合、当該動産の譲渡につき法務局の動産譲渡登記ファイルに譲渡の登記がされたときは、譲渡の対抗要件である引渡し（民法178条）があったものとみなされる（動産・債権譲渡特例法 3 条 1 項）。

動産譲渡登記は、不動産登記のような、動産についての所有権その他の権利そのものを公示するもの（民法177条参照）ではなく、譲渡という物権変動を公示する制度である。

(b) 登記の存続期間

譲渡人および譲受人が動産譲渡登記の存続期間を定めることができる（動産・債権譲渡特例法 7 条 2 項 6 号）が、存続期間は原則10年を超えることができない（同条 3 項）[66]。ただし、10年を超えて存続期間を定めるべき特別の事

---

[65] 林良平・前田達明編『新版　注釈民法(2)　総則(2)』614頁（田中整爾）

由がある場合は、例外的に10年を超える存続期間を定めることができる（同項ただし書）。

　(c)　登記情報の開示

　誰でも動産譲渡登記ファイルに記録されている登記事項概要証明書[67]の交付を指定法務局等[68]の登記官に請求することができる（動産・債権譲渡特例法11条1項、5条1項）。しかし、これに記載されている事項は、譲渡人・譲受人の商号や本店等、登記原因およびその日付、登記の存続期間等のみである。譲渡に係る動産を特定するために必要な事項（動産・債権譲渡特例法7条2項5号）は、譲渡人の営業秘密や事業戦略にもかかわるため[69]、誰でも交付を受けることができる登記事項概要証明書には記載されていない（動産・債権譲渡特例法11条1項）。譲渡に係る動産を特定するために必要な事項は登記事項証明書に記載されているが、これは次の者しか交付請求することができない（動産・債権譲渡特例法11条2項）。

①　譲渡人または譲受人（同項1号）
②　譲渡にかかる動産を取得した者（同項2号、動産・債権譲渡登記令15条1号）
③ⓐ　譲渡の目的物である動産を差し押さえ、または仮に差し押さえた債権者
　ⓑ　譲渡の目的物である動産を目的とする質権その他の担保権を取得し

---

[66] 存続期間に制限を設けるのは、そうでないと、登記が永久に動産譲渡登記ファイルに存続することとなり、システムへの負荷が過大となり、検索等の作業に支障を来すおそれがあることを理由とする（植垣勝裕＝小川秀樹編著『一問一答　動産・債権譲渡特例法〔三訂版〕』（商事法務、2007）86頁）。
[67] 誰でも交付請求できるものとして概要記録事項証明書（動産・債権譲渡特例法13条1項）がある。本店等所在地法務局等の登記官に交付を請求することができるが、登記原因およびその日付、登記の存続期間等は記載されていない。
[68] 現在、東京法務局だけが「指定法務局等」に当たる（動産及び債権の譲渡の対抗要件に関する法律第五条第一項の登記所を指定する告示（平成17年法務省告示第501号））
[69] 植垣＝小川・前掲注(66)114～115頁

た者

　ⓒ　譲渡の目的物である動産について賃借権その他の使用収益を目的とする権利を取得した者（動産・債権譲渡特例法11条2項2号、動産・債権譲渡登記令15条2号）

④　①から③までの者の財産の管理および処分をする権利を有する者（動産・債権譲渡登記令15条5号イ・ロ）（破産管財人等）

⑤　譲渡人の使用人（動産・債権譲渡特例法11条2項4号）

　動産を目的とする担保権を取得しようとする者については、登記事項証明書を交付請求することができない。これについて、動産・債権譲渡特例法の立法担当者は、「実際の融資取引においては、動産を担保に取ろうとする者は、融資を希望する者に対して登記事項証明書の交付を受けて、それを提示するように当初から求めるのが通常であると考えられ」るとする[70]。

　　(d)　第三者による即時取得

　即時取得（前述(B)(c)参照）は、登記・登録された動産には適用がないとするのが判例である（最二判昭和62年4月24日判時1243号24頁）。しかし、動産譲渡登記は、譲渡の対抗要件である引渡し（民法178条）があったものとみなされるにとどまる（動産・債権譲渡特例法3条1項）ため、動産譲渡登記がなされていても即時取得を妨げない[71]。法人Aの所有する太陽光発電設備が金融機関Bへの譲渡担保に供され、動産譲渡登記がなされても、Aが勝手に太陽光発電設備の一部をCに譲渡すれば、当該部分についてCの即時取得が認められ、Cが完全な所有権を取得し、Bは当該部分についての譲渡担保権を失う可能性はある。また、Bの動産譲渡登記の後、AがCのために譲渡担保を設定すれば、Cが譲渡担保権を即時取得することもあり得る。他方、Bが譲渡担保権の設定を受け、動産譲渡登記がされる前に、AがCに対して占有改定

---

70　植垣＝小川・前掲注(66)117頁
71　内田・前掲注(59)471頁、河上・前掲注(60)100頁、植垣＝小川・前掲注(62)37〜38頁

により太陽光発電設備を譲渡していた場合、BはCに劣後し、Bは即時取得の要件（民法192条）を充足しない限り保護されない[72]。

動産譲渡登記を確認しないことについて第三者（上の例ではC）に過失があると評価される可能性もあると考えられる[73]が、前述(c)の登記情報の開示のあり方からすると、譲り受けようとする者は登記事項証明書の交付請求をすることができず、また、譲受人が譲渡人に対して登記事項証明書の交付を要求することは必ずしも容易ではない。このため、河上教授は譲受人が登記の有無を調査しないことが過失に当たるとすることには慎重でなければなるまい（目的物の価格や種類、取引態様、譲渡人の性質などから、当然調査してしかるべき場合がなくはないであろうが）とする[74]。

(e) 太陽電池モジュールの入替え

動産の記号、番号等の特質により、個別動産として特定され動産譲渡登記がされている場合（動産債権譲渡特例法7条2項5号、動産・債権譲渡登記規則8条1項1号）には、搬出されたモジュールにも登記の効力が及ぶが、新たに搬入したモジュールについては登記の効力が及ばないので、あらためて譲渡登記の申請が必要となる。

他方、動産の保管場所の所在地といった動産の所在により、集合動産として特定され動産譲渡登記がされている場合（動産債権譲渡特例法7条2項5号、動産・債権譲渡登記規則8条1項2号）には、搬入されたモジュールにも登記の効力が及ぶが、搬出されたモジュールにつき債権者の同意があれば登記の効力は及ばない。ただし、当該動産譲渡担保の対象となる動産に含まれるか否かが不明確となることが懸念される[75]。

---

[72] この点の分析につき森田修「動産譲渡公示制度」内田貴・大村敦志編『新・法律学の争点シリーズ1　民法の争点』（有斐閣、2007））105〜108頁

[73] 内田・前掲注(59)474頁は「たとえば、譲受人自身も在庫品を譲渡担保に取る金融機関であるような場合には、登記を確認する義務があり、それを怠れば、過失があると評価される可能性がある」とする。

[74] 河上・前掲注(60)100頁

### (f) 費　用

　動産の譲渡の登記にかかる登録免許税は申請件数1件につき7500円である（登録免許税法9条・別表第1第9号㈠、租税特別措置法84条の4第1項1号）。ここで、1件の登記申請により登記可能な動産譲渡登記の動産の個数は1000個までとされている（平成23年法務省告示第40号第2の1(1)）。ただし、動産の所在により当該動産を特定する場合（施行規則8条1項2号）、モジュールの数にかかわらず申請件数は1件である。また、登記の抹消にかかる登録免許税は申請件数1件につき1000円である（登録免許税法別表第1第9号㈣）。

　なお、動産譲渡担保についての動産譲渡登記を行う場合、合わせて、土地の賃借権について質権や譲渡担保権の設定を受け、または停止条件付賃借権移転の仮登記を行うことが考えられるが、これらの登記（仮登記）にかかる登録免許税は、質権設定登記が債権額の1000分の4（同法別表第1第1号㈤）、譲渡担保（移転登記）が不動産価額の1000分の10（同号㈢ニ）、停止条件付賃借権譲渡の仮登記が不動産価額の1000分の5（同号㈠ハ(4)、ただし、仮登記された賃借権を当該仮登記に基づき移転登記する場合は、不動産価額の1000分の5（同法17条））である。

### (g) 実　行

　動産譲渡担保の実行においては、譲渡担保設定契約に基づき、①第三者に処分してその代金から弁済を受け、その後残額を債務者に返還する処分清算方式、または②目的物を評価して、評価額と被担保債権額の差額がもしあればそれを債務者に返還して清算する帰属清算方式のいずれかが採られる。

## 4　匿名組合契約

### (1) 概　要

---

[75] 東京法務局民事行政部動産登録課・債権登録課「動産・債権譲渡登記の現場 **Q&A**　第5回動産譲渡登記の対象となる動産の特定の方法（その1）」登記情報574号（2009）49〜50頁

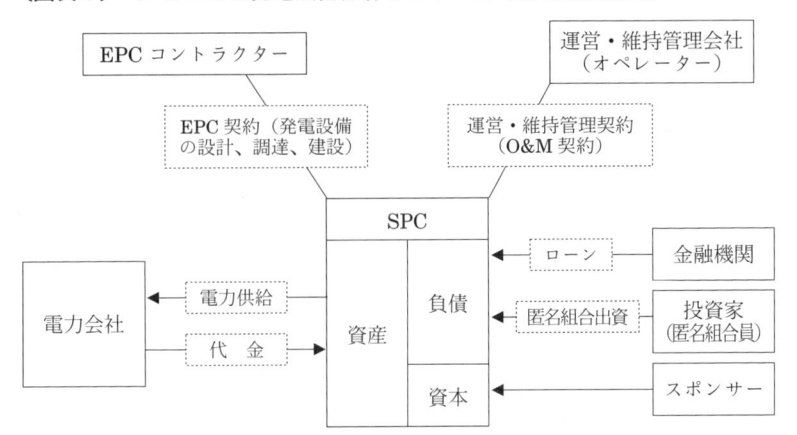

〔図表8〕 SPCによる発電設備保有のスキーム（匿名組合契約）

　匿名組合契約とは、当事者の一方（匿名組合員）が、相手方（営業者）の営業のために出資をし、その営業から生じる利益を分配することを約する契約をいう（商法535条）。前述Ⅰ1の箇所にある〔図表6〕に匿名組合契約を反映させたものが〔図表8〕である。

　「組合」と名称がついているため、民法上の組合（各当事者が出資をして共同の事業を営むもの（民法677条））のような団体であるかのように見える。しかし、民法上の組合と異なり、匿名組合は団体を構成するものではなく、あくまで営業者と匿名組合員の1対1の契約により構成されるものである。このため、営業者が類似の匿名組合契約を複数締結しているとしても、それぞれの匿名組合員同士においては何らの権利義務関係も存しない。

　ここでいう「営業」とは、収支損益の区別ができる相対的独立性を有するものであれば足り、営業者の営む営業の全部であることを要しない[76]。

　匿名組合員は、営業年度の終了時において営業者の業務および財産の状況

---

[76] 平出慶道『商行為法〔第二版〕』（青林書院、1989）328頁

を検査する（商法539条1項）など監視権を有するのみで、企業の経営を営業者に一任し、匿名組合員の出資は営業者のみの財産となり、企業活動によって生ずる第三者に対する権利義務も営業者のみに帰属するという共同企業形態が形成される[77]。

匿名組合は、経済的には共同企業であるが、企業活動の必要上法律関係を簡明にするため、共同関係が対外的に現れないように、民法上の組合に商法的加工をなしたものと解される。このため、営業者の匿名組合員に対する受任者としての権利義務（民法671条、644〜650条）や損失分配の割合（民法674条）等の営業者・匿名組合員の間の内部関係については、民法上の組合に関する規定の類推適用がなされると解される[78]。なお、匿名組合契約に基づく権利は有価証券とみなされ（金融商品取引法（以下、「金商法」という）2条2項5号）、その私募・募集および運用において金融商品取引法の規制の対象となる（後述Ⅴ2参照）。

### (2) 匿名組合の効力

#### (A) 内部関係

##### (a) 出　資

匿名組合契約上、匿名組合員は出資する義務を負うが（商法535条前段）、匿名組合員は、金銭のみならず、その他の財産を出資の目的とすることができる（商法536条2項）。つまり、匿名組合員の出資は現物出資でもよく、現物出資の目的は、物の所有権のほか物の利用権、債権（営業者に対する債権を含む）、知的財産権等でもよいと考えられている[79]。匿名組合員の出資は、営業者の財産に帰属し（商法536条1項）、当事者全員の共同所有に属する組合財産がないため、匿名組合員は共同所有者としての持分を有しない[80]。

---

[77]　平出・前掲注(76)324頁
[78]　平出・前掲注(76)330頁
[79]　平出・前掲注(76)332頁
[80]　平出・前掲注(76)332頁

(b) 事業の運営

　匿名組合においては、その営業は営業者の単独の事業であって、営業者のみがその運営に当たる。匿名組合員は、営業者の業務を執行し、または営業者を代表することはできない（商法536条3項）。しかし、匿名組合員は営業者に対する監視権を有し、営業年度の終了時において営業者の貸借対照表の閲覧・謄写を請求し、また営業者の業務および財産の状況を検査することができ（商法539条1項）、重要な事由があるときは、いつでも、裁判所の許可を得て、営業者の業務および財産の状況を検査することができる（同条2項）。

(c) 損益分配

　営業者は匿名組合員に対して営業から生ずる利益を分配する義務を負う（商法535条後段）。分配されるべき利益または損失とは、各営業年度において営業により増加または減少した財産額を意味し、評価益を含まないと解されている[81]。また、営業者と匿名組合員の間で損失を分担することもある。

(i) 利益分配

　利益分配の割合は、契約に別段の定めがなければ、民法の組合の規定が類推適用され、各当事者の出資額の割合に応じて定めるものと解される（民法674条1項）。利益分配の割合を定めるためには、営業者がその営業に投じた財産額と労務を評価した額との合計額を営業者の出資額と計算して、これと匿名組合員の履行済の出資額とを対比することになる。特別の合意がない限り、利益の分配は現実に現金を配当することで行われることを要する[82]。

(ii) 損失の分担

　損失の分担は匿名組合契約の要素ではない（商法535条後段参照）が、営業者と匿名組合員は共同の事業を行う関係にあるため、反対の特約がなければ、匿名組合員は損失を分担するものと解される。ここでも、別段の定めがない

---

81　平出・前掲注(76)335〜336頁
82　平出・前掲注(76)336頁

ときは、民法の組合の規定が類推適用され、各当事者の出資額の割合に応じて定めるものと解される（民法674条1項）[83]。

匿名組合員による損失の分担とは、出資義務の履行のほかに現実に財産を拠出して損失を塡補する意味ではなく、計算上の分担であって、出資を示す計算上の数額（出資勘定）が減少することを意味するにとどまる[84]。

匿名組合員は損失を分担しないという特約がない場合、匿名組合員はその分担した損失が計算上塡補された後でなければ利益の分配を請求することができない（商法538条）。

(B) **外部関係**

匿名組合員による出資は、営業者の財産に属し（商法536条1項）、営業は営業者の名において行われるため、匿名組合員は、営業者の行為について、第三者に対して権利義務を有しない（同法536条4項）。このため、匿名組合員は、営業者の債務につき、その債権者に対して責任を負わない。また、匿名組合員は、営業者の業務を執行し、または営業者を代表することはできない（同条3項。ただし、自己の氏もしくは氏名を営業者の商号中に用いることまたは自己の商号を営業者の商号として使用することを許諾したときは、その使用以降に生じた債務については、営業者と連帯して弁済する責任を負う。同法537条）。

(3) **匿名組合契約の終了**

(A) **終了事由**

匿名組合契約で匿名組合の存続期間を定めなかったとき、またはある当事者の終身の間匿名組合が存続すべきことを定めたときは、各当事者は、6か月前にその予告をしたうえで、営業年度の終了時において、契約の解除をすることができる（商法540条1項）。ただし、やむを得ない事由があるときは、匿名組合の存続期間を定めたか否かにかかわらず、各当事者は、いつでも匿

---

83　平出・前掲注(76)337頁
84　平出・前掲注(76)337頁

名組合契約を解除することができる（同条2項）。

また、①匿名組合の目的である事業の成功またはその成功の不能、②営業者の死亡または営業者が後見開始の審判を受けたこと、③営業者または匿名組合員が破産手続開始の決定を受けたこと、によって匿名組合契約は終了する（同法541条各号）。

(B) 匿名組合契約の終了の効果

匿名組合契約が終了したときは、営業者は、匿名組合員にその出資の価額を返還しなければならない。ただし、匿名組合員が損失を分担しない旨の特約がない場合に、出資が損失によって減少したときは、その残額を返還すれば足りる（商法542条）。

(4) 税務上の取扱い

(A) 営業者

営業者が匿名組合員に対して分配すべき利益の額は、匿名組合契約の定めるところに従って事業年度ごとに決まるが、それを匿名組合員に分配することは、営業者にとっては匿名組合員に対する債務である。したがって、営業者の所得の金額の計算上、分配すべき利益の金額は、必要経費ないし損金として控除される。これは、匿名組合の性質に由来する論理上の帰結であり、所得税基本通達（36・37共－21の2）および法人税基本通達（14－1－3）も、分配すべき利益の額は営業者の所得計算上必要経費ないし損金の額に算入する旨定めている[85]。

他方、匿名組合契約により匿名組合員に負担させるべき損失の額は営業者の益金の額に算入される（法人税基本通達14－1－3）。

(B) 匿名組合員

法人が匿名組合員である場合におけるその匿名組合営業について生じた利

---

[85] 金子宏「匿名組合における所得課税の検討」金子宏編『租税法の基本問題』（有斐閣、2007）160頁

益の額または損失の額については、現実に利益の分配を受け、または損失を負担していない場合であっても、匿名組合契約によりその分配を受けまたは負担をすべき部分の金額をその計算期間の末日の属する事業年度の益金の額または損金の額に算入する（法人税基本通達14－1－3）。ただし、法人が匿名組合出資をする場合、当該法人に帰属すべき組合損失額のうち、匿名組合出資の価額を基礎として計算される調整出資等金額を超える部分の金額は、当該法人の損金の額に算入されない（租特法67条の12第1項かっこ書、租特法施行令39条の31第7項等）。

(C) 分配利益および分担損失の年度帰属

匿名組合の利益の分配または損失の分担が、匿名組合員のどの年度の益金または損金に算入されるべきであるかについて、法人税基本通達は、「法人が匿名組合員である場合におけるその匿名組合営業について生じた利益の額又は損失の額については、現実に利益の分配を受け、又は損失を負担していない場合であっても、匿名組合契約によりその分配を受け又は負担をすべき部分の金額をその計算期間の末日の属する事業年度の益金の額又は損金の額に算入する」とする（14－1－3）。

匿名組合員の営業者に対する利益分配請求権は、営業年度の終了時に具体的債権として成立・確定すると考えられるため、たとえ支払いがなくても、権利確定主義（企業会計上は、発生主義によって損益を認識すべきであるとされている（企業会計原則第2　損益計算書原則1）ため、法人所得においても発生主義が妥当し、所得の発生の時点は所得の実現の時点を基準とすべきであり、原則として債権が確定したときに収益が発生するという考え方)[86]に鑑み、その時点の属する事業年度の益金になると解すべきであり、他方、分担すべき損失についても、その金額は営業年度の終了時に確定するから、その時点の属する事業年度の損金になると解するべきである[87]。

---

[86] 金子宏『租税法（第17版）』（弘文堂、2012）292頁

### (5) 匿名組合出資と不動産特定共同事業

　ある土地において発電設備を設置するには、まず前提として、当該土地を購入または使用権原ある権利（地上権や賃借権）を取得することが想定される。他方、不動産特定共同事業法（平成6年法律第77号。以下、「不特法」という）2条3項2号は「当事者の一方が相手方の行う不動産取引のため出資を行い、相手方がその出資された財産により不動産取引を営み、当該不動産取引から生ずる利益の分配を行うことを約する契約」が不動産特定共同事業契約に当たるとしている。

　ここで、「不動産取引」は「不動産の売買、……又は賃貸借をい」い（不特法2条2項）、「不動産」とは宅地建物取引業法（昭和27年法律第176号）2条1号の宅地[88]または建物をいう（不特法2条1項）のであり、宅地の取得や賃借も「不動産取引」に含まれる。なお、地上権の設定は不特法2条2項の文言上、「不動産取引」には当たらないと考えられる。

　不特法2条3項2号については、次のような解釈も可能である[89]。

① 匿名組合出資金が宅地の売買代金または賃料に充当されている場合、「出資された財産により不動産取引を営み」に当たる。

② ①の場合、当該宅地でいかなる事業（発電事業を含むがこれに限られな

---

87　金子・前掲注(84)170頁

88　宅地建物取引業法上の「宅地」は、建物の敷地に供せられる土地をいい、都市計画法（昭和43年法律第100号）8条1項1号の用途地域内のその他の土地で、道路、公園、河川のような公共の用に供する施設の用に供せられているもの以外のものを含むものとする、と定義されている（2条1号）。「建物の敷地に供せられる土地」とは、現に建物の敷地に供せられている土地に限らず、広く建物の敷地に供する目的で取引の対象とされた土地を指称し、その地目、現況のいかんを問わない（最一判昭和46年6月17日裁判集刑180号697頁）。また、用途地域とは、第一種低層住居専用地域等のほか、準工業地域、工業地域、工業専用地域などを総称するものであるが、これらは都市計画法に基づく都市計画区域（「一体の都市として総合的に整備し、開発し、および保全する必要がある区域」について、原則として都道府県が指定するもの。都市計画法5条1項）および準都市計画区域（都市計画法5条の2第1項・8条2項）において定められる。

89　不動産特定共同事業法を所管する国土交通省の担当官に確認したところによる。

い）が行われたとしても、その事業からの利益を分配することは「当該不動産取引から生ずる利益の分配」に当たる。

この解釈を採ることを前提とすると、匿名組合出資金が宅地の売買代金または賃料に充てられた場合、匿名組合契約が不動産特定共同事業契約に該当することになる。不動産特定共同事業契約に該当する場合、当該匿名組合の営業者であるプロジェクト会社（SPC）は不動産特定共同事業を営む者として主務大臣または都道府県知事の許可を受けなければならず（不特法3条1項）、その要件として資本金が1億円以上であること（不特法7条1号、不特法施行令4条）といった制約が課せられる。

このため、匿名組合出資を用いる場合には、当該宅地の賃料は匿名組合出資以外のエクイティやローンでまかなうとともに、匿名組合出資金が土地以外のもの、たとえば発電設備の設置に充当されたことを証拠として残しておくことが考えられる。

# V　ファンド（集団投資スキーム）

　資金運用、または発電設備の設置・運営のための資金調達のために、投資家から資金を募ってファンドを組成し、当該ファンドから再生可能エネルギー発電設備を保有するプロジェクト会社に投資して、当該プロジェクト会社が電気事業者に電力を供給して、得られた代金を基に配当を投資家に分配することが考えられる。

〔図表9〕　ファンドの仕組み

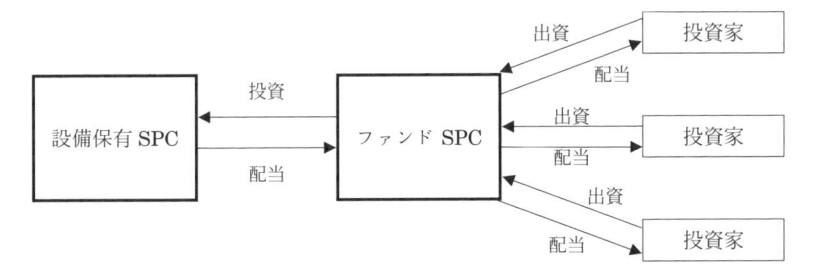

```
                        出資 → 投資家
                        配当 ←
  設備保有SPC ← 投資 ─ ファンドSPC  出資 → 投資家
              ─ 配当 →            配当 ←
                        出資 → 投資家
                        配当 ←
```

　「ファンド」（集団投資スキーム）とは、①組合契約、匿名組合契約、投資事業有限責任組合契約等に基づく権利を有する者（出資者）が金銭等を出資または拠出をし、②当該出資または拠出された金銭を充てて事業（出資対象事業）が行われ、③出資者が、出資対象事業から生ずる収益の配当または当該出資対象事業に係る財産の分配を受ける仕組みをいい、「集団投資スキーム持分」とはこのような配当・財産の分配を受ける権利をいう（金商法2条2項5号参照）。集団投資スキーム持分については、既存の利用者保護法制の対象とならない新たなファンド型の金融商品の出現、多数の一般投資家を対象とした匿名組合形式の事業型ファンド等に関する被害事例、ライブドア事件等を契機として、利用者保護ルールの徹底を図るため、このような包括的な定義が設けられている[90]。

第3章　発電設備の設置・運用と資金調達

# 1　ファンドの形態

ファンドの形態として民法上の組合、商法上の匿名組合、投資事業有限責任組合契約に関する法律に基づく投資事業有限責任組合、投資信託及び投資法人に関する法律に基づく投資法人が考えられる。

## (1)　投資事業有限責任組合と匿名組合との比較

ファンドの中でよく利用される投資事業有限責任組合と匿名組合（前述Ⅳ4参照）について、以下比較する。

〔図表10〕　投資事業有限責任組合と匿名組合

【投資事業有限責任組合】

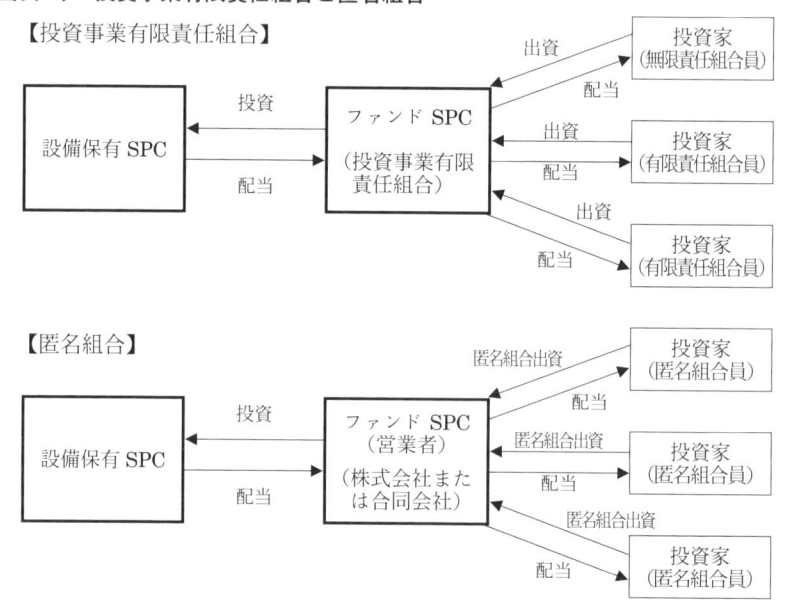

設備保有SPC ⇄ ファンドSPC（投資事業有限責任組合） ⇄ 投資家（無限責任組合員）／投資家（有限責任組合員）／投資家（有限責任組合員）
（投資・配当／出資・配当）

【匿名組合】

設備保有SPC ⇄ ファンドSPC（営業者）（株式会社または合同会社） ⇄ 投資家（匿名組合員）／投資家（匿名組合員）／投資家（匿名組合員）
（投資・配当／匿名組合出資・配当）

### (A)　契約の内容

投資事業有限責任組合契約においては、各当事者が出資を行い、共同で

---

90　三井秀範＝池田唯一監修、松尾直彦編著『一問一答　金融商品取引法〔改訂版〕』（商事法務、2008）104頁

LPS法3条で列挙された事業（たとえば、プロジェクト会社（営業者）を相手方とする匿名組合契約の出資の持分や、発電設備を信託財産として信託が設定された場合の信託受益権の取得および保有（LPS法3条1項6号））の全部または一部を営むことを約する（同条）が、匿名組合契約においては、匿名組合員が営業者の営業のために出資し、その営業から生ずる利益を分配することを約する（商法585条）。

(B)　組合の構成

投資事業有限責任組合は、無限責任組合員と有限責任組合員からなる組合である（LPS法2条2項）が、匿名組合契約は、営業者と匿名組合員からなる契約であって、「組合」が組成されるものではなく、あくまで営業者が主体として営業を行うものである。

(C)　事業の内容

投資事業有限責任組合においては、LPS法3条1項に列挙する事業のみを行うことができる。このため、株式会社の発行する株式の取得（同法3条1項2号）、匿名組合出資持分や信託受益権の取得（同項6号）は認められるが、投資事業有限責任組合自体が発電設備を設置して保有することは認められない。これに対し、匿名組合においては営業者が行う事業について特段の制限が設けられていないため、営業者が発電設備を設置して保有することも可能である。

(D)　業務執行

投資事業有限責任組合の業務は、無限責任組合員が執行し（LPS法7条1項）、無限責任組合員が数人あるときは、組合の業務の執行はその過半数をもって決する（同条2項、出資比率の過半数でないことに注意）。ただし、組合の常務は、その終了前に他の無限責任組合員が異議を述べる場合を除き、各無限責任組合員が単独で行うことができる（同条3項）。ここで「組合の業務の執行」とは、民法670条2項と同様、組合のすべての業務執行を指すものであって、各種の法律行為はもちろん、事実上の給付、労役、作業等、組合の

ために必要な事実行為を包含する。また「組合の常務」とは、民法670条3項の規定におけると同様、日常反復して行われるような軽微な業務を指す。組合取引先等との諸連絡の事務を行うことや、組合所有株式の配当を受け取るような軽微な事務などは「組合の常務」といえると考えられる[91]。

有限責任組合員が組合の業務を遂行する権限を有する組合員であると誤認させるような行為があった場合には、当該有限責任組合員はその誤認に基づき組合と取引をした者に対し無限責任組合員と同一の責任を負う（LPS法9条3項）。

これに対し、匿名組合は営業者が営業者の名において営業を行う。

⑸　脱退・解除

投資事業有限責任組合においては、やむを得ない場合を除いては脱退することができない（LPS法11条）が、組合員の死亡、破産手続開始の決定、後見開始の審判を受けたこと、または除名の場合には、脱退する（非任意脱退、LPS法12条）。脱退する際、脱退の時における組合財産の状況に従って持分の払戻しがなされる（LPS法16条、民法681条）。また、目的たる事業の成功または成功の不能、無限責任組合員または有限責任組合員の全員の脱退、存続期間の満了、組合契約で定めたその他の解散事由の発生により投資事業有限責任組合は解散する（LPS法13条）。

他方、匿名組合は、匿名組合の存続期間を定めなかったとき、またはある当事者の終身の間匿名組合が存続すべきことを定めたときは、各当事者は、6か月前に予告をしたうえで、営業年度の終了時において契約の解除することができ（商法540条1項）、また、やむを得ない事由があるときは、匿名組合の存続期間の定めの有無にかかわらず、各当事者はいつでも契約を解除することができる（同条2項）。また、目的たる事業の成功または成功の不能、営

---

[91]　経済産業省経済産業政策局産業組織課編「投資事業有限責任組合に関する法律【逐条解説】（平成17年6月1日改訂）」47頁

業者の死亡または後見開始の審判を受けたこと、営業者または匿名組合員が破産手続開始の決定を受けたことによって、匿名組合契約は終了する（同法541条）。

匿名組合契約が終了したときは、営業者は、匿名組合員にその出資の価額を返還しなければならないが、出資が損失によって減少したときは、匿名組合員が損失を負担しない特約がない限り、その残額を返還すれば足りる（同法542条）。

(F) 名称・登記

投資事業有限責任組合については、名称中に投資事業有限責任組合の文字を用いなければならない（LPS法5条1項）。また、組合契約が効力を生じたときは、2週間以内に、組合の主たる事務所の所在地において、投資事業有限責任組合の事業、名称、契約の効力発生日、存続期間、無限責任組合員の氏名・名称および住所、事務所の所在場所、LPS法13条1号から3号までに掲げる事由以外の解散事由を登記しなければならない（LPS法17条1項）。投資事業有限責任組合に関する登記制度が設けられたのは、LPS法において有限責任組合員の有限責任を法的に担保する以上、本組合と取引関係に入ってくる第三者が、客観的に一部の組合員の責任制限が存在することを予期し得る（予見可能性の確保）ような公示制度を設けることが必要と考えられるためである[92]。

これに対し、匿名組合は名称上の制限はなく、匿名組合契約についての登記制度も存しない。

(G) 税 務

投資事業有限責任組合は組合であって法人ではないため、納税義務を負わず各組合員が納税義務を負う。現実に利益分配を受けまたは損失負担をしていなくても、組合の計算期間の終了日の属する組合員の事業年度の損益の額

---

[92] 産業組織課・前掲注(90)84頁

に算入される。

匿名組合契約においては、営業者と匿名組合員が個別に納税義務を負う。

(H) **財務諸表等**

投資事業有限責任組合においては、無限責任組合員が、貸借対照表、損益計算書及び業務報告書並びにこれらの附属明細書(以下、「財務諸表等」という)を作成して、5年間備置し（LPS法8条1項）、公認会計士または監査法人の意見書を組合契約とともに備置しなければならず（同条2項）、組合員および組合の債権者は財務諸表等、組合契約および意見書を営業時間内はいつでも閲覧または謄写を請求することができる（同条3項）。

匿名組合においては、匿名組合員は、営業年度の終了時において、営業者の営業時間内に、営業者の貸借対照表の閲覧・謄写の請求を行い、または営業者の業務・財産の状況を検査することができる（商法539条1項）。重要な事由があれば、匿名組合員はいつでも、裁判所の許可を得て、営業者の業務・財産の状況を検査することができる（同条2項）。

(I) **財産の独立性**

投資事業有限責任組合においては、組合財産は組合員の共有に属することとなる（民法668条）ため、各組合員から独立している。匿名組合においては、匿名組合員からは独立しているが、匿名組合員の出資は営業者の資産となる（商法536条1項）。

(J) **金融商品取引法上の規制**

あるファンド（親ファンド）が他のファンドに出資するファンド・オブ・ファンズのスキームであっても、親ファンドが投資事業有限責任組合である場合には、適格機関投資家等特例業務の特例が認められる（金商法63条1項1号ハ、金融商品取引業等に関する内閣府令（平成19年内閣府令第52号。以下、「業府令」という）235条2号イ）。匿名組合については、このような取扱いはない。詳しくは後述2(1)(B)(b)(i)(イ)参照。

## 2　ファンドにおける規制

### (1)　ファンド（集団投資スキーム）持分の自己募集
#### (A)　原則——金融商品取引業の登録

集団投資スキーム持分の発行者自身が、当該持分の取得の申込みの勧誘（募集・私募）を業として、つまり対公衆性のある行為として反復継続して行う[93]ことは、金融商品取引業に当たる（金商法2条8項7号へ、2条2項5号）。このため、原則として金融商品取引業（第二種金融商品取引業）の登録（金商法28条2項1号、29条）を受けなければ、かかる申込みの勧誘を業として行うことはできない。

(a)　発行者

各集団投資スキームにおける「発行者」とは、①民法上の組合契約においては、業務執行組合員、②匿名組合契約においては、営業者、③投資事業有限責任組合契約においては、無限責任組合員、④有限責任事業組合契約においては、組合の重要な業務の執行の決定に関与し、当該業務を自ら執行する組合員をいう（金商法2条5項、金融商品取引法第二条に規定する定義に関する内閣府令（平成5年大蔵省令第14号。以下、「定義府令」という）14条3項4号）。

(b)　募集・私募

有価証券の募集とは、新たに発行される有価証券の取得の申込みの勧誘（以下、「取得勧誘」という）のうち、一定の要件を満たすものをいい、取得勧誘であって有価証券の募集に該当しないものを有価証券の私募という（金商法2条3項）。有価証券の募集に当たる場合には、開示規制の対象となる（後述3参照）。集団投資スキーム持分については、新たに発行される集団投資ス

---

[93]　三井ほか・前掲注(90)216頁。現実に「対公衆性」ある行為が「反復継続」して行われている場合のみならず、「対公衆性」や「反復継続性」が想定されている場合等も含まれると解される（金融庁「コメントの概要及びコメントに対する金融庁の考え方」（平成19年7月31日公表）（以下、「金商法パブコメ回答」という）「第2条第8項」3番）。

キーム持分の取得勧誘のうち、その取得勧誘に応じることにより500名以上がその取得勧誘に係る当該集団投資スキーム持分を所有することとなる場合が有価証券の募集に当たる（同項3号、金商法施行令1条の7の2）。

(c) キャピタルコール

有価証券の募集に関連して、契約や組合規約に基づき、組成時に出資約束金額の全額を払い込むのではなくて、組合組成時に出資約束金額の一部のみを各組合員が払い込み、出資約束金額の残額は、無限責任組合員の求めに応じて各組合員が払込みを行う仕組みが考えられる（キャピタルコール方式）[94]。キャピタルコール方式において、集団投資スキームの無限責任組合員等が他の組合員に対して当該残額払込みを求めることや、払込みに応じない組合員等がいる場合に他の組合員に対して、代わって払い込むことを求めることが、取得勧誘や売付け勧誘に当たるかが問題となる。組合員等について何らの前提条件なく払込義務が定められている場合は、払込みを求めることは契約の履行を求めることに過ぎないため、取得勧誘や売付け勧誘に当たらないと考えられる。他方、組合員にキャピタルコールに応じるか否かを決定する権利がある場合には、取得勧誘や売付け勧誘に該当し得ると考えられる（パブコメ回答「第2条第3項・第4項」5番）。

(B) 例外的に金融商品取引業の登録が不要となる場合

(a) 金融商品取引業者への委託

集団投資スキーム持分の発行者が、集団投資スキーム持分の取得勧誘を金融商品取引業者に委託して自らは全く行わない場合には、当該発行者が金融商品取引業の登録を受ける必要はない[95]。

ただし、委託を受けた金融商品取引業者は、当該集団投資スキーム持分に関し出資・拠出された金銭が、当該金銭を充てて行われる事業を行う者（当

---

[94] 金商法パブコメ回答「第2条第3項・第4項」4番
[95] 金商法パブコメ回答「第2条第8項」103番から110番まで

該事業に係る業務を執行するものを含み、以下、「事業者」という。SPCや投資事業有限責任組合などをいう）の固有財産その他当該事業者の行う他の事業に係る財産と分別して管理することが当該権利に係る契約等において確保されているものでなければ、当該集団投資スキーム持分の私募・募集を行ってはならない（金商法40条の3）。

具体的には、当該事業者に対し、その定款や規約、匿名組合契約等により、かかる「事業の対象及び業務の方法が明らかにされるとともに、当該事業に係る財産がそれぞれ区分して経理され、かつ、それらの内容が投資者の保護を図る上で適切であること」といった基準を満たすことが義務づけられていることにより、分別管理が確保されている必要がある（業府令125条）。

(b) 適格機関投資家等特例業務

適格機関投資家等を相手方として行う集団投資スキーム持分（2条2項5号・6号）に係る私募（適格機関投資家等以外の者が当該権利を取得するおそれが少ないものとして政令で定めるものに限る）（適格機関投資家等特例業務）を行う場合には、金融商品取引業の登録（金商法29条）を受けることなく、内閣総理大臣への届出で足りる（金商法63条1項1号・2項）。この届出を行う場合、届出書をその本店等の所在地を管轄する財務局長に提出しなければならない（業府令236条1項）。

(i) 適格機関投資家、適格機関投資家等

(ア) 原　則

ここで「適格機関投資家等」とは、1名以上の適格機関投資家および49名以下の一般投資家をいい（金商法63条1項1号、金商法施行令17条の12）、「適格機関投資家」とは、有価証券に対する投資に係る専門的知識・経験を有する者として内閣府令で定める者（金商法2条3項1号）をいう。適格機関投資家にはいろいろな法主体が含まれるが、たとえば投資事業有限責任組合（定義府令10条1項8号）や、直近の日において保有する有価証券の残高が10億円以上であって、かかる要件に該当するものとして金融庁長官に届出を行った法人

*211*

〔図表11〕　適格機関投資家等

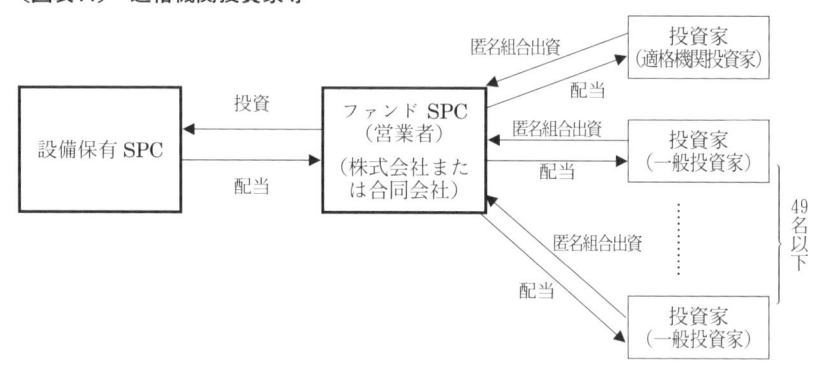

```
┌──────────┐   投資   ┌──────────┐ ←─匿名組合出資─ ┌──────────┐
│          │ ──────→ │ ファンドSPC│              │  投資家   │
│設備保有SPC│          │ （営業者） │ ─配当──────→ │(適格機関投資家)│
│          │ ←────── │(株式会社また│              └──────────┘
│          │   配当   │ は合同会社)│ ←─匿名組合出資─ ┌──────────┐
└──────────┘          │          │              │  投資家   │
                      │          │ ─配当──────→ │ (一般投資家) │
                      │          │              └──────────┘
                      │          │      ⋮
                      │          │ ←─匿名組合出資─ ┌──────────┐
                      │          │              │  投資家   │
                      │          │ ─配当──────→ │ (一般投資家) │
                      └──────────┘              └──────────┘
```

　　　　　　　　　　　　　　　　　　　　　　　　　　　49名以下

（同項23号イ）がこれに当たる。かかる届出を行った者が適格機関投資家に該当することとなる期間は、当該届出が行われた月の翌々月の初日から2年を経過する日までである（同条5項）。

　　(イ)　例　外

　適格機関投資家等であっても、①集団投資スキーム持分に対する投資事業に係る匿名組合契約で、適格機関投資家以外の者を匿名組合員とするものの営業者または営業者になろうとする者（金商法63条1項1号ロ）、②集団投資スキーム持分に対する投資事業に係る契約等で適格機関投資家以外の者を相手方とするものに基づき、当該相手方から出資・拠出を受けた金銭その他の財産を充てて当該投資事業を行い、または行おうとする者（金商法63条1項1号ハ、業府令235条2号）などが含まれている場合は、適格機関投資家等特例業務から除かれる。このようなスキームは、実質的に多数の一般投資家が出資をすることになるからである[96]。

　ただし、②の場合であっても、以下のものは除かれ、適格機関投資家等特例業務の特例が認められる。

　　ⓐ　㋐当該投資事業として出資・拠出された金銭その他の財産を充てて行

---

[96] 三井ほか・前掲注(90)328頁

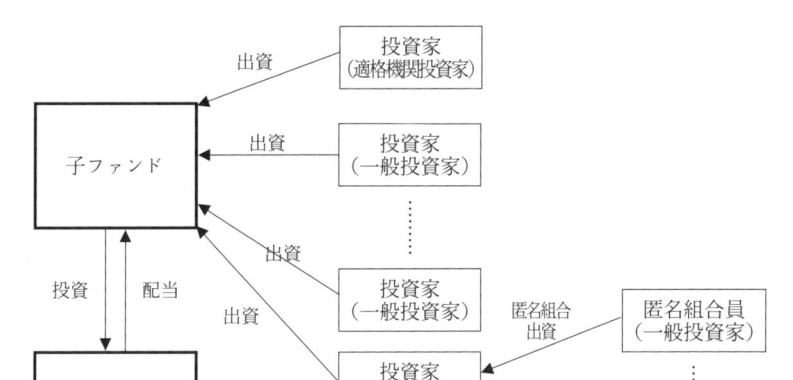

〔図表12〕 適格機関投資家等の例外（例）

```
              出資    投資家
        ┌─────────(適格機関投資家)
        │
        │  出資   投資家
        │◄──────(一般投資家)
  子ファンド
   ┌──┐    出資   投資家
   │  │◄──────(一般投資家)
   └──┘
  投資↕配当  出資   投資家      匿名組合    匿名組合員
        │◄──────(一般投資家)◄──出資────(一般投資家)
  ┌──────┐
  │設備保有 │                              匿名組合員
  │ SPC    │                      ◄──出資────(一般投資家)
  └──────┘
```

う出資対象事業に係る契約等に基づく権利を有する適格機関投資家以外の者（当該投資事業を行い、または行おうとする者を除く）（すなわち子ファンドスキームの出資者である一般投資家）の数と⑦当該投資事業に係る投資事業有限責任組合契約または有限責任事業契約（当該投資事業を行い、または行おうとする者が投資運用業を行う者であるものを除く）に基づく権利を有する適格機関投資家以外の者（すなわち親ファンドスキームの出資者である一般投資家）の数の合計が49以下である場合における投資事業有限責任組合契約または有限責任事業組合契約（金商法63条1項1号ハ、業府令235条2号イ）。これは、投資事業有限責任組合や有限責任事業組合は、各根拠法において登記制度が整備されているなど、民法上の組合等と比較して一定の透明性が確保されているからである[97]。なお、親ファンドの運営者が金融商品取引業（投資運用業）の登録を受けている場合、子ファンドの運営者への適格機関投資家等特例業務の特例の適用につい

---

[97] 三井ほか・前掲注(90)329頁

ての人数要件について、親ファンドに出資する投資家の属性・人数を問わず、親ファンドを1名とみなす（業府令235条2号イ(2)、パブコメ「63条」55番から58番まで）。

ⓑ 当該投資事業を行い、または行おうとする者（親ファンドの運営者）と当該投資事業として出資・拠出された金銭その他の財産を充てて出資対象事業を行い、または行おうとする者（子ファンドの運営者）が同一であり、㋐当該出資対象事業に係る契約等に基づく権利を有する適格機関投資家以外の者（当該投資事業を行い、または行おうとする者を除く）（子ファンドスキームの出資者である一般投資家）の数と㋑当該投資事業に係る契約等に基づく権利を有する適格機関投資家以外の者（親ファンドスキームの出資者である一般投資家）の数の合計が49以下である場合における当該投資事業に係る契約等（金商法63条1項1号ハ、業府令235条2号ロ）。

〔図表13〕 適格機関投資家等の例外から除外される場合

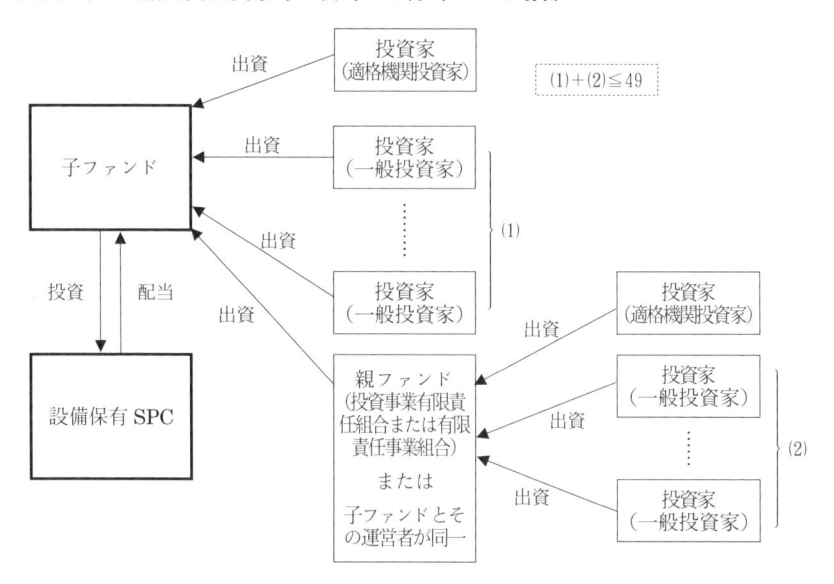

(ii) 「適格機関投資家以外の者が当該権利を取得するおそれが少ない

もの」

　適格機関投資家等特例業務のもう一つの要件である「適格機関投資家以外の者が当該権利を取得するおそれが少ないもの」とは、当該権利の取得勧誘に応ずる取得者によって、要件が異なり、①取得者が適格機関投資家（金商法63条1項1号イからハまでに該当しないものに限る）の場合、当該権利に係る契約等により、当該権利を適格機関投資家に譲渡する場合以外の譲渡が禁止されている旨の制限が付されていること、②取得者が適格機関投資家等のうち一般投資家（金商法63条1項1号イからハまでに該当しないものに限る）の場合、ⓐ当該権利に係る契約等により、当該権利を取得しまたは買い付けた者が、当該権利を一括して他の一の者に譲渡する場合以外の譲渡が禁止される旨の制限が付されていること、またはⓑ当該権利が有価証券として発行される日以前6か月以内に、当該権利と同一種類の他の権利が有価証券として発行されている場合にあっては、当該権利の取得勧誘に応じて取得する一般投資家の人数と当該6か月以内に発行された同種の新規発行権利の取得勧誘に応じて取得した一般投資家の人数との合計が49名以下となることである（金商法施行令17条の12第3項）。

　ここで、「同一の種類の権利」とは、有価証券としての当該権利と発行者および出資対象事業が同一である有価証券としての権利をいう（業府令234条）。

### (2) ファンド（集団投資スキーム）持分の自己運用

#### (A) 原則——金融商品取引業の登録

　①信託受益権や集団投資スキーム持分等の権利を有する者から金銭等の財産の出資または拠出を受け、②金融商品の価値等の分析に基づく投資判断に基づいて主として有価証券またはデリバティブ取引に係る権利に対する投資として、③出資または拠出を受けた金銭等の財産を運用することを業として行うことは金融商品取引業（投資運用業）に当たる（金商法2条8項15号ハ）。したがって、集団投資スキームを通じて、再生可能エネルギー発電設備を運営するSPCの株式を取得することは金融商品取引業（投資運用業）に当たり、集

団投資スキーム持分の発行者は、原則として金融商品取引業の登録が必要となる（金商法28条4項3号、29条）。

「運用」については、投資先候補の発掘、投資先候補との投資に係る交渉、投資先の決定、投資実行、および、投資により取得した有価証券等の処分は、「運用」に該当する可能性が高いと解されている（金商法パブコメ回答「第2条第8項」208番）。

(B) **例外的に金融商品取引業の登録が不要となる場合**

(a) 金融商品取引業者への委託

運用を行う者が金融商品取引業者等との間で所定の条項（定義府令16条1項10号イからへまで）が記載された投資一任契約を締結し、集団投資スキーム持分を有する者のために運用を行う権限をすべて金融商品取引業者等に委託する場合には、金融商品取引業の登録は不要である（金商法2条8項、金商法施行令1条の8の6第1項4号、定義府令16条1項10号）。

(b) 適格機関投資家等特例業務

適格機関投資家等から出資・拠出された金銭の運用（適格機関投資家等特例業務）については、内閣総理大臣への届出によって運用することが可能である（金商法63条1項2号）。

## 3　開示規制

集団投資スキーム持分については原則として、金融商品取引法上の開示規制（金商法3章）は適用されない（金商法3条3号）。ただし、集団投資スキーム持分を有する者が出資・拠出した金銭を充てて行う事業（出資対象事業）が主として有価証券に対する投資を行う事業である場合、つまり出資・拠出された金銭その他の財産の価額の合計額の100分の50を超える額を充てて有価証券に対する投資を行う場合には、その限りではない（同号イ、金商法施行令2条の9第1項柱書）。したがって、集団投資スキーム持分であって、出資・拠出された金銭その他の財産の価額の合計額の100分の50を超える額を充て

て匿名組合出資を行う場合、当該集団投資スキーム持分は金融商品取引法上の開示規制の対象となる（金商法パブコメ回答「3条」2番）。

開示規制の対象となる場合、当該集団投資スキーム持分の募集・売出しを行う場合には、有価証券届出書を提出する義務が生じ（金商法4条1項）、また定期的に有価証券報告書を提出する義務が生じる（金商法24条5項、1項3号）。集団投資スキーム持分のような第2項有価証券については、「募集」とは、新たに発行される集団投資スキーム持分の取得の申込みの勧誘のうち、取得勧誘に応じることにより500名以上の者が当該取得勧誘に係る有価証券を所有することとなるものをいう（金商法2条3項柱書・3号、金商法施行令1条の7の2）。また、「売出し」と募集の違いは、売出しはすでに発行された有価証券の売付けの申込みまたはその買付けの申込みの勧誘であって（金商法2条4項柱書）、募集は新たに発行される有価証券の取得の申込みをいう点にある。

有価証券届出書を提出する義務がない場合でも、当該集団投資スキーム持分（有価証券投資事業権利等）の所有者が500名以上となり、かつ、集団投資スキーム持分（有価証券投資事業権利等）に係る資産等の額が1億円以上である場合には、有価証券報告書の提出義務が生じる（金商法24条5項、1項ただし書・4号、金商法施行令4条の2第2項から5項まで）。

## 4 ファンド（集団投資スキーム）規制の具体例

以上を踏まえ、ファンド（集団投資スキーム）の具体例を示し、どのような規制が適用されるかを検討する。

**(1) ファンドSPCが設備保有SPCに出資し、設備保有SPCが発電設備を新設する場合**

**(A) ファンドSPCによる出資者の取得勧誘（①）**

(a) 原　則

ファンドSPCによる自己募集（集団投資スキーム持分の取得の申込みの勧誘）は金融商品取引業（第二種金融商品取引業）に該当する行為である（金商法2

第3章　発電設備の設置・運用と資金調達

〔図表14〕　ファンド SPC が設備保有 SPC に出資するスキーム

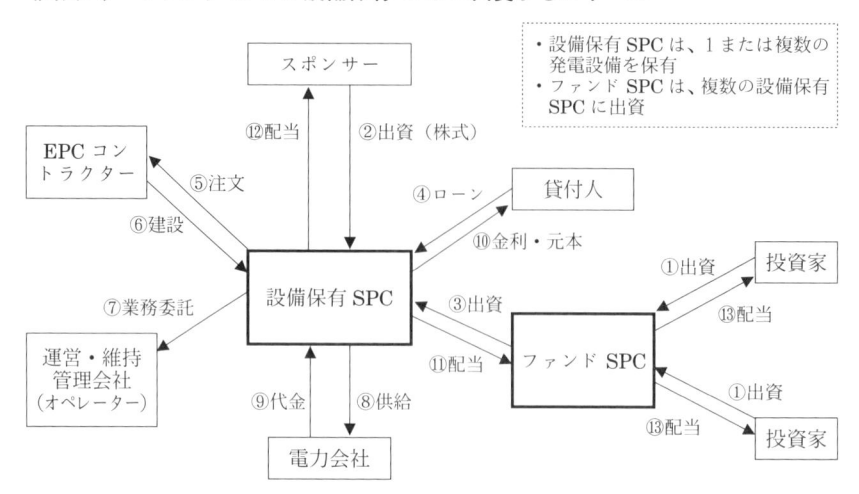

```
                            スポンサー
                          ↗         ↖
                      ⑫配当         ②出資（株式）         ・設備保有 SPC は、1 または複数の
                                                           発電設備を保有
 EPC コン                                                  ・ファンド SPC は、複数の設備保有
 トラクター ←                      ④ローン      貸付人         SPC に出資
           ⑤注文                  →
           ⑥建設         ┌──────────┐    ⑩金利・元本           ┌────投資家
                      │             │                   ①出資
           ⑦業務委託   │ 設備保有SPC │ ③出資  ┌────────┐  ⑬配当
                      │             │ ←───  │        │
 運営・維持  ←          └──────────┘        │ ファンド │
 管理会社                                     │  SPC   │
 (オペレーター)         ⑨代金  ⑧供給   ⑪配当  └────────┘  ①出資
                          ↓    ↑                       ⑬配当
                          電力会社                      └────投資家
```

条 8 項 7 号ヘ）。

　(b)　例外 1 ――金融商品取引業者に委託

　ファンド SPC が金融商品取引業者に集団投資スキーム持分の取得の申込みの勧誘を委託する場合、ファンド SPC においては金融商品取引業（第二種金融商品取引業）の登録は不要である。

　(c)　例外 2 ――適格機関投資家等特例業務

　出資者が適格機関投資家と、49 名以下の適格機関投資家以外の者である場合、ファンド SPC は金融商品取引業の登録を受ける必要はなく、適格機関投資家等特例業務として内閣総理大臣への届出をすれば足りる（金商法 63 条 1 項 1 号、金商法施行令 17 条の 12）。

　(B)　**ファンド SPC の自己運用（③）**

　(a)　原　　則

　ファンド SPC による自己運用（出資または拠出を受けた金銭その他の財産の運用）は金融商品取引業（投資運用業）に該当する行為である（金商法 2 条 8 項 15 号ハ）。

(b) 例外1——運用権限を金融商品取引業者にすべて委託

ファンドSPCが金融商品取引業者に運用権限をすべて委託する場合には、ファンドSPCは金融商品取引業（投資運用業）の登録をする必要はない（金商法2条8項、金商法施行令1条の8の6第1項4号、定義府令16条1項10号）。

(c) 例外2——適格機関投資家等特例業務

出資者が適格機関投資家と、49名以下の適格機関投資家以外の者である場合、ファンドSPCは金融商品取引業の登録を受ける必要はなく、適格機関投資家等特例業務として内閣総理大臣への届出をすれば足りる（金商法63条1項2号）。

(C) 設備保有SPCによるファンドSPCの出資の取得勧誘（③）

(a) 原　則

設備保有SPCによる自己募集（集団投資スキーム持分の取得の申込みの勧誘）は金融商品取引業（第二種金融商品取引業）に該当する行為である（金商法2条8項7号ヘ）。

(b) 例外1——金融商品取引業者に委託

設備保有SPCが金融商品取引業者に集団投資スキーム持分の取得の申込みの勧誘を委託する場合、設備保有SPCは金融商品取引業（第二種金融商品取引業）の登録は不要である。

(c) 例外2——適格機関投資家等特例業務

出資者が適格機関投資家と、49名以下の適格機関投資家以外の者である場合、設備保有SPCは金融商品取引業の登録を受ける必要はなく、適格機関投資家等特例業務として内閣総理大臣への届出で足りる（金商法63条1項1号、金商法施行令17条の12）。ただし、出資者からのファンドSPCへの出資が匿名組合出資の場合、当該出資者がすべて適格機関投資家であること（金商法63条1項1号ロ）や前述2(1)(B)(b)(i)(イ)記載の要件を満たすことが必要である。

(D) 設備保有SPCの金銭等の支払い（⑤⑦）

出資または拠出された金銭その他の財産を、発電設備の建設の注文や運

営・維持管理業務の委託に用いる場合、主として[98]有価証券に対する投資として行われるものではないため、金融商品取引業に該当しない行為である（金商法2条8項15号参照）。

### (2) ファンドSPCが金銭を信託し、信託会社が発電設備を新設する場合

#### (A) ファンドSPCによる出資者の取得勧誘（①）

(a) 原　則

ファンドSPCによる自己募集（集団投資スキーム持分の取得の申込みの勧誘）は金融商品取引業（第二種金融商品取引業）に該当する行為である（金商法2条8項7号ヘ）。

(b) 例外1――金融商品取引業者に委託

ファンドSPCが金融商品取引業者に集団投資スキーム持分の取得の申込みの勧誘を委託する場合、ファンドSPCは金融商品取引業（第二種金融商

〔図表15〕　ファンドSPCが金銭を信託し、信託会社が発電設備を新設するスキーム

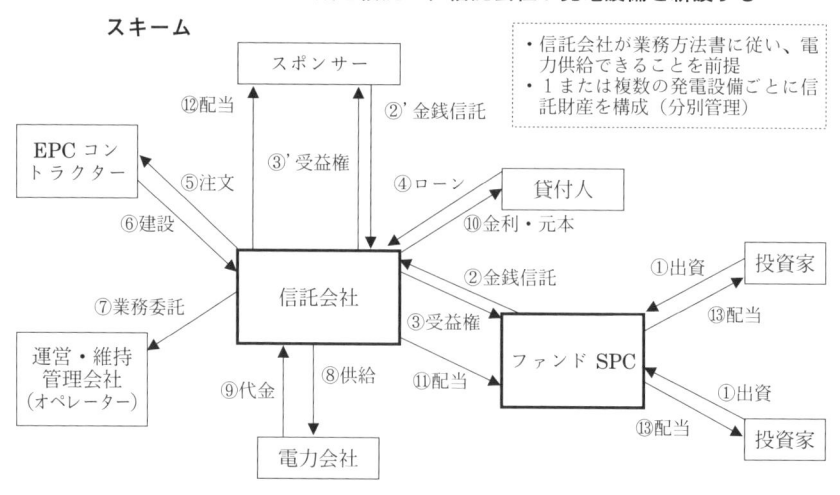

・信託会社が業務方法書に従い、電力供給できることを前提
・1または複数の発電設備ごとに信託財産を構成（分別管理）

---

98　金商法2条8項15号の「主として」は、基本的に、運用財産の50％超を意味すると考えられる（金商法パブコメ回答「第2条第8項」190番から192番まで）。

取引業）の登録は不要である。

　(c)　例外 2 ――適格機関投資家等特例業務

　出資者が適格機関投資家と、49名以下の適格機関投資家以外の者である場合、ファンド SPC は金融商品取引業の登録を受ける必要はなく、適格機関投資家等特例業務として内閣総理大臣への届出で足りる（金商法63条 1 項 1 号、金商法施行令17条の12）。

(B)　ファンド SPC の自己運用（③）

　(a)　原　　則

　ファンド SPC による自己運用（出資または拠出を受けた金銭その他の財産の運用）は、信託受益権を対象とするため、金融商品取引業（投資運用業）に該当する行為である（金商法 2 条 8 項15号ロ）。

　(b)　例外 1 ――運用権限を金融商品取引業者にすべて委託

　ファンド SPC が金融商品取引業者に運用権限をすべて委託する場合には、ファンド SPC は金融商品取引業（投資運用業）の登録をする必要はない（金商法 2 条 8 項、金商法施行令 1 条の 8 の 6 第 1 項 4 号、定義府令16条 1 項10号）。

　(c)　例外 2 ――適格機関投資家等特例業務

　出資者が適格機関投資家と、49名以下の適格機関投資家以外の者である場合、ファンド SPC は金融商品取引業の登録を受ける必要はなく、適格機関投資家等特例業務として内閣総理大臣への届出で足りる（金商法63条 1 項 2 号）。

(C)　信託会社によるファンド SPC に対する受益権の取得勧誘（②）

　金融商品取引業に該当しない行為である（金商法 2 条 8 項 7 号ト、金商法施行令 1 条の 9 の 2 かっこ書）。

(D)　信託会社による金銭等の支払い（⑥⑦）

　出資または拠出された金銭その他の財産を、発電設備の建設の注文や運営・維持管理業務の委託に用いる場合、主として有価証券に対する投資として行われるものではないため、金融商品取引業に該当しない行為である（金商法 2 条 8 項15号参照）。

# 参考資料

参考資料

# 1 電気事業者による再生可能エネルギー電気の調達に関する特別措置法

（平成23年8月30日法律第108号、最終改正：平成24年6月27日法律第47号）

目次
第1章　総則（第1条・第2条）
第2章　電気事業者による再生可能エネルギー電気の調達等（第3条—第7条）
第3章　電気事業者間の費用負担の調整（第8条—第18条）
第4章　費用負担調整機関（第19条—第30条）
第5章　調達価格等算定委員会（第31条—第37条）
第6章　雑則（第38条—第43条）
第7章　罰則（第44条—第48条）
附則

## 第1章　総則

（目的）
**第1条**　この法律は、エネルギー源としての再生可能エネルギー源を利用することが、内外の経済的社会的環境に応じたエネルギーの安定的かつ適切な供給の確保及びエネルギーの供給に係る環境への負荷の低減を図る上で重要となっていることに鑑み、電気事業者による再生可能エネルギー電気の調達に関し、その価格、期間等について特別の措置を講ずることにより、電気についてエネルギー源としての再生可能エネルギー源の利用を促進し、もって我が国の国際競争力の強化及び我が国産業の振興、地域の活性化その他国民経済の健全な発展に寄与することを目的とする。

（定義）
**第2条**　この法律において「電気事業者」とは、電気事業法（昭和39年法律第170号）第2条第1項第2号に規定する一般電気事業者（以下単に「一般電気事業者」という。）、同項第6号に規定する特定電気事業者及び同項第8号に規定する特定規模電気事業者（第5条第1項において単に「特定規模電気事業者」という。）をいう。

2　この法律において「再生可能エネルギー電気」とは、再生可能エネルギー発電設備を用いて再生可能エネルギー源を変換して得られる電気をいう。

3 この法律において「再生可能エネルギー発電設備」とは、再生可能エネルギー源を電気に変換する設備及びその附属設備をいう。
4 この法律において「再生可能エネルギー源」とは、次に掲げるエネルギー源をいう。
　一　太陽光
　二　風力
　三　水力
　四　地熱
　五　バイオマス（動植物に由来する有機物であってエネルギー源として利用することができるもの（原油、石油ガス、可燃性天然ガス及び石炭並びにこれらから製造される製品を除く。）をいう。第6条第3項及び第8項において同じ。）
　六　前各号に掲げるもののほか、原油、石油ガス、可燃性天然ガス及び石炭並びにこれらから製造される製品以外のエネルギー源のうち、電気のエネルギー源として永続的に利用することができると認められるものとして政令で定めるもの

## 第2章　電気事業者による再生可能エネルギー電気の調達等

**（調達価格及び調達期間）**
**第3条**　経済産業大臣は、毎年度、当該年度の開始前に、電気事業者が次条第1項の規定により行う再生可能エネルギー電気の調達につき、経済産業省令で定める再生可能エネルギー発電設備の区分、設置の形態及び規模ごとに、当該再生可能エネルギー電気の1キロワット時当たりの価格（以下「調達価格」という。）及びその調達価格による調達に係る期間（以下「調達期間」という。）を定めなければならない。ただし、経済産業大臣は、我が国における再生可能エネルギー電気の供給の量の状況、再生可能エネルギー発電設備の設置に要する費用、物価その他の経済事情の変動等を勘案し、必要があると認めるときは、半期ごとに、当該半期の開始前に、調達価格及び調達期間（以下「調達価格等」という。）を定めることができる。
2　調達価格は、当該再生可能エネルギー発電設備による再生可能エネルギー電気の供給を調達期間にわたり安定的に行うことを可能とする価格として、当該供給が効率的に実施される場合に通常要すると認められる費用及び当該供給に係る再生可能エネルギー電気の見込量を基礎とし、我が国における再生可能エネル

ギー電気の供給の量の状況、第6条第1項の認定に係る発電（同条第4項の規定による変更の認定又は同条第5項の規定による変更の届出があったときは、その変更後のもの。同条第6項において同じ。）に係る再生可能エネルギー発電設備（以下「認定発電設備」という。）を用いて再生可能エネルギー電気を供給しようとする者（以下「特定供給者」という。）が受けるべき適正な利潤、この法律の施行前から再生可能エネルギー発電設備を用いて再生可能エネルギー電気を供給する者の当該供給に係る費用その他の事情を勘案して定めるものとする。

3　調達期間は、当該再生可能エネルギー発電設備による再生可能エネルギー電気の供給の開始の時から、その供給の開始後最初に行われる再生可能エネルギー発電設備の重要な部分の更新の時までの標準的な期間を勘案して定めるものとする。

4　経済産業大臣は、調達価格等を定めるに当たっては、第16条の賦課金の負担が電気の使用者に対して過重なものとならないよう配慮しなければならない。

5　経済産業大臣は、調達価格等を定めようとするときは、当該再生可能エネルギー発電設備に係る所管に応じて農林水産大臣、国土交通大臣又は環境大臣に協議し、及び消費者政策の観点から消費者問題担当大臣（内閣府設置法（平成11年法律第89号）第9条第1項に規定する特命担当大臣であって、同項の規定により命を受けて同法第4条第1項第17号及び同条第3項第61号に掲げる事務を掌理するものをいう。）の意見を聴くとともに、調達価格等算定委員会の意見を聴かなければならない。この場合において、経済産業大臣は、調達価格等算定委員会の意見を尊重するものとする。

6　経済産業大臣は、調達価格等を定めたときは、遅滞なく、これを告示しなければならない。

7　経済産業大臣は、前項の規定による告示後速やかに、当該告示に係る調達価格等並びに当該調達価格等の算定の基礎に用いた数及び算定の方法を国会に報告しなければならない。

8　経済産業大臣は、物価その他の経済事情に著しい変動が生じ、又は生ずるおそれがある場合において、特に必要があると認めるときは、調達価格等を改定することができる。

9　第5項から第7項までの規定は、前項の規定による調達価格等の改定について準用する。

（特定契約の申込みに応ずる義務）

① 電気事業者による再生可能エネルギー電気の調達に関する特別措置法

**第4条** 電気事業者は、特定供給者から、当該再生可能エネルギー電気について特定契約（当該特定供給者に係る認定発電設備に係る調達期間を超えない範囲内の期間（当該再生可能エネルギー電気が既に他の電気事業者に供給されていた場合その他の経済産業省令で定める場合にあっては、経済産業省令で定める期間）にわたり、特定供給者が電気事業者に対し再生可能エネルギー電気を供給することを約し、電気事業者が当該認定発電設備に係る調達価格により再生可能エネルギー電気を調達することを約する契約をいう。以下同じ。）の申込みがあったときは、その内容が当該電気事業者の利益を不当に害するおそれがあるときその他の経済産業省令で定める正当な理由がある場合を除き、特定契約の締結を拒んではならない。

2　経済産業大臣は、電気事業者に対し、特定契約の円滑な締結のため必要があると認めるときは、その締結に関し必要な指導及び助言をすることができる。

3　経済産業大臣は、正当な理由がなくて特定契約の締結に応じない電気事業者があるときは、当該電気事業者に対し、特定契約の締結に応ずべき旨の勧告をすることができる。

4　経済産業大臣は、前項に規定する勧告を受けた電気事業者が、正当な理由がなくてその勧告に係る措置をとらなかったときは、当該電気事業者に対し、その勧告に係る措置をとるべきことを命ずることができる。

**（接続の請求に応ずる義務）**

**第5条** 電気事業者（特定規模電気事業者を除く。以下この条において同じ。）は、前条第1項の規定により特定契約の申込みをしようとする特定供給者から、当該特定供給者が用いる認定発電設備と当該電気事業者がその事業の用に供する変電用、送電用又は配電用の電気工作物（電気事業法第2条第1項第16号に規定する電気工作物をいう。第39条第2項において同じ。）とを電気的に接続することを求められたときは、次に掲げる場合を除き、当該接続を拒んではならない。

　一　当該特定供給者が当該接続に必要な費用であって経済産業省令で定めるものを負担しないとき。

　二　当該電気事業者による電気の円滑な供給の確保に支障が生ずるおそれがあるとき。

　三　前2号に掲げる場合のほか、経済産業省令で定める正当な理由があるとき。

2　経済産業大臣は、電気事業者に対し、前項に規定する接続が円滑に行われるため必要があると認めるときは、当該接続に関し必要な指導及び助言をすることが

できる。
3　経済産業大臣は、正当な理由がなくて第1項に規定する接続を行わない電気事業者があるときは、当該電気事業者に対し、当該接続を行うべき旨の勧告をすることができる。
4　経済産業大臣は、前項に規定する勧告を受けた電気事業者が、正当な理由がなくてその勧告に係る措置をとらなかったときは、当該電気事業者に対し、その勧告に係る措置をとるべきことを命ずることができる。

（再生可能エネルギー発電設備を用いた発電の認定等）
第6条　再生可能エネルギー発電設備を用いて発電しようとする者は、経済産業省令で定めるところにより、次の各号のいずれにも適合していることにつき、経済産業大臣の認定を受けることができる。
　一　当該再生可能エネルギー発電設備について、調達期間にわたり安定的かつ効率的に再生可能エネルギー電気を発電することが可能であると見込まれるものであることその他の経済産業省令で定める基準に適合すること。
　二　その発電の方法が経済産業省令で定める基準に適合すること。
2　経済産業大臣は、前項の認定の申請に係る発電が同項各号のいずれにも適合していると認めるときは、同項の認定をするものとする。
3　経済産業大臣は、第1項の認定をしようとする場合において、当該認定の申請に係る発電がバイオマスを電気に変換するものであるときは、政令で定めるところにより、あらかじめ、農林水産大臣、国土交通大臣又は環境大臣に協議しなければならない。
4　第1項の認定に係る発電をし、又はしようとする者は、当該認定に係る発電の変更をしようとするときは、経済産業省令で定めるところにより、経済産業大臣の認定を受けなければならない。ただし、経済産業省令で定める軽微な変更については、この限りでない。
5　第1項の認定に係る発電をし、又はしようとする者は、前項ただし書の経済産業省令で定める軽微な変更をしたときは、遅滞なく、その旨を経済産業大臣に届け出なければならない。
6　経済産業大臣は、第1項の認定に係る発電が同項各号のいずれかに適合しなくなったと認めるときは、当該認定を取り消すことができる。
7　第2項及び第3項の規定は、第4項の認定について準用する。
8　経済産業大臣は、第1項第2号の経済産業省令（発電に利用することができる

バイオマスに係る部分に限る。）を定め、又はこれを変更しようとするときは、あらかじめ、農林水産大臣、国土交通大臣及び環境大臣に協議しなければならない。

**（電気事業法の特例）**
**第7条** 特定契約に基づく一般電気事業者に対するその一般電気事業（電気事業法第2条第1項第1号に規定する一般電気事業をいう。）の用に供するための再生可能エネルギー電気の供給については、同法第22条の規定は、適用しない。

## 第3章　電気事業者間の費用負担の調整

**（交付金の交付）**
**第8条** 第19条第1項に規定する費用負担調整機関（以下この章において単に「費用負担調整機関」という。）は、各電気事業者が供給する電気の量に占める特定契約に基づき調達する再生可能エネルギー電気の量の割合に係る費用負担の不均衡を調整するため、経済産業省令で定める期間ごとに、電気事業者（第14条第1項の規定による督促を受け、同項の規定により指定された期限までにその納付すべき金額を納付しない電気事業者を除く。次条、第10条第1項、第16条及び第18条において同じ。）に対して、交付金を交付する。

2　前項の交付金（以下単に「交付金」という。）は、第11条第1項の規定により費用負担調整機関が徴収する納付金及び第18条の規定により政府が講ずる予算上の措置に係る資金をもって充てる。

**（交付金の額）**
**第9条** 前条第1項の規定により電気事業者に対して交付される交付金の額は、同項の経済産業省令で定める期間ごとに、特定契約ごとの第1号に掲げる額から第2号に掲げる額を控除して得た額の合計額を基礎として経済産業省令で定める方法により算定した額とする。

一　当該電気事業者が特定契約に基づき調達した再生可能エネルギー電気の量（キロワット時で表した量をいう。）に当該特定契約に係る調達価格を乗じて得た額

二　当該電気事業者が特定契約に基づき再生可能エネルギー電気の調達をしなかったとしたならば当該再生可能エネルギー電気の量に相当する量の電気の発電又は調達に要することとなる費用の額として経済産業省令で定める方法により算定した額

**（交付金の額の決定、通知等）**

**第10条**　費用負担調整機関は、第8条第1項の経済産業省令で定める期間ごとに、各電気事業者に対し交付すべき交付金の額を決定し、当該各電気事業者に対し、その者に対し交付すべき交付金の額その他必要な事項を通知しなければならない。

2　費用負担調整機関は、交付金の額を算定するため必要があるときは、電気事業者に対し、資料の提出を求めることができる。

（納付金の徴収及び納付義務）

**第11条**　費用負担調整機関は、第19条第2項に規定する業務に要する費用及び当該業務に関する事務の処理に要する費用（次条第2項において「事務費」という。）に充てるため、経済産業省令で定める期間ごとに、電気事業者から、納付金を徴収する。

2　電気事業者は、前項の納付金（以下単に「納付金」という。）を納付する義務を負う。

（納付金の額）

**第12条**　前条第1項の規定により電気事業者から徴収する納付金の額は、同項の経済産業省令で定める期間ごとに、当該電気事業者が電気の使用者に供給した電気の量（キロワット時で表した量をいう。次項及び第16条第2項において同じ。）に当該期間の属する年度における納付金単価を乗じて得た額を基礎とし、第17条第1項の規定による認定を受けた事業所に係る電気の使用者に対し支払を請求することができる第16条の賦課金の額を勘案して経済産業省令で定める方法により算定した額とする。

2　前項の納付金単価は、毎年度、当該年度の開始前に、経済産業大臣が、当該年度において全ての電気事業者に交付される交付金の見込額の合計額に当該年度における事務費の見込額を加えて得た額を当該年度における全ての電気事業者が供給することが見込まれる電気の量の合計量で除して得た電気の1キロワット時当たりの額を基礎とし、前々年度における全ての電気事業者に係る交付金の合計額と納付金の合計額との過不足額その他の事情を勘案して定めるものとする。

3　電気事業者は、毎年度、経済産業省令で定めるところにより、納付金の額及び納付金単価を算定するための資料として、特定契約に基づき調達した再生可能エネルギー電気の量、第17条第1項の規定による認定を受けた事業所に係る電気の使用者に対し支払を請求することができる第16条の賦課金の額に関する事項そ

① 電気事業者による再生可能エネルギー電気の調達に関する特別措置法

の他の経済産業省令で定める事項を経済産業大臣に届け出なければならない。
4　経済産業大臣は、納付金単価を定めたときは、遅滞なく、これを告示しなければならない。

（納付金の額の決定、通知等）
**第13条**　費用負担調整機関は、第11条第1項の経済産業省令で定める期間ごとに、各電気事業者が納付すべき納付金の額を決定し、当該各電気事業者に対し、その者が納付すべき納付金の額及び納付期限その他必要な事項を通知しなければならない。
2　第10条第2項の規定は、納付金について準用する。

（納付金の納付の督促等）
**第14条**　費用負担調整機関は、前条第1項の規定による通知を受けた電気事業者がその納付期限までに納付金を納付しないときは、督促状により期限を指定してその納付を督促しなければならない。
2　費用負担調整機関は、前項の規定により督促したときは、その督促に係る納付金の額に納付期限の翌日からその納付の日までの日数に応じ年14.5パーセントの割合を乗じて計算した金額の延滞金を徴収することができる。
3　費用負担調整機関は、第1項の規定による督促を受けた電気事業者が同項の規定により指定された期限までにその納付すべき金額を納付しないときは、直ちに、その旨を経済産業大臣に通知しなければならない。
4　経済産業大臣は、前項の規定による通知を受けたときは、直ちに、当該電気事業者の氏名又は名称及び当該電気事業者が第1項の規定により指定された期限までにその納付すべき金額を納付していない旨を公表しなければならない。

（帳簿）
**第15条**　電気事業者は、経済産業省令で定めるところにより、特定契約ごとの調達した再生可能エネルギー電気の量、供給した電気の量その他の経済産業省令で定める事項を記載した帳簿を備え付け、これを保存しなければならない。

（賦課金の請求）
**第16条**　電気事業者は、納付金に充てるため、当該電気事業者から電気の供給を受ける電気の使用者に対し、当該電気の供給の対価の一部として、賦課金を支払うべきことを請求することができる。
2　前項の規定により電気の使用者に対し支払を請求することができる賦課金の額は、当該電気事業者が当該電気の使用者に供給した電気の量に当該電気の供給

参考資料

をした年度における納付金単価に相当する金額を乗じて得た額とする。

(賦課金に係る特例)
第17条　経済産業大臣は、毎年度、当該年度の開始前に、経済産業省令で定めるところにより、当該事業の電気の使用に係る原単位(売上高1000円当たりの電気の使用量(キロワット時で表した量をいい、電気事業者から供給を受けた電気の使用量に限る。以下この条及び第40条第2項において同じ。)をいう。以下この条において同じ。)が、当該事業が製造業に属するものである場合にあっては製造業に係る電気の使用に係る原単位の平均の8倍を超える事業を行う者からの、当該事業が製造業以外の業種に属するものである場合にあっては製造業以外の業種に係る電気の使用に係る原単位の平均の政令で定める倍数を超える事業を行う者からの申請により、年間の当該事業に係る電気の使用量が政令で定める量を超える事業所について、前条の賦課金の負担が当該事業者の事業活動の継続に与える影響に特に配慮する必要がある事業所として認定するものとする。

2　前項の規定にかかわらず、同項の申請者が第5項の規定により認定を取り消され、その取消しの日から起算して5年を経過しない者である場合には、経済産業大臣は、前項の認定をしてはならない。

3　前条第2項の規定にかかわらず、第1項の規定による認定に係る年度において、同条第1項の規定により第1項の規定による認定を受けた事業所に係る支払を請求することができる賦課金の額は、同条第2項の規定により算定された額から、当該事業の電気の使用に係る原単位に応じて、当該額に100分の80を下らない政令で定める割合を乗じて得た額を減じた額とする。

4　経済産業大臣は、第1項の規定による認定を受けた事業所に係る事業者の氏名又は名称及び住所並びに法人にあってはその代表者の氏名、当該事業所の名称及び所在地、当該認定に係る事業の電気の使用に係る原単位の算定の基礎となる当該事業に係る電気の使用量、当該事業所の年間の当該事業に係る電気の使用量その他経済産業省令で定める事項について、経済産業省令で定めるところにより、公表するものとする。

5　経済産業大臣は、偽りその他不正の手段により第1項の規定による認定を受けた者があるときは、その認定を取り消さなければならない。

6　経済産業大臣は、第1項の規定による認定を受けた者が同項に規定する要件を欠くに至ったと認めるときは、その認定を取り消すことができる。

(予算上の措置)

**第18条** 政府は、第8条第1項の規定により費用負担調整機関が電気事業者に対し交付金を交付するために必要となる費用の財源に充てるため、必要な予算上の措置を講ずるものとする。

## 第4章　費用負担調整機関

**（費用負担調整機関の指定等）**
**第19条** 経済産業大臣は、一般社団法人、一般財団法人その他政令で定める法人であって、次項に規定する業務（以下「調整業務」という。）に関し次に掲げる基準に適合すると認められるものを、その申請により、全国を通じて1個に限り、費用負担調整機関（以下「調整機関」という。）として指定することができる。
　一　調整業務を適確に実施するに足りる経理的及び技術的な基礎を有するものであること。
　二　役員又は職員の構成が、調整業務の公正な実施に支障を及ぼすおそれがないものであること。
　三　調整業務以外の業務を行っている場合には、その業務を行うことによって調整業務の公正な実施に支障を及ぼすおそれがないものであること。
　四　第29条第1項の規定により指定を取り消され、その取消しの日から2年を経過しない者でないこと。
　五　役員のうちに次のいずれかに該当する者がないこと。
　　イ　禁錮以上の刑に処せられ、その刑の執行を終わり、又は執行を受けることがなくなった日から2年を経過しない者
　　ロ　この法律又はこの法律に基づく命令の規定に違反したことにより罰金の刑に処せられ、その刑の執行を終わり、又は執行を受けることがなくなった日から2年を経過しない者
2　調整機関は、次に掲げる業務を行うものとする。
　一　電気事業者から納付金を徴収し、その管理を行うこと。
　二　電気事業者に対し交付金を交付すること。
　三　前2号に掲げる業務に附帯する業務を行うこと。
3　経済産業大臣は、第1項の規定による指定をしたときは、当該指定を受けた者の名称及び住所並びに事務所の所在地を公示しなければならない。
4　調整機関は、その名称及び住所並びに事務所の所在地を変更しようとするときは、あらかじめ、その旨を経済産業大臣に届け出なければならない。

5　経済産業大臣は、前項の規定による届出があったときは、当該届出に係る事項を公示しなければならない。

（調整業務規程）

第20条　調整機関は、調整業務の開始前に、その実施方法その他の経済産業省令で定める事項について調整業務規程を定め、経済産業大臣の認可を受けなければならない。これを変更しようとするときも、同様とする。

2　経済産業大臣は、前項の認可の申請が次の各号のいずれにも適合していると認めるときは、同項の認可をしなければならない。

一　調整業務の実施方法が適正かつ明確に定められていること。
二　特定の者に対し不当な差別的取扱いをするものでないこと。
三　電気事業者の利益を不当に害するおそれがあるものでないこと。

3　経済産業大臣は、第1項の認可をした調整業務規程が調整業務の適正かつ確実な実施上不適当となったと認めるときは、その調整業務規程を変更すべきことを命ずることができる。

（事業計画等）

第21条　調整機関は、毎事業年度、経済産業省令で定めるところにより、調整業務に関し事業計画書及び収支予算書を作成し、経済産業大臣の認可を受けなければならない。これを変更しようとするときも、同様とする。

2　調整機関は、前項の認可を受けたときは、遅滞なく、その事業計画書及び収支予算書を公表しなければならない。

3　調整機関は、経済産業省令で定めるところにより、毎事業年度終了後、調整業務に関し事業報告書及び収支決算書を作成し、経済産業大臣に提出するとともに、これを公表しなければならない。

（区分経理）

第22条　調整機関は、調整業務以外の業務を行っている場合には、当該業務に係る経理と調整業務に係る経理とを区分して整理しなければならない。

（業務の休廃止）

第23条　調整機関は、経済産業大臣の許可を受けなければ、調整業務の全部又は一部を休止し、又は廃止してはならない。

（納付金の運用）

第24条　調整機関は、次の方法によるほか、納付金を運用してはならない。

一　国債その他経済産業大臣の指定する有価証券の保有

二　銀行その他経済産業大臣の指定する金融機関への預金
三　信託業務を営む金融機関（金融機関の信託業務の兼営等に関する法律（昭和18年法律第43号）第１条第１項の認可を受けた金融機関をいう。）への金銭信託

（帳簿）
**第25条**　調整機関は、経済産業省令で定めるところにより、調整業務に関する事項で経済産業省令で定めるものを記載した帳簿を備え付け、これを保存しなければならない。

（秘密保持義務）
**第26条**　調整機関の役員若しくは職員又はこれらの職にあった者は、調整業務に関して知り得た秘密を漏らしてはならない。

（解任命令）
**第27条**　経済産業大臣は、調整機関の役員が、この法律の規定若しくはこの法律に基づく命令の規定若しくは処分に違反したとき、第20条第１項の認可を受けた同項に規定する調整業務規程に違反する行為をしたとき、又は調整業務に関し著しく不適当な行為をしたときは、調整機関に対して、その役員を解任すべきことを命ずることができる。

（監督命令）
**第28条**　経済産業大臣は、この法律を施行するために必要な限度において、調整機関に対し、調整業務に関し監督上必要な命令をすることができる。

（指定の取消し等）
**第29条**　経済産業大臣は、調整機関が次の各号のいずれかに該当するときは、第19条第１項の規定による指定（以下この条において単に「指定」という。）を取り消すことができる。
一　調整業務を適正かつ確実に実施することができないと認められるとき。
二　指定に関し不正の行為があったとき。
三　この法律の規定若しくはこの法律に基づく命令の規定若しくは処分に違反したとき、又は第20条第１項の認可を受けた同項に規定する調整業務規程によらないで調整業務を行ったとき。
2　経済産業大臣は、前項の規定により指定を取り消したときは、その旨を公示しなければならない。
3　第１項の規定による指定の取消しが行われた場合において、電気事業者が当該

参考資料

指定を取り消された法人に納付した納付金がなお存するときは、当該指定を取り消された法人は、経済産業大臣が第19条第1項の規定により新たに指定する調整機関に当該納付金を速やかに引き渡さなければならない。

(情報の提供等)
第30条　経済産業大臣は、調整機関に対し、調整業務の実施に関し必要な情報及び資料の提供又は指導及び助言を行うものとする。

## 第5章　調達価格等算定委員会

(設置及び所掌事務)
第31条　資源エネルギー庁に、調達価格等算定委員会(以下「委員会」という。)を置く。
2　委員会は、この法律によりその権限に属させられた事項を処理する。

(組織)
第32条　委員会は、委員5人をもって組織する。

(委員)
第33条　委員は、電気事業、経済等に関して専門的な知識と経験を有する者のうちから、両議院の同意を得て、経済産業大臣が任命する。
2　前項の場合において、国会の閉会又は衆議院の解散のために両議院の同意を得ることができないときは、経済産業大臣は、同項の規定にかかわらず、同項に定める資格を有する者のうちから、委員を任命することができる。
3　前項の場合においては、任命後最初の国会で両議院の事後の承認を得なければならない。この場合において、両議院の事後の承認が得られないときは、経済産業大臣は、直ちにその委員を罷免しなければならない。
4　委員の任期は、3年とする。ただし、補欠の委員の任期は、前任者の残任期間とする。
5　委員の任期が満了したときは、当該委員は、後任者が任命されるまで引き続きその職務を行うものとする。
6　委員は、再任されることができる。
7　経済産業大臣は、委員が破産手続開始の決定を受け、又は禁錮以上の刑に処せられたときは、その委員を罷免しなければならない。
8　経済産業大臣は、委員が心身の故障のため職務の執行ができないと認めるとき、又は委員に職務上の義務違反その他委員たるに適しない非行があると認めると

きは、両議院の同意を得て、その委員を罷免することができる。
9　委員は、職務上知ることができた秘密を漏らしてはならない。その職を退いた後も同様とする。
10　委員は、非常勤とする。

**（委員長）**
**第34条**　委員会に、委員長を置き、委員の互選によってこれを定める。
2　委員長は、会務を総理し、委員会を代表する。
3　委員長に事故があるときは、あらかじめその指名する委員が、その職務を代理する。

**（会議）**
**第35条**　委員会の会議は、委員長が招集する。
2　委員会は、委員長及び委員の半数以上の出席がなければ、会議を開き、議決することができない。
3　委員会の会議の議事は、出席者の過半数で決し、可否同数のときは、委員長の決するところによる。
4　委員長に事故がある場合における第2項の規定の適用については、前条第3項の規定により委員長の職務を代理する委員は、委員長とみなす。
5　委員会の会議は、公開する。ただし、委員会は、会議の公正が害されるおそれがあるときその他公益上必要があると認めるときは、公開しないことができる。

**（資料の提出その他の協力）**
**第36条**　委員会は、その所掌事務を遂行するため必要があると認めるときは、行政機関及び地方公共団体の長に対して、資料の提出、意見の開陳、説明その他の必要な協力を求めることができる。
2　委員会は、その所掌事務を遂行するため特に必要があると認めるときは、前項に規定する者以外の者に対しても、必要な協力を依頼することができる。

**（政令への委任）**
**第37条**　この法律に定めるもののほか、委員会に関し必要な事項は、政令で定める。

## 第6章　雑則

**（再生可能エネルギー源の利用に要する費用の価格への反映）**
**第38条**　国は、電気についてエネルギー源としての再生可能エネルギー源の利用の円滑化を図るためには、当該利用に要する費用を電気の使用者に対する電気の供

給の対価に適切に反映させることが重要であることに鑑み、この法律の趣旨及び内容について、広報活動等を通じて国民に周知を図り、その理解と協力を得るよう努めなければならない。
2 　電気事業者は、電気についてエネルギー源としての再生可能エネルギー源の利用の円滑化を図るため、電気の供給の対価に係る負担が電気の使用者に対して過重なものとならないよう、その事業活動の効率化、当該事業活動に係る経費の低減その他必要な措置を講ずるよう努めなければならない。

（再生可能エネルギー電気の安定的かつ効率的な供給の確保に関する国等の責務）

第39条　国は、再生可能エネルギー電気の安定的かつ効率的な供給の確保を図るため、研究開発の推進及びその成果の普及、再生可能エネルギー発電設備の設置に係る土地利用、建築物等に関する規制その他の再生可能エネルギー電気の供給に係る規制の在り方及び認定発電設備を用いて再生可能エネルギー電気を供給し、又は供給しようとする者の利便性の向上を図るための措置についての検討並びにその結果に基づく必要な措置の実施その他必要な施策を講ずるものとする。
2 　電気事業者及び再生可能エネルギー電気を電気事業者に供給する者は、再生可能エネルギー電気の安定的かつ効率的な供給の確保を図るため、相互の密接な連携の下に、再生可能エネルギー電気の円滑な供給に資する電気工作物の設置その他必要な措置を講ずるよう努めなければならない。
3 　再生可能エネルギー発電設備の製造、設置その他の再生可能エネルギー発電設備に関連する事業を行う者は、再生可能エネルギー電気の安定的かつ効率的な供給の確保を図るため、再生可能エネルギー発電設備の製造及び設置に要する費用の低減その他必要な措置を講ずるよう努めなければならない。

（報告徴収及び立入検査）

第40条　経済産業大臣は、この法律の施行に必要な限度において、電気事業者若しくは認定発電設備を用いて再生可能エネルギー電気を供給し、若しくは供給しようとする者に対し、その業務の状況、認定発電設備の状況その他必要な事項に関し報告をさせ、又はその職員に、電気事業者若しくは認定発電設備を用いて再生可能エネルギー電気を供給し、若しくは供給しようとする者の事業所若しくは事務所若しくは認定発電設備を設置する場所に立ち入り、帳簿、書類、認定発電設備その他の物件を検査させることができる。ただし、住居に立ち入る場合においては、あらかじめ、その居住者の承諾を得なければならない。

2　経済産業大臣は、第17条の規定の施行に必要な限度において、同条第1項の規定によりその事業所について認定を受け、若しくは受けようとする者に対し、当該事業所の年間の当該認定に係る事業に係る電気の使用量、当該者の当該事業に係る売上高その他必要な事項に関し報告をさせ、又はその職員に、当該事業所若しくは当該者の事務所に立ち入り、帳簿、書類その他の物件を検査させることができる。

3　経済産業大臣は、この法律の施行に必要な限度において、調整機関に対し、調整業務の状況若しくは資産に関し報告をさせ、又はその職員に、調整機関の事務所に立ち入り、帳簿、書類その他の物件を検査させることができる。

4　前3項の規定により立入検査をする職員は、その身分を示す証明書を携帯し、関係者に提示しなければならない。

5　第1項から第3項までの規定による立入検査の権限は、犯罪捜査のために認められたものと解釈してはならない。

**（環境大臣との関係）**

**第41条**　経済産業大臣は、電気についてエネルギー源としての再生可能エネルギー源の利用を促進するための施策の実施に当たり、当該施策の実施が環境の保全に関する施策に関連する場合には、環境大臣と緊密に連絡し、及び協力して行うものとする。

**（経済産業省令への委任）**

**第42条**　この法律に定めるもののほか、この法律の実施のために必要な事項は、経済産業省令で定める。

**（経過措置）**

**第43条**　この法律の規定に基づき命令を制定し、又は改廃する場合においては、その命令で、その制定又は改廃に伴い合理的に必要と判断される範囲内において、所要の経過措置（罰則に関する経過措置を含む。）を定めることができる。

## 第7章　罰則

**第44条**　第26条又は第33条第9項の規定に違反した者は、1年以下の懲役又は50万円以下の罰金に処する。

**第45条**　第4条第4項又は第5条第4項の規定による命令に違反した者は、100万円以下の罰金に処する。

**第46条**　次の各号のいずれかに該当する者は、30万円以下の罰金に処する。

参考資料

　一　第12条第3項の規定による届出をせず、又は虚偽の届出をした者
　二　第15条の規定に違反して帳簿を備え付けず、帳簿に記載せず、若しくは帳簿に虚偽の記載をし、又は帳簿を保存しなかった者
　三　第40条第1項若しくは第2項の規定による報告をせず、若しくは虚偽の報告をし、又は同条第1項若しくは第2項の規定による検査を拒み、妨げ、若しくは忌避した者

**第47条**　次の各号のいずれかに該当するときは、その違反行為をした調整機関の役員又は職員は、30万円以下の罰金に処する。
　一　第23条の許可を受けないで調整業務の全部を廃止したとき。
　二　第25条の規定に違反して帳簿を備え付けず、帳簿に記載せず、若しくは帳簿に虚偽の記載をし、又は帳簿を保存しなかったとき。
　三　第40条第3項の規定による報告をせず、若しくは虚偽の報告をし、又は同項の規定による検査を拒み、妨げ、若しくは忌避したとき。

**第48条**　法人の代表者又は法人若しくは人の代理人、使用人その他の従業者が、その法人又は人の業務に関し、第45条又は第46条の違反行為をしたときは、行為者を罰するほか、その法人又は人に対して各本条の刑を科する。

　　　附　則　（抄）

（施行期日）

**第1条**　この法律は、平成24年7月1日から施行する。ただし、次の各号に掲げる規定は、当該各号に定める日から施行する。
　一　附則第8条並びに第10条第1項及び第5項の規定　公布の日
　二　第5章並びに附則第2条、第5条、第14条及び第15条（経済産業省設置法（平成11年法律第99号）第19条第1項第5号の改正規定を除く。）の規定　公布の日から起算して3月を超えない範囲内において政令で定める日
　三　附則第3条及び第4条の規定　公布の日から起算して9月を超えない範囲内において政令で定める日

（準備行為）

**第2条**　経済産業大臣は、この法律の施行前においても、第3条及び第12条の規定の例により、調達価格等及び納付金単価を定め、これを告示することができる。
　2　前項の規定により定められた調達価格等及び納付金単価は、この法律の施行の日において第3条第1項及び第12条第2項の規定により定められたものとみな

す。

**第3条** 再生可能エネルギー発電設備を用いて発電しようとする者は、この法律の施行前においても、第6条の規定の例により、同条第1項の認定を受けることができる。

2 前項の規定により認定を受けたときは、この法律の施行の日において第6条第1項の規定により認定を受けたものとみなす。

**第4条** 第17条第1項の規定による認定を受けようとする者は、この法律の施行前においても、同条の規定の例により、同条第1項の認定を受けることができる。

2 前項の規定により認定を受けたときは、この法律の施行の日において第17条第1項の規定により認定を受けたものとみなす。

**第5条** 第19条第1項の指定及びこれに関し必要な手続その他の行為は、この法律の施行前においても、同条、第20条並びに第21条第1項及び第2項の規定の例により行うことができる。

（太陽光発電設備に係る特例）

**第6条** 太陽光を電気に変換する設備（以下「太陽光発電設備」という。）であって、この法律の施行の際現にエネルギー供給事業者による非化石エネルギー源の利用及び化石エネルギー原料の有効な利用の促進に関する法律（平成21年法律第72号）第5条第1項に規定する判断の基準となるべき事項（同項第2号に掲げる事項に係る部分に限る。）に基づき一般電気事業者により行われている太陽光を変換して得られる電気の調達に係る設備として経済産業省令で定める要件に適合している旨の経済産業大臣の確認を受けたものを用いた発電については、この法律の施行の日に第6条第1項の規定による認定を受けた発電とみなして、この法律の規定を適用する。

2 前項の規定により第6条第1項の規定による認定を受けた発電とみなされる発電についての第4条第1項、第6条第4項、第6項及び第7項並びに第9条第1号の規定の適用については、第4条第1項中「当該特定供給者に係る認定発電設備に係る調達期間を超えない範囲内の期間（当該再生可能エネルギー電気が既に他の電気事業者に供給されていた場合その他の経済産業省令で定める場合にあっては、経済産業省令で定める期間）」とあるのは「前条の規定（調達期間に係る部分に限る。）の例に準じて経済産業大臣が定める期間」と、「当該認定発電設備に係る調達価格」とあるのは「同条の規定（調達価格に係る部分に限る。）の例に準じて経済産業大臣が定める価格（以下「特例太陽光価格」という。）」と、

第6条第4項中「当該認定に係る発電」とあるのは「附則第6条第1項の規定により第6条第1項の規定による認定を受けた発電とみなされる発電（以下「特例太陽光発電」という。）に係る附則第6条第1項の太陽光発電設備」と、同条第6項中「第1項の認定に係る発電が同項各号のいずれか」とあるのは「特例太陽光発電に係る附則第6条第1項の太陽光発電設備（第4項の規定による変更の認定又は前項の規定による変更の届出があったときは、その変更後のもの）が同条第1項の経済産業省令で定める要件」と、同条第7項中「第2項及び第3項」とあるのは「第2項」と、「準用する」とあるのは「準用する。この場合において、第2項中「前項の認定の申請に係る発電が同項各号のいずれにも」とあるのは「特例太陽光発電に係る附則第6条第1項の太陽光発電設備が同項の経済産業省令で定める要件に」と、「、同項」とあるのは「、前項」と読み替えるものとする」と、第9条第1号中「調達価格」とあるのは「調達価格（特例太陽光発電による電気について特定契約に基づき調達した場合にあっては、特例太陽光価格）」とする。

（特定供給者が受けるべき利潤に対する特別の配慮）
第7条　経済産業大臣は、集中的に再生可能エネルギー電気の利用の拡大を図るため、この法律の施行の日から起算して3年間を限り、調達価格を定めるに当たり、特定供給者が受けるべき利潤に特に配慮するものとする。

（再生可能エネルギー電気の供給に係る規制の在り方等の検討等の早期の実施）
第8条　国は、前条に定める期間における再生可能エネルギー電気の利用の拡大に資するため、再生可能エネルギー電気の供給に係る規制の在り方及び再生可能エネルギー発電設備を用いて発電しようとする者の利便性の向上を図るための措置についての検討並びにその結果に基づく必要な措置をできるだけ早期に実施するよう努めるものとする。

（東日本大震災により被害を受けた電気の使用者に対する賦課金に係る特例）
第9条　第16条第2項の規定にかかわらず、この法律の施行の日から平成25年3月31日までの間において、東日本大震災（平成23年3月11日に発生した東北地方太平洋沖地震及びこれに伴う原子力発電所の事故による災害をいう。次条第1項において同じ。）により著しい被害を受けた事務所、住居その他の施設又は設備に係る電気の使用者であって政令で定めるものに対し支払を請求することができる同条の賦課金の額は、0円とする。

2　前項の場合における第12条第1項及び第3項の規定の適用については、「係る

電気の使用者」とあるのは、「係る電気の使用者及び附則第9条第1項に規定する電気の使用者」とする。

(見直し)

**第10条** 政府は、東日本大震災を踏まえてエネルギー政策基本法(平成14年法律第71号)第12条第1項に規定するエネルギー基本計画(以下この条において「エネルギー基本計画」という。)が変更された場合には、当該変更後のエネルギー基本計画の内容を踏まえ、速やかに、エネルギー源としての再生可能エネルギー源の利用の促進に関する制度の在り方について検討を加え、その結果に基づいて必要な措置を講ずるものとする。

2　政府は、エネルギーの安定的かつ適切な供給の確保を図る観点から、前項の規定により必要な措置を講じた後、エネルギー基本計画が変更されるごと又は少なくとも3年ごとに、当該変更又は再生可能エネルギー電気の供給の量の状況及びその見通し、電気の供給に係る料金の額及びその見通し並びにその家計に与える影響、第16条の賦課金の負担がその事業を行うに当たり電気を大量に使用する者その他の電気の使用者の経済活動等に与える影響、内外の社会経済情勢の変化等を踏まえ、この法律の施行の状況について検討を加え、その結果に基づいて必要な措置を講ずるものとする。

3　政府は、この法律の施行後平成33年3月31日までの間に、この法律の施行の状況等を勘案し、この法律の抜本的な見直しを行うものとする。

4　政府は、この法律の施行の状況等を勘案し、エネルギー対策特別会計の負担とすること、石油石炭税の収入額を充てること等を含め第18条の予算上の措置に係る財源について速やかに検討を加え、その結果に基づいて所要の措置を講ずるものとする。

5　政府は、エネルギーの安定的かつ適切な供給を確保し、及び再生可能エネルギー電気の利用に伴う電気の使用者の負担を軽減する観点から、電気の供給に係る体制の整備及び料金の設定を含む電気事業に係る制度の在り方について速やかに検討を加え、その結果に基づいて所要の措置を講ずるものとする。

**(電気事業者による新エネルギー等の利用に関する特別措置法の廃止)**

**第11条**　電気事業者による新エネルギー等の利用に関する特別措置法(平成14年法律第62号)は、廃止する。

**(電気事業者による新エネルギー等の利用に関する特別措置法の廃止に伴う経過措置)**

参考資料

第12条　前条の規定による廃止前の電気事業者による新エネルギー等の利用に関する特別措置法（以下「旧特別措置法」という。）第4条から第8条まで、第9条第4項及び第5項並びに第10条から第12条までの規定（これらの規定に係る罰則を含む。）は、当分の間、なおその効力を有する。この場合において、旧特別措置法第4条第1項中「新エネルギー等電気の基準利用量」とあるのは「電気事業者による再生可能エネルギー電気の調達に関する特別措置法（平成23年法律第108号。以下「再生可能エネルギー電気特別措置法」という。）附則第11条の規定による廃止前の電気事業者による新エネルギー等の利用に関する特別措置法（平成14年法律第62号。以下「旧特別措置法」という。）第9条第1項の規定により認定を受けた新エネルギー等を電気に変換する設備（以下「新エネルギー等認定設備」という。）を用いて得られる新エネルギー等電気の経過措置利用量」と、「新エネルギー等電気利用目標及び新エネルギー等発電設備の導入に伴い必要となる電圧の調整のための発電設備の普及」とあるのは「旧特別措置法第4条第1項の規定により全ての電気事業者が再生可能エネルギー電気特別措置法の施行の日（以下「施行日」という。）の属する年の前年の4月1日からその属する年の3月31日までの1年間（施行日の属する月が1月から3月までである場合には、施行日の属する年の前々年の4月1日からその属する年の前年の3月31日までの1年間）において利用をすべきものとして経済産業大臣に届け出た新エネルギー等電気の基準利用量の合計量及び新エネルギー等認定設備の廃止」と、同条第2項中「「4月1日から」とあるのは「「4月1日から翌年の」と、「開始した日から」とあるのは「開始した日から翌年の」と、旧特別措置法第5条から第8条までの規定中「基準利用量」とあるのは「経過措置利用量」と、旧特別措置法第9条第4項中「第1項」とあるのは「旧特別措置法第9条第1項」と、同条第5項中「前各項」とあるのは「前項」と、「第1項」とあるのは「旧特別措置法第9条第1項」と、旧特別措置法第11条並びに第12条第1項及び第2項中「第9条第1項」とあるのは「旧特別措置法第9条第1項」とする。

第13条　この法律の施行前にした行為に対する罰則の適用については、なお従前の例による。

（政令への委任）

第16条　この附則に規定するもののほか、この法律の施行に伴い必要な経過措置は、政令で定める。

1 電気事業者による再生可能エネルギー電気の調達に関する特別措置法

**附　則**　（平成24年6月27日法律第47号）（抄）
**（施行期日）**
第1条　この法律は、公布の日から起算して3月を超えない範囲内において政令で定める日〔平24・9・19—平24政228〕から施行する。（以下、略）
**（電気事業者による再生可能エネルギー電気の調達に関する特別措置法の一部改正に伴う調整規定）**
第81条　電気事業者による再生可能エネルギー電気の調達に関する特別措置法の施行の日がこの法律の施行の日前である場合には、前条の規定は、適用しない。

参考資料

## 2 電気事業者による再生可能エネルギー電気の調達に関する特別措置法施行令

（平成23年11月28日政令第362号、最終改正：平成24年6月13日政令第161号）

**（認定の協議の相手方）**

第1条　電気事業者による再生可能エネルギー電気の調達に関する特別措置法（以下「法」という。）第6条第3項の規定による協議は、同条第1項の認定の申請に係る発電に利用されるバイオマス（法第2条第4項第5号に規定するバイオマスをいう。）が次の各号に掲げるものであるときは、当該各号に定める大臣にするものとする。

　一　農林漁業有機物資源（農林漁業有機物資源のバイオ燃料の原材料としての利用の促進に関する法律（平成20年法律第45号）第2条第1項に規定する農林漁業有機物資源をいう。以下この号において同じ。）　農林水産大臣（農林漁業有機物資源が廃棄物（廃棄物の処理及び清掃に関する法律（昭和45年法律第137号）第2条第1項に規定する廃棄物をいう。第4号において同じ。）である場合にあっては、農林水産大臣及び環境大臣）

　二　食品循環資源（食品循環資源の再生利用等の促進に関する法律（平成12年法律第116号）第2条第3項に規定する食品循環資源をいう。）　農林水産大臣及び環境大臣

　三　発生汚泥等（下水道法（昭和33年法律第79号）第21条の2第1項に規定する発生汚泥等をいう。）及び建設資材廃棄物（建設工事に係る資材の再資源化等に関する法律（平成12年法律第104号）第2条第2項に規定する建設資材廃棄物をいう。）　国土交通大臣及び環境大臣

　四　廃棄物（前3号に掲げるものに該当するものを除く。）　環境大臣

2　前項の規定は、法第6条第7項において準用する同条第3項の規定による協議について準用する。

**（賦課金に係る特例）**

第2条　法第17条第1項の政令で定める倍数は、製造業に係る電気の使用に係る原単位（同項に規定する電気の使用に係る原単位をいう。以下この項において同じ。）の平均に8を乗じて得た数を、製造業以外の業種に係る電気の使用に係る原単位の平均で除して得た数を基準として経済産業大臣が定める数とする。

2　法第17条第1項の政令で定める量は、100万キロワット時とする。

3　法第17条第3項の政令で定める割合は、100分の80とする。
**（費用負担調整機関としての指定を受けることができる法人）**
第3条　法第19条第1項の政令で定める法人は、株式会社とする。

　　　附　則

**（施行期日）**
1　この政令は、平成24年7月1日から施行する。
**（東日本大震災により被害を受けた電気の使用者に係る賦課金の特例）**
2　法附則第9条第1項の政令で定めるものは、次に掲げる者とする。
　一　事務所、住居その他の施設又は設備（以下この項において「事務所等」という。）について、平成23年3月11日に発生した東北地方太平洋沖地震により、全壊、流失、半壊、床上浸水その他これらに準ずる損害を受けたことにつき当該事務所等の所在地を管轄する市町村長その他相当な機関から証明を受けた者であって、請求電気事業者（法第16条第1項の規定により同項に規定する電気の使用者に対し賦課金を支払うべきことを請求することができる電気事業者をいう。第3号において同じ。）に対し、当該証明に係る事務所等又はこれらに代えて用いられる事務所等において使用する電気につき当該請求電気事業者からその供給を受けている旨を申し出たもの（次号に掲げる者を除く。）
　二　警戒区域等（平成23年4月22日において原子力災害対策特別措置法（平成11年法律第156号）第28条第2項の規定により読み替えて適用される災害対策基本法（昭和36年法律第223号）第63条第1項の規定により設定された警戒区域その他これに準ずるものとして経済産業大臣が定める区域又は地点をいう。以下この項において同じ。）又は警戒区域等であった区域若しくは地点に所在する事務所等において使用する電気につきその供給を受ける契約を電気事業者と締結しており、かつ、当該契約に基づき供給される電気を使用する者
　三　警戒区域等が設定された日において当該警戒区域等に所在する事務所等において使用する電気につきその供給を受ける契約を電気事業者と締結していた者その他これに準ずる者として経済産業大臣が定める者であって、請求電気事業者に対し、当該事務所等に代えて用いられる事務所等において使用する電気につき当該請求電気事業者からその供給を受けている旨を申し出たもの（前号に掲げる者を除く。）

附　則　（平成24年6月13日政令第161号）（抄）
（施行期日）
1　この政令は、平成24年7月1日から施行する。
（電気事業者による新エネルギー等の利用に関する特別措置法施行令の廃止）
2　電気事業者による新エネルギー等の利用に関する特別措置法施行令（平成14年政令第357号）は、廃止する。
（電気事業者による新エネルギー等の利用に関する特別措置法施行令の廃止に伴う経過措置）
3　前項の規定による廃止前の電気事業者による新エネルギー等の利用に関する特別措置法施行令（以下「旧特別措置法施行令」という。）第3条から第5条までの規定は、当分の間、なおその効力を有する。この場合において、旧特別措置法施行令第3条中「法第9条第1項の認定（次条の変更の認定を含む。以下同じ。）」とあるのは「次条の変更の認定」と、旧特別措置法施行令第4条中「法第9条第1項」とあるのは「電気事業者による再生可能エネルギー電気の調達に関する特別措置法（平成23年法律第108号）附則第11条の規定による廃止前の電気事業者による新エネルギー等の利用に関する特別措置法（平成14年法律第62号。以下「旧特別措置法」という。）第9条第1項」と、旧特別措置法施行令第5条中「法第9条第1項」とあるのは「旧特別措置法第9条第1項」とする。

# ③ 電気事業者による再生可能エネルギー電気の調達に関する特別措置法施行規則

（平成24年6月18日経済産業省令第46号、

最終改正：平成25年3月29日経済産業省令第17号）

第1章　定義（第1条）
第2章　電気事業者による再生可能エネルギー電気の調達等（第2条—第13条）
第3章　電気事業者間の費用負担の調整（第14条—第23条）
第4章　雑則（第24条）
附則

## 第1章　定義

**（定義）**
**第1条**　この省令において使用する用語は、電気事業者による再生可能エネルギー電気の調達に関する特別措置法（平成23年法律第108号。以下「法」という。）において使用する用語の例による。

## 第2章　電気事業者による再生可能エネルギー電気の調達等

**（再生可能エネルギー発電設備の区分等）**
**第2条**　法第3条第1項の経済産業省令で定める再生可能エネルギー発電設備の区分、設置の形態及び規模（以下「設備の区分等」という。）は、次のとおりとする。
一　太陽光を電気に変換する設備（以下「太陽光発電設備」という。）であって、その出力が10キロワット未満のもの（次号に掲げるものを除く。）
二　太陽光発電設備であって、その出力が10キロワット未満のもの（当該太陽光発電設備の設置場所を含む1の需要場所（電気事業法施行規則（平成7年通商産業省令第77号）第2条の2第2項に規定する1の需要場所をいう。以下同じ。）に電気を供給する再生可能エネルギー発電設備以外の設備（電気事業者が電気を供給するための設備を除く。以下「自家発電設備等」という。）とともに設置され、当該自家発電設備等により供給される電気が電気事業者に対する再生可能エネルギー電気の供給量に影響を与えているものに限る。）
三　太陽光発電設備であって、その出力が10キロワット以上のもの

参考資料

四　風力を電気に変換する設備（以下「風力発電設備」という。）であって、その出力が20キロワット未満のもの
五　風力発電設備であって、その出力が20キロワット以上のもの
六　水力を電気に変換する設備（以下「水力発電設備」という。）であって、その出力が200キロワット未満のもの
七　水力発電設備であって、その出力が200キロワット以上1000キロワット未満のもの
八　水力発電設備であって、その出力が1000キロワット以上3万キロワット未満のもの
九　地熱を電気に変換する設備（以下「地熱発電設備」という。）であって、その出力が1万5000キロワット未満のもの
十　地熱発電設備であって、その出力が1万5000キロワット以上のもの
十一　バイオマスを発酵させることによって得られるメタンを電気に変換する設備
十二　森林における立木竹の伐採又は間伐により発生する未利用の木質バイオマス（バイオマスのうち木竹に由来するものをいう。以下同じ。）（輸入されたものを除く。）を電気に変換する設備（第11号に掲げる設備及び一般廃棄物（廃棄物の処理及び清掃に関する法律（昭和45年法律第137号）第2条第2項に規定する一般廃棄物をいう。）であるバイオマスを電気に変換する設備（以下「一般廃棄物発電設備」という。）を除く。）
十三　木質バイオマス又は農産物の収穫に伴って生じるバイオマス（当該農産物に由来するものに限る。）を電気に変換する設備（第11号、第12号及び第14号に掲げる設備並びに一般廃棄物発電設備を除く。）
十四　建設資材廃棄物（建設工事に係る資材の再資源化等に関する法律（平成12年法律第104号）第2条第2項に規定する建設資材廃棄物をいう。）を電気に変換する設備（第11号に掲げる設備及び一般廃棄物発電設備を除く。）
十五　一般廃棄物発電設備又は一般廃棄物発電設備及び第11号から第14号までに掲げる設備以外のバイオマス発電設備（バイオマスを電気に変換する設備をいう。以下同じ。）

（法第4条第1項の経済産業省令で定める場合及び期間）
**第3条**　法第4条第1項の経済産業省令で定める場合は、当該再生可能エネルギー電気が特定契約に基づき既に他の電気事業者に供給されていた場合とし、同項の

③ 電気事業者による再生可能エネルギー電気の調達に関する特別措置法施行規則

経済産業省令で定める期間は、当該認定発電設備に係る調達期間から当該再生可能エネルギー電気が既に他の電気事業者に供給されていた期間を控除して得た期間とする。

**(特定契約の締結を拒むことができる正当な理由)**
**第4条** 法第4条第1項の経済産業省令で定める正当な理由は、次のとおりとする。
一 申し込まれた特定契約の内容が当該特定契約の申込みの相手方である電気事業者(以下「特定契約電気事業者」という。)の利益を不当に害するおそれがあるときとして次のいずれかに該当するとき。
　イ 虚偽の内容を含むものであること。
　ロ 法令の規定に違反する内容を含むものであること。
　ハ 損害賠償又は違約金に関し、次のいずれかの内容を含むものであること。
　　(1) 特定契約電気事業者が、その責めに帰すべき事由によらないで生じた損害を賠償すること。
　　(2) 特定契約電気事業者が、当該特定契約に基づく義務に違反したことにより生じた損害の額を超えた額の賠償をすること。
二 当該特定供給者が、次に掲げる事項を当該特定契約の内容とすることに同意しないこと。
　イ 特定契約電気事業者が指定する日に、毎月、当該特定契約電気事業者が当該特定契約に基づき調達する再生可能エネルギー電気の量の検針(電力量計により計量した電気の量を確認することをいう。以下同じ。)を行うこと、及び当該検針の結果の通知については、当該特定契約電気事業者が指定する方法により行うこと。
　ロ 特定契約電気事業者の従業員(当該特定契約電気事業者から委託を受けて検針を実施する者を含む。)が、当該特定契約電気事業者が調達した再生可能エネルギー電気の量を検針するため、又はその設置した電力量計を修理若しくは交換するため必要があるときに、当該特定供給者の認定発電設備又は当該特定供給者が維持し、及び運用する変電所若しくは開閉所が所在する土地に立ち入ることができること。
　ハ 特定契約電気事業者による当該特定契約に基づき調達した再生可能エネルギー電気の毎月の代金の支払については、当該代金を算定するために行う検針の日から当該検針の日の翌日の属する月の翌月の末日(その日が銀行法(昭和56年法律第59号)第15条第1項に規定する休日である場合においては、

その翌営業日）までの日の中から当該特定契約電気事業者が指定する日に、当該特定供給者の指定する１の預金又は貯金の口座に振り込む方法により行うこと。

ニ 当該特定供給者（法人である場合にあっては、その役員又はその経営に関与している者を含む。）が、暴力団（暴力団員による不当な行為の防止等に関する法律（平成３年法律第77号）第２条第２号に規定する暴力団をいう。以下同じ。）、暴力団員（同条第６号に規定する暴力団員をいう。以下同じ。）、暴力団員でなくなった日から５年を経過しない者、又はこれらに準ずる者（以下これらを総称して「暴力団等」という。）に該当しないこと、及び暴力団等と関係を有する者でないこと。

ホ 特定契約電気事業者と当該特定契約に係る法第５条第１項の規定による接続の請求の相手方である電気事業者（以下「接続請求電気事業者」という。）とが異なる場合にあっては、当該特定供給者の認定発電設備に係る振替補給費用（当該特定契約電気事業者が当該特定契約に基づき当該特定供給者から調達する再生可能エネルギー電気の供給を受けるために必要な振替供給（電気事業法（昭和39年法律第170号）第２条第１項第13号に規定する振替供給をいう。以下同じ。）に係る費用であって、当該特定契約電気事業者が当該接続請求電気事業者に対し振替供給を受ける日の前日までに通知する振替供給を受ける予定の電気の量より実際の供給量が下回って不足が生じた場合に、その不足を補うために当該下回った量の電気の供給を受けるために必要なものをいう。）が生じた場合には、当該振替補給費用に相当する額を当該特定契約電気事業者に支払うこと（当該特定契約電気事業者が当該額の支払を請求するに当たってその額の内訳及びその算定の合理的な根拠を示した場合に限る。）。

ヘ 当該特定供給者が、特定契約電気事業者以外の電気事業者に対しても特定契約の申込みをしている場合、又は特定契約電気事業者以外の電気事業者と特定契約を締結している場合にあっては、次に掲げる事項

(1) 当該特定供給者が、それぞれの電気事業者ごとに供給する予定の１日当たりの再生可能エネルギー電気の量（以下「予定供給量」という。）又は予定供給量の算定方法（予定供給量を具体的に定めることができる方法に限る。(2)において同じ。）をあらかじめ定めること。

(2) 再生可能エネルギー電気の供給が行われる前日における特定契約電気

③ 電気事業者による再生可能エネルギー電気の調達に関する特別措置法施行規則

事業者が指定する時以後、あらかじめ定めた予定供給量又は予定供給量の算定方法の変更を行わないこと。
ト 当該特定契約に関する訴えは、日本の裁判所の管轄に専属すること、当該特定契約に係る準拠法は日本法とすること、及び当該特定契約に係る契約書の正本は日本語で作成すること。
三 当該特定契約に基づく再生可能エネルギー電気の供給を受けることにより、特定契約電気事業者（当該特定契約電気事業者が特定電気事業者又は特定規模電気事業者である場合に限る。以下この号において同じ。）が、変動範囲内発電料金等（一般電気事業託送供給約款料金算定規則（平成11年通商産業省令第106号）第29条の２の２第１項に規定する変動範囲内発電料金等をいう。）を追加的に負担する必要が生ずることが見込まれること、又は当該特定契約に基づく再生可能エネルギー電気の供給を受けることにより、当該特定契約電気事業者が事業の用に供するための電気の量について、その需要に応ずる電気の供給のために必要な量を追加的に超えることが見込まれること。
四 特定契約電気事業者と接続請求電気事業者とが異なる場合にあっては、次のいずれかに該当すること。
イ 特定契約電気事業者が当該特定契約に基づき再生可能エネルギー電気の供給を受けることが地理的条件により不可能であること。
ロ 託送供給約款（電気事業法第24条の３第１項の規定により接続請求電気事業者が経済産業大臣に届け出た託送供給約款（同条第２項ただし書の規定により経済産業大臣の承認を受けた供給条件を含む。）をいう。）に反する内容を含むこと。
2 特定契約電気事業者は、前項第３号又は第４号に掲げる理由により特定契約の締結を拒もうとするときは、当該特定供給者に書面により当該理由があることの裏付けとなる合理的な根拠を示さなければならない。

**（接続に必要な費用）**
**第５条** 法第５条第１項第１号の経済産業省令で定める接続に必要な費用は、次のとおりとする。
一 当該接続に係る電源線（電源線に係る費用に関する省令（平成16年経済産業省令第119号）第１条第２項に規定する電源線（同条第３項第２号から第７号までに掲げるものを除く。）をいう。）の設置又は変更に係る費用
二 当該特定供給者の認定発電設備と被接続先電気工作物（当該特定供給者が自

参考資料

らの認定発電設備と電気的に接続を行い、又は行おうとしている接続請求電気事業者の事業の用に供する変電用、送電用又は配電用の電気工作物をいう。以下同じ。）との間に設置される電圧の調整装置の設置、改造又は取替えに係る費用（前号に掲げる費用を除く。）

三　当該特定供給者が供給する再生可能エネルギー電気の量を計量するために必要な電力量計の設置又は取替えに係る費用

四　当該特定供給者の認定発電設備と被接続先電気工作物との間に設置される設備であって、接続請求電気事業者が当該認定発電設備を監視、保護若しくは制御するために必要なもの又は当該特定供給者が当該接続請求電気事業者と通信するために必要なものの設置、改造又は取替えに係る費用

2　接続請求電気事業者は、特定供給者から法第5条第1項の規定による接続の請求があった場合には、当該特定供給者に書面により前項各号に掲げる費用の内容及び積算の基礎が合理的なものであること並びに当該費用が必要であることの合理的な根拠を示さなければならない。

**（接続の請求を拒むことができる正当な理由）**

**第6条**　法第5条第1項第3号の経済産業省令で定める正当な理由は、次のとおりとする。

一　当該特定供給者が、自らの認定発電設備の所在地、出力その他の当該認定発電設備と被接続先電気工作物とを電気的に接続するに当たり必要不可欠な情報を提供しないこと。

二　当該接続に係る契約の内容が、次のいずれかに該当すること。

　イ　虚偽の内容を含むものであること。

　ロ　法令の規定に違反する内容を含むものであること。

　ハ　損害賠償又は違約金に関し、次のいずれかに該当する内容を含むものであること。

　　(1)　接続請求電気事業者が、その責めに帰すべき事由によらないで生じた損害を賠償すること（第3号ニに規定する場合を除く。）。

　　(2)　接続請求電気事業者が当該接続に係る契約に基づく義務に違反したことにより生じた損害を超えた額の賠償をすること。

三　当該特定供給者が当該認定発電設備の出力の抑制に関し次に掲げる事項を当該接続に係る契約の内容とすることに同意しないこと。

　イ　接続請求電気事業者が、次の(1)及び(2)に掲げる措置（以下「回避措置」と

③ 電気事業者による再生可能エネルギー電気の調達に関する特別措置法施行規則

いう。)を講じたとしてもなお当該接続請求電気事業者の電気の供給量がその需要量を上回ることが見込まれる場合において、当該特定供給者(太陽光発電設備又は風力発電設備であってその出力が500キロワット以上のものを用いる者に限る。イにおいて同じ。)は、当該接続請求電気事業者の指示に従い当該認定発電設備の出力の抑制を行うこと(原則として当該指示が出力の抑制を行う前日までに行われ、かつ、自ら用いる太陽光発電設備及び風力発電設備の出力も当該特定供給者の認定発電設備の出力と同様に抑制の対象としている場合に行われるものである場合に限る。)、当該抑制により生じた損害(年間30日を超えない範囲内で行われる当該抑制により生じた損害に限る。)の補償を求めないこと(当該接続請求電気事業者が当該特定供給者に書面により、当該指示を行う前に当該回避措置を講じたこと、当該回避措置を講じてもなお当該接続請求電気事業者の電気の供給量がその需要量を上回ると見込んだ合理的な理由及び当該指示が合理的なものであったことを、当該指示をした後遅滞なく示した場合に限る。)及び当該抑制を行うために必要な体制の整備を行うこと。

(1) 当該接続請求電気事業者が所有する発電設備(太陽光発電設備、風力発電設備、原子力発電設備、水力発電設備(揚水式発電設備を除く。)及び地熱発電設備を除く。以下この(1)において同じ。)及び接続請求電気事業者が調達している電気の発電設備の出力の抑制(安定供給上支障があると判断される限度まで行われる出力の抑制をいう。)、並びに水力発電設備(揚水式発電設備に限る。)の揚水運転

(2) 当該接続請求電気事業者の電気の供給量がその需要量を上回ることが見込まれる場合における当該上回ることが見込まれる量の電気の取引の申込み

ロ (1)又は(2)に掲げる場合(接続請求電気事業者の責めに帰すべき事由によらない場合に限る。)には、当該接続請求電気事業者が当該特定供給者の認定発電設備の出力の抑制を行うことができること、及び当該接続請求電気事業者が、書面により当該抑制を行った合理的な理由を示した場合には、当該抑制により生じた損害の補償を求めないこと。

(1) 天災事変により、被接続先電気工作物の故障又は故障を防止するための装置の作動により停止した場合

(2) 人若しくは物が被接続先電気工作物に接触した場合又は被接続先電気

255

工作物に接近した人の生命及び身体を保護する必要がある場合において、当該接続請求電気事業者が被接続先電気工作物に対する電気の供給を停止した場合

ハ (1)又は(2)に掲げる場合には、接続請求電気事業者の指示に従い当該認定発電設備の出力の抑制を行うこと、及び当該接続請求電気事業者が、書面により当該指示を行った合理的な理由を示した場合には、当該抑制により生じた損害の補償を求めないこと。

(1) 被接続先電気工作物の定期的な点検を行うため、異常を探知した場合における臨時の点検を行うため又はそれらの結果に基づき必要となる被接続先電気工作物の修理を行うため必要最小限度の範囲で当該接続請求電気事業者が被接続先電気工作物に対する電気の供給を停止又は抑制する場合

(2) 当該特定供給者以外の者が用いる電気工作物と被接続先電気工作物とを電気的に接続する工事を行うため必要最小限度の範囲で当該接続請求電気事業者が被接続先電気工作物に対する電気の供給を停止又は抑制する場合

ニ イからハにおいて出力の抑制により生じた損害の補償を求めないこととされている場合以外の場合において、接続請求電気事業者による特定供給者の認定発電設備の出力の抑制又は当該接続請求電気事業者による指示に従って当該特定供給者が行った認定発電設備の出力の抑制により生じた損害については、その出力の抑制を行わなかったとしたならば当該特定供給者が特定契約電気事業者に供給したであろうと認められる再生可能エネルギー電気の量に当該再生可能エネルギー電気に係る調達価格を乗じて得た額を限度として補償を求めることができること、及び当該補償を求められた場合には当該接続請求電気事業者はこれに応じなければならないこと（当該接続に係る契約の締結時において、当該特定供給者及び当該接続請求電気事業者のいずれもが予想することができなかった特別の事情が生じた場合であって、当該特別の事情の発生が当該接続請求電気事業者の責めに帰すべき事由によらないことが明らかな場合を除く。）。

四 当該特定供給者が、次に掲げる事項について当該接続に係る契約の内容とすることに同意しないこと。

イ 接続請求電気事業者の従業員（当該接続請求電気事業者から委託を受けて

③ 電気事業者による再生可能エネルギー電気の調達に関する特別措置法施行規則

保安業務を実施する者を含む。）が、保安のため必要な場合に、当該特定供給者の認定発電設備又は特定供給者が維持し、及び運用する変電所若しくは開閉所が所在する土地に立ち入ることができること。
　ロ　当該特定供給者（当該特定供給者が法人である場合にあっては、その役員又はその経営に関与している者を含む。）が、暴力団等に該当しないこと、及び暴力団等と関係を有する者でないこと。
　ハ　当該接続に係る契約に関する訴えは、日本の裁判所の管轄に専属すること、当該接続に係る契約の準拠法は日本法によること、及び当該接続に係る契約の契約書の正本は日本語で作成すること。
五　接続請求電気事業者が、当該接続の請求に応じることにより、被接続先電気工作物に送電することができる電気の容量を超えた電気の供給を受けることとなることが合理的に見込まれること（次に掲げる措置を講じた場合に限る。）。
　イ　当該接続請求電気事業者が当該特定供給者に対し、その裏付けとなる合理的な根拠を示す書面を示した場合
　ロ　当該接続請求電気事業者が、特定供給者による接続の請求に応じることが可能な被接続先電気工作物の接続箇所のうち、当該特定供給者にとって経済的にみて合理的な接続箇所を提示し、当該接続箇所が経済的にみて合理的なものであることの裏付けとなる合理的な根拠を示す書面（当該接続箇所の提示が著しく困難な場合においてはその旨、及びその裏付けとなる合理的な根拠を示す書面）を示した場合
六　接続請求電気事業者が、当該接続の請求に応じることにより、第3号イに掲げる出力の抑制を行ったとしてもなお、当該接続請求電気事業者が受け入れることが可能な電気の量を超えた電気の供給を受けることとなることが合理的に見込まれること（当該接続請求電気事業者が当該特定供給者に対し、その裏付けとなる合理的な根拠を示す書面を提出した場合に限る。）。

（認定手続）
**第7条**　法第6条第1項の認定（以下この条において単に「認定」という。）の申請は、様式第1による申請書（当該認定の申請に係る再生可能エネルギー発電設備が太陽光発電設備であって、その出力が10キロワット未満のものである場合にあっては、様式第2による申請書）を提出して行わなければならない。
2　前項の申請書には、次に掲げる書類を添付しなければならない。
　一　当該認定の申請に係る再生可能エネルギー発電設備が次条第1項第5号及

257

び第9号並びに同条第2項第3号に定める基準に該当するものであることを示す書類

二　当該認定の申請に係る再生可能エネルギー発電設備について、調達期間にわたり点検及び保守を行う者の国内の連絡先並びに当該点検及び保守に係る体制を記載した書類並びに当該設備に関し修理が必要な場合に、当該修理が必要となる事由が生じてから3月以内に修理することが可能であることを証明する書類

三　当該認定の申請に係る再生可能エネルギー発電設備の構造図及び配線図

四　その出力が10キロワット未満の太陽光発電設備を自ら所有していない複数の住宅又はその敷地に設置し、当該太陽光発電設備を用いて発電した再生可能エネルギー電気を電気事業者に対し供給する事業（当該事業に用いる太陽光発電設備の出力の合計が10キロワット以上となる場合に限る。）を営む者が当該認定を受けようとする場合にあっては、あらかじめ、当該設置につき当該太陽光発電設備を設置するそれぞれの設置場所について所有権その他の使用の権原を有する者の承諾を得ていることを証明する書類

五　当該認定の申請に係る再生可能エネルギー発電設備がバイオマス発電設備であるときは、次に掲げる書類

　　イ　当該バイオマス発電設備を用いて行われる発電に係るバイオマス比率（当該発電により得られる電気の量に占めるバイオマスを変換して得られる電気の量の割合（複数の種類のバイオマスを用いる場合にあっては、当該バイオマスごとの割合）をいう。以下同じ。）の算定の方法を示す書類

　　ロ　当該認定の申請に係る発電に利用されるバイオマスの種類ごとに、それぞれの年間の利用予定数量、予定購入価格及び調達先その他当該バイオマスの出所に関する情報を示す書類

3　第1項の申請書及び前項の書類の提出部数は、各1通（当該認定の申請に係る再生可能エネルギー発電設備がバイオマス発電設備であるときは、各3通）とする。

4　経済産業大臣は、第2項各号に掲げるもののほか、認定のために必要な書類の提出を求めることができる。

**（認定基準）**

**第8条**　法第6条第1項第1号の経済産業省令で定める基準は、次のとおりとする。

一　当該認定の申請に係る再生可能エネルギー発電設備について、調達期間にわ

③ 電気事業者による再生可能エネルギー電気の調達に関する特別措置法施行規則

たり点検及び保守を行うことを可能とする体制が国内に備わっており、かつ、当該設備に関し修理が必要な場合に、当該修理が必要となる事由が生じてから3月以内に修理することが可能である体制が備わっていること。

二　当該認定の申請に係る再生可能エネルギー発電設備を設置する場所及び当該設備の仕様が決定していること。

三　電気事業者に供給する再生可能エネルギー電気の量を的確に計測できる構造であること。

四　既存の再生可能エネルギー発電設備の発電機その他の重要な部分の変更により当該設備を用いて得られる再生可能エネルギー電気の供給量を増加させる場合にあっては、当該変更により再生可能エネルギー電気の供給量が増加することが確実に見込まれ、かつ、当該増加する部分の供給量を的確に計測できる構造であること。

五　当該認定の申請に係る再生可能エネルギー発電設備が太陽光発電設備（破壊することなく折り曲げることができるもの及びレンズ又は反射鏡を用いるものを除く。）であるときは、次のイからハまでに掲げる種類に応じ、当該イからハまでに定める変換効率（工業標準化法（昭和24年法律第185号）に基づく日本工業規格（以下この号、第6号及び第8号において「日本工業規格」という。）C8960において定められた真性変換効率であって、完成品としての太陽電池モジュールの数値を元に算定された効率をいう。）以上の性能を有する太陽電池を利用するものであること。

　　イ　単結晶のシリコン又は多結晶のシリコンを用いた太陽電池　13.5%

　　ロ　薄膜半導体を用いた太陽電池　7.0%

　　ハ　化合物半導体を用いた太陽電池　8.0%

六　当該認定の申請に係る再生可能エネルギー発電設備が太陽光発電設備であって、その出力が10キロワット未満のものであるときは、次に掲げる基準に適合するものであること（その出力が10キロワット未満の太陽光発電設備を自ら所有していない複数の場所に設置し、当該太陽光発電設備を用いて発電した再生可能エネルギー電気を電気事業者に対し供給する事業（当該事業に用いる太陽光発電設備の出力の合計が10キロワット以上となる場合に限る。以下「複数太陽光発電設備設置事業」という。）を営む者からの認定の申請である場合を除く。）。

　　イ　当該太陽光発電設備を用いて発電した再生可能エネルギー電気のうち、当

参考資料

　　　該太陽光発電設備の設置場所を含む1の需要場所において使用される電気
　　　として供給された後の残余の再生可能エネルギー電気について特定契約の
　　　相手方である電気事業者に供給する構造であること。
　　ロ　当該太陽光発電設備の設置場所を含む1の需要場所に自家発電設備等と
　　　ともに設置される場合にあっては、当該自家発電設備等が供給する電気が電
　　　気事業者に供給されない構造であること。
　　ハ　日本工業規格Ｃ8990、Ｃ8992―1及びＣ8992―2若しくはＣ8991、Ｃ8992
　　　―1及びＣ8992―2に適合するものであること又はこれらと同等の性能及
　　　び品質を有するものであることが確認できる太陽電池を用いるものである
　　　こと。
　七　複数太陽光発電設備設置事業を営む者が当該認定の申請をする場合にあっ
　　ては、当該事業に用いる太陽光発電設備が次に掲げる基準に適合するものであ
　　ること。
　　イ　前号イに掲げる構造でないこと。
　　ロ　当該事業に用いる太陽光発電設備を専ら住宅又はその敷地に設置するこ
　　　とにより行う場合にあっては、あらかじめ、当該設置につき当該太陽光発電
　　　設備を設置するそれぞれの設置場所について所有権その他の使用の権原を
　　　有する者の承諾を得ていること。
　八　当該認定の申請に係る再生可能エネルギー発電設備が風力発電設備であっ
　　て、その出力が20キロワット未満のものであるときは、日本工業規格Ｃ1400―
　　2に適合するものであること、又はこれと同等の性能及び品質を有するもので
　　あることが確認できるものであること。
　九　当該認定の申請に係る再生可能エネルギー発電設備が水力発電設備である
　　ときは、当該水力発電設備に係る発電機の出力の合計が3万キロワット未満で
　　あること。
　十　法附則第12条の新エネルギー等認定設備でないこと。
2　法第6条第1項第2号の経済産業省令で定める基準は、次のとおりとする。
　一　当該認定の申請に係る発電が、当該認定の申請に係る再生可能エネルギー発
　　電設備の設置に要する費用の内容及び当該再生可能エネルギー発電設備の運
　　転に要する費用の内容を記録しつつ行われるものであること（当該認定の申請
　　に係る発電が、法の施行の日において既に再生可能エネルギー電気の発電を開
　　始していたものである場合にあっては、当該認定の申請に係る再生可能エネル

ギー発電設備の運転に要する費用の内容を記録しつつ行われるものであること。）。
二　当該認定の申請に係る発電が水力発電設備を用いて行われるものであるときは、当該水力発電設備が揚水式によらないで発電を行うものであること。
三　当該認定の申請に係る発電がバイオマス発電設備を用いて行われるものであるときは、次に掲げる方法であること。
　　イ　当該発電に係るバイオマス比率を毎月1回以上定期的に算定し、かつ、当該バイオマス比率並びにその算定根拠を帳簿に記載しつつ発電する方法であること。
　　ロ　当該発電に利用するバイオマスと同じ種類のバイオマスを利用して事業を営む者による当該バイオマスの調達に著しい影響を及ぼすおそれがない方法であること。

（変更の認定）
**第9条**　法第6条第4項の発電の変更に係る認定の申請は、様式第3による申請書（当該認定の申請に係る再生可能エネルギー発電設備が太陽光発電設備であって、その出力が10キロワット未満のものである場合には様式第4による申請書）を提出して行わなければならない。
2　第7条第2項から第4項までの規定は、前項の発電の変更に係る認定の申請について準用する。

（軽微な変更）
**第10条**　法第6条第4項の経済産業省令で定める軽微な変更は、次に掲げる変更以外の変更とする。
一　認定発電設備に係る点検、保守及び修理を行う体制の変更
二　認定発電設備の大幅な出力の変更
三　認定発電設備に係る設備の区分等の変更を伴う変更
四　認定発電設備（第2条第1号及び第2号に掲げる設備に限る。）が供給する再生可能エネルギー電気の供給の方法の変更
五　認定発電設備が供給する再生可能エネルギー電気の計測の方法の変更
六　認定発電設備がバイオマス発電設備である場合にあっては、当該認定発電設備において利用されるバイオマスの種類の変更
2　法第6条第5項の軽微な変更の届出は、様式第5による届出書を提出して行わなければならない。

(廃止の届出)
第11条　法第6条第1項の認定を受けた者は、認定発電設備を廃止したときは、様式第6による届出書により、その旨を速やかに経済産業大臣に届け出なければならない。

(認定発電設備の設置に要する費用の内容及び当該設備の運転に要する費用の内容の報告)
第12条　認定発電設備(法の施行の日において既に再生可能エネルギー電気の発電を開始していた設備を除く。)を用いて発電する者は、特定契約に基づき当該認定発電設備を用いて発電した再生可能エネルギー電気の供給を開始したときは、速やかに当該認定発電設備の設置に要した費用の内容を経済産業大臣に報告しなければならない。

2　認定発電設備を用いて発電する者は、毎年度1回、当該認定発電設備の年間の運転に要した費用の内容を経済産業大臣に報告しなければならない。

3　前2項の報告は、様式第7により行うものとする。

(帳簿)
第13条　認定発電設備であるバイオマス発電設備を用いて発電する者は、バイオマス比率及びその算定根拠を記載した帳簿を備え付け、記載の日から起算して5年間保存しなければならない。

## 第3章　電気事業者間の費用負担の調整

(法第8条第1項の経済産業省令で定める期間)
第14条　法第8条第1項の経済産業省令で定める期間は、1月とする。

(交付金の額の算定方法)
第15条　法第9条各号列記以外の部分の経済産業省令で定める方法は、前条で定める期間ごとに、法第9条の規定に基づき算定して得た額から消費税及び地方消費税に相当する額を控除して得た額に交付金の交付に伴い当該電気事業者が支払うこととなる事業税に相当する額を加える方法とする。

(回避可能費用の算定方法)
第16条　法第9条第2号の経済産業省令で定める方法は、特定契約に基づき再生可能エネルギー電気の調達をしなかったとしたならば当該再生可能エネルギー電気の量に相当する量の電気の発電又は調達に要することとなる1キロワット時当たりの費用として経済産業大臣が電気事業者ごとに定める額(以下「回避可能

③ 電気事業者による再生可能エネルギー電気の調達に関する特別措置法施行規則

費用単価」という。）に消費税及び地方消費税に相当する額を加えた額に当該電気事業者が特定契約に基づき調達した再生可能エネルギー電気の量を乗ずる方法とする。

**（法第11条第１項の経済産業省令で定める期間）**
**第17条** 法第11条第１項の経済産業省令で定める期間は、１月とする。

**（納付金の額の算定方法）**
**第18条** 法第12条第１項の経済産業省令で定める方法は、前条で定める期間ごとに、電気事業者が電気の使用者に供給した特定電気量（電気の使用者ごとに供給した電気の量をいう。以下同じ。）に、当該期間の属する年度における納付金単価を乗じて得た額（当該電気の使用者が法第17条第１項の規定による認定を受けた事業所である場合にあっては、当該額から当該額に電気事業者による再生可能エネルギー電気の調達に関する特別措置法施行令（平成23年政令第362号。以下「令」という。）第２条第３項で定める割合を乗じて得た額を減じて得た額）から消費税及び地方消費税に相当する額を控除して得た額を合計する方法とする。

2　法第12条第１項の納付金の額の算定の基礎となる電気事業者が電気の使用者に供給した特定電気量は、特定電気（前条で定める期間ごとに、検針その他これに類する行為（以下「検針等」という。）が行われた日（毎月１日に検針等を行う契約を締結している場合及び新規の需給契約の締結に伴い１月に２回検針等が行われた場合であって、定例の検針等が行われた日より前に検針等が行われた場合においては、当該検針等が行われた日は原則としてその前月に属するものとする。以下この項において同じ。）から次の検針等が行われた日の前日までの間に、当該電気事業者が当該電気の使用者に供給した電気をいう。）の量とする。

3　前項の規定にかかわらず、電気事業者が電気の使用者に供給した電気の対価として請求する料金が定額をもって定められている電気の供給（以下「定額制供給」という。）に係る特定電気量は、当該定額制供給に係る契約に基づき通常使用される電気の需要設備の電力の容量及び当該需要設備の用途、その設置の場所その他の事情を勘案して算定される１月当たりの当該需要設備の使用時間を基礎として、当該定額制供給に係る契約の種別ごとに経済産業大臣が定める方法により算定した電気の量とする。

4　第２項の規定にかかわらず、電気事業者が電気の使用者に供給した電気に係る料金にあらかじめ一定量の電気の使用を前提として定められる部分があるものに係る当該部分の特定電気量は、当該部分の料金が適用される電気の量とする。

5　法第12条第1項に基づく納付金の額の算定に用いられる納付金単価は、特定電気の供給を開始した日の属する年度における納付金単価とする。

（納付金の額及び納付金単価を算定するための資料の届出）

第19条　法第12条第3項の経済産業省令で定める事項は、次の各号に定めるものとする。

一　前年度における法第17条第1項の規定による認定を受けた事業所ごとの法第16条第2項の規定により算定された賦課金の額に令第2条第3項で定める割合を乗じて得た額の合計

二　前年度の1月から3月まで及び当該年度の4月から12月までの間に特定契約に基づき調達した設備の区分等ごとの再生可能エネルギー電気の量

三　電気事業者が前年度の1月から3月まで及び当該年度の4月から12月までの間に電気の使用者に供給した電気の量

四　回避可能費用単価の算定に必要な資料

五　前年度に調整機関から交付を受けた交付金の合計額及び調整機関に納付した納付金の合計額

2　電気事業者は、法第12条第3項の規定に基づき、毎年度、前項第1号に規定する事項については様式第8により当該年度の6月1日までに、前項第2号から第5号までに規定する事項については様式第9により当該年度の1月末日までに経済産業大臣に届け出なければならない。ただし、災害その他やむを得ない理由がある場合において経済産業大臣の承認を受けたときは、当該届出の期限を延期することができる。

（帳簿）

第20条　法第15条の経済産業省令で定める事項は、次のとおりとする。

一　電気事業者が調達した特定契約ごとの再生可能エネルギー電気の量

二　電気事業者が電気の使用者に供給した電気の量

2　前項第1号に掲げる事項を記載した書類については、当該特定契約に基づく調達期間が終了するまでの間、前項第2号に掲げる事項を記載した書類については、記載の日から10年間保存しなければならない。

（賦課金に係る特例の認定）

第21条　法第17条第1項の認定の申請は、様式第10による申請書を提出して行わなければならない。

2　前項の申請書には、次に掲げる書類を添付しなければならない。

3 電気事業者による再生可能エネルギー電気の調達に関する特別措置法施行規則

一　当該認定の申請に係る事業の内容を特定するために必要な事項が記載された書類
二　前項の申請書に記載する当該認定の申請に係る事業を行う事業所ごとの当該申請に係る電気の使用量（電気事業者から供給を受けた電気の使用量に限る。）を証明する書類
三　前項の申請書に記載する当該認定の申請に係る事業による売上高の額について、公認会計士（外国公認会計士（公認会計士法（昭和23年法律第103号）第16条の２第５項に規定する外国公認会計士をいう。）を含む。）、監査法人、税理士又は税理士法人の確認を受けたことを証明する書類
3　第１項の申請書及び前項の書類の提出部数は、各２通及びその写し２通とする。
4　当該認定の申請に係る事業の電気の使用量及び売上高の額は、法第17条第３項の規定の適用を受けようとする年度の前年度の開始の日前に終了した直近の事業年度に係るものとする。ただし、当該認定の申請を行う者が当該直近の事業年度において電気事業法第27条に基づき電気の使用を制限されたことその他これに準ずるものとして経済産業大臣が定める事由がある場合にあっては、当該直近の事業年度に係るもの又は法第17条第３項の規定の適用を受けようとする年度の前年度の開始の日前に終了した直近の３事業年度に係るものの１事業年度当たりの平均値のいずれか大きい値とすることができる。
5　法第17条第１項の認定の申請は、同条第３項の規定の適用を受けようとする年度の前年度の11月１日から11月末日までの間に行うものとする。
6　法第17条第１項の認定を受けた事業所に係る電気の使用者は、原則として同条第３項の規定の適用を受けようとする年度の前年度の２月１日までに当該認定を受けたことを電気事業者に申し出るものとする。
7　法第17条第３項の規定は、同条第１項の規定による認定に係る年度の４月の定例の検針等が行われた日からその翌年の４月の定例の検針等が行われた日の前日まで（毎月１日に定例の検針等を行う契約を締結している場合においては、原則として５月１日からその翌年の４月30日まで）の間に、電気事業者が同項の規定による認定に係る年度に係る同項の認定を受けた事業所に係る電気の使用者に供給した電気の量に係る賦課金の額について適用する。
8　経済産業大臣は、法第17条第１項の申請に係る事業所の年間の当該申請に係る事業に係る電気の使用量が令第２条第２項に規定する量を超え、かつ、当該事業所の年間の電気の使用量の２分の１を超えると認められるときは、法第17条第１

項の認定を行うものとする。
**（法第17条第１項の認定を受けた事業所に係る情報の公表）**
**第22条** 法第17条第４項の経済産業省令で定める事項は、次に掲げる事項とする。
一 当該認定に係る事業の名称及び内容
二 当該認定に係る事業の電気の使用に係る原単位（当該原単位の算定の基礎となる当該事業に係る売上高の額を含む。）
2 経済産業大臣は、毎年度、法第17条第４項及び前項に規定する事項をインターネットの利用その他適切な方法により公表するものとする。
**（賦課金に係る特例の認定の取消し）**
**第23条** 経済産業大臣は、法第17条第５項又は第６項の規定により同条第１項の認定を取り消したときは、当該認定を取り消したことにつき、速やかに電気事業者に通知するものとし、当該通知以降最初に当該電気事業者により賦課金の請求が行われた時点で、当該事業所に係る法第17条の賦課金に係る特例の適用は終了するものとする。

## 第４章　雑則

**（立入検査の証明書）**
**第24条** 法第40条第１項の立入検査をする職員の身分を示す証明書は、様式第11によるものとする。
2 法第40条第２項の立入検査をする職員の身分を示す証明書は、様式第12によるものとする。

　　附　則　（抄）
**（施行期日）**
**第１条** この省令は、平成24年７月１日から施行する。
**（既に再生可能エネルギー電気の発電をしていた再生可能エネルギー発電設備に係る認定の申請）**
**第２条** 法第６条第１項の認定の申請をしようとする者が用いる再生可能エネルギー発電設備が、法の施行の日において既に再生可能エネルギー電気の発電を開始していたものである場合にあっては、平成24年11月１日までに当該認定の申請を行わなければならない。
**（交付金に係る経過措置）**
**第３条** 法附則第６条の規定に基づき経済産業大臣の確認を受けた法第６条第１

項の規定による認定を受けた発電とみなされた設備に係るこの法律の施行後最初に行う交付金の算定に用いる電気の量は、平成24年7月1日以降に最初に検針等が行われた日から次の検針等が行われた日までの間に係るものとする。

(回避可能費用に係る経過措置)
第4条　平成25年4月1日以後最初に一般電気事業者が電気事業法第19条第1項又は第3項の規定に基づき変更した料金が適用されるまでの間における当該一般電気事業者についての第16条の規定の適用については、同条中「乗ずる方法」とあるのは、「乗じて得た額に、当該電気事業者の料金に係る原価に含まれている太陽光発電設備(法第6条第1項の認定を受けた設備に限る。)により発電された電気の調達に要する費用に相当する額(当該太陽光発電設備により発電された電気の調達をしなかったとしたならば当該太陽光発電設備により発電された電気の量に相当する量の電気の発電又は調達に要することとなる費用に相当する額を除く。)及び当該電気事業者の料金に係る原価に含まれている再生可能エネルギー電気の調達に要する費用(法の施行の日前に再生可能エネルギー電気の発電を開始した再生可能エネルギー発電設備(法第6条第1項の認定を受けた設備に限る。)に係るものに限り、太陽光発電設備により発電された電気に係るものを除く。)に相当する額(当該再生可能エネルギー発電設備に係る電気の調達をしなかったとしたならば当該再生可能エネルギー発電設備に係る電気の量に相当する量の電気の発電又は調達に要することとなる費用に相当する額を除く。)に消費税及び地方消費税に相当する額を加えた額をそれぞれ12で除して得た額を加える方法」とする。

(納付金に係る経過措置)
第5条　毎月1日に検針等を行う契約を締結している電気の使用者に係るこの法律の施行後最初に行う納付金の算定に用いる特定電気量は、原則として平成24年8月1日以降に最初に検針等が行われた日から次の検針等が行われた日までの間に係るものとする。

(賦課金に係る特例の経過措置)
第6条　平成24年度において法第17条第3項の規定の適用を受けようとする者における第21条第4項から第6項までの規定の適用については、同条第4項中「法第17条第3項の規定の適用を受けようとする年度の前年度の開始の日前に終了した直近の事業年度」とあるのは「平成24年1月1日前に終了した直近の事業年度」と、「法第17条第3項の規定の適用を受けようとする年度の前年度の開始の日

前に終了した直近の3事業年度」とあるのは「平成24年1月1日前に終了した直近の3事業年度」と、同条第5項中「同条第3項の規定の適用を受けようとする年度の前年度の11月1日から11月末日までの間に」とあるのは「この省令の公布後速やかに」と、同条第6項中「原則として同条第3項の規定の適用を受けようとする年度の前年度の2月1日までに」とあるのは「当該認定を受けた後速やかに」とする。

**（特例太陽光発電設備に係る要件）**

**第7条** 法附則第6条第1項の経済産業省令で定める要件は、次のとおりとする。

一 その出力が500キロワット未満であって、次のいずれにも該当すること。

 イ 発電に係る事業の用に供するものでないこと。

 ロ 電気を使用しない、電気の使用量が著しく少ない又は昼間の電気の使用が限られた時期においてのみ生ずる場所に設置されるものでないこと。

 ハ 第8条第1項第6号イ及びロに掲げる構造であること。

二 当該設備を用いて太陽光を変換して得られる電気を、一般電気事業者がイに掲げる期間を超えない範囲内の期間にわたりロに掲げる価格により調達を行っているもの又は平成24年6月30日までに当該調達を一般電気事業者に申し込んだものであること。

 イ 法附則第6条で読み替えて適用される法第4条第1項の規定に基づき法第3条の規定（調達期間に係る部分に限る。）の例に準じて経済産業大臣が定める期間

 ロ 法附則第6条で読み替えて適用される法第4条第1項の規定に基づき法第3条の規定（調達価格に係る部分に限る。）の例に準じて経済産業大臣が定める価格

**（電気事業者による新エネルギー等の利用に関する特別措置法施行規則の廃止）**

**第8条** 電気事業者による新エネルギー等の利用に関する特別措置法施行規則（平成14年経済産業省令第119号）は、廃止する。

**（電気事業者による新エネルギー等の利用に関する特別措置法施行規則の廃止に伴う経過措置）**

**第9条** 前条の規定による廃止前の電気事業者による新エネルギー等の利用に関する特別措置法施行規則（以下「旧特別措置法施行規則」という。）第1条第2項、第3条から第11条まで、第14条から第20条まで、第21条（第9号を除く。）及び附則第3条の規定は、当分の間、なおその効力を有する。この場合において、

3 電気事業者による再生可能エネルギー電気の調達に関する特別措置法施行規則

次の表の上欄に掲げる規定中同表の中欄に掲げる字句は、同表の下欄に掲げる字句と読み替えるものとする。

| 旧特別措置法施行規則第1条第2項 | 法 | 電気事業者による再生可能エネルギー電気の調達に関する特別措置法（平成23年法律第108号。以下「再生可能エネルギー電気特別措置法」という。）附則第12条の規定によりなおその効力を有することとされる再生可能エネルギー電気特別措置法附則第11条の規定による廃止前の電気事業者による新エネルギー等の利用に関する特別措置法（平成14年法律第62号）（以下「なお効力を有する旧特別措置法」という。） |
|---|---|---|
| 旧特別措置法施行規則第1条第2項、第3条第2項、第11条及び第21条 | 基準利用量 | 経過措置利用量 |
| 旧特別措置法施行規則第1条第2項、第5条第1項及び第19条第2項 | 新エネルギー等発電設備 | 新エネルギー等認定設備 |
| 旧特別措置法施行規則第3条第1項から第3項まで、第4条、第10条、第11条、第18条、第19条、第20条第1項及び第21条 | 法 | なお効力を有する旧特別措置法 |
| 旧特別措置法施行規則第3条第2項 | 法第3条第2項第1号の新エネ | なお効力を有する旧特別措置法第4条第1項の規定により全ての電気事業者 |

| | | |
|---|---|---|
| | ネルギー等電気の利用の目標量のうち当該届出年度に係る部分から特定太陽光電気の利用の目標量として経済産業大臣が定める量のうち当該届出年度に係る部分を減じて得た量 | が再生可能エネルギー電気特別措置法の施行の日の属する年の前年の4月1日からその属する年の3月31日までの一年間において経済産業大臣に届け出た新エネルギー等電気の基準利用量の合計量を基礎として新エネルギー等認定設備の廃止の状況その他の事情を勘案して経済産業大臣が定める量 |
| 旧特別措置法施行規則第14条 | 法第9条第1項の認定（電気事業者による新エネルギー等の利用に関する特別措置法施行令（平成14年政令第357号。以下「令」という。）第4条の変更の認定を含む。） | 電気事業者による再生可能エネルギー電気の調達に関する特別措置法施行令（平成23年政令第362号。以下「再生可能エネルギー電気特別措置法施行令」という。）附則第3項の規定によりなおその効力を有することとされる再生可能エネルギー電気特別措置法施行令附則第2項の規定による廃止前の電気事業者による新エネルギー等の利用に関する特別措置法施行令（平成14年政令第357号。以下「なお効力を有する旧特別措置法施行令」という。）第4条の変更の認定 |
| | 当該認定 | 当該変更の認定 |
| 旧特別措置法施行規則第15条から第17条まで及び第21条 | 令 | なお効力を有する旧特別措置法施行令 |

| 旧特別措置法施行規則第18条第2項 | 充てるものの量 | 充てるものの量（平成25年度の届出にあっては、再生可能エネルギー電気特別措置法附則第11条の規定による廃止前の電気事業者による新エネルギー等の利用に関する特別措置法（以下「廃止前の旧特別措置法」という。）第5条の規定に基づき義務履行に充てるものの量を含む。） |
|---|---|---|
| 旧特別措置法施行規則第19条 | 法第9条第1項の認定 | 廃止前の旧特別措置法第9条第1項の認定 |
| 旧特別措置法施行規則附則第3条 | 電気事業者による新エネルギー等の利用に関する特別措置法施行規則 | 旧特別措置法施行規則 |
|  | 0.25 | 0.75 |

2 現に存する前項の規定によりなお効力を有する廃止前の旧特別措置法施行規則による様式による用紙は、当分の間、これを取り繕い使用することができる。

**（経過措置利用量の届出に係る経過措置）**

**第10条** 法附則第12条の規定によりなおその効力を有することとされる法附則第11条の規定による廃止前の電気事業者による新エネルギー等の利用に関する特別措置法（平成14年法律第62号）第4条第1項の規定にかかわらず、電気事業者は、平成24年9月1日までに、旧特別措置法施行規則様式第1による届出書を提出することにより、平成24年度についての同項の新エネルギー等電気の経過措置利用量を経済産業大臣に届け出なければならない。

**第10条の2** 附則第9条の規定により読み替えて適用される同条の規定によりなおその効力を有することとされる附則第8条の規定による廃止前の旧特別措置法施行規則第3条第2項の経済産業大臣が定める量が変更された場合には、電気事業者は、遅滞なく、法附則第12条の規定により読み替えて適用される同条の規定によりなおその効力を有することとされる法附則第11条の規定による廃止前

の電気事業者による新エネルギー等の利用に関する特別措置法第4条第1項の経過措置利用量を変更し、当該変更後の経過措置利用量を経済産業大臣に届け出なければならない。

　　附　則　（平成24年8月31日経済産業省令第64号）
この省令は、平成24年9月1日から施行する。

　　附　則　（平成25年3月28日経済産業省令第9号）
この省令は、公布の日から施行する。

　　附　則　（平成25年3月29日経済産業省令第17号）
（施行期日）
1　この省令は、平成25年4月1日から施行する。
（経過措置）
2　平成25年3月の定例の検針等が行われた日から同年4月の定例の検針等が行われた日の前日まで（毎月1日に検針等を行う契約を締結している場合においては、原則として平成25年4月1日から同月30日まで）に電気事業者が電気の使用者に供給した電気に係る電気事業者による再生可能エネルギー電気の調達に関する特別措置法（以下「法」という。）第12条第1項に基づく納付金の額の算定に用いられる納付金単価は、この省令による改正後の電気事業者による再生可能エネルギー電気の調達に関する特別措置法施行規則（以下「新規則」という。）第18条第2項及び第5項の規定にかかわらず、なお従前の例による。
3　平成25年3月の定例の検針等が行われた日から同年4月の定例の検針等が行われた日の前日まで（毎月1日に検針等を行う契約を締結している場合においては、原則として平成25年4月1日から同月30日まで）に電気事業者が平成25年度において法第17条第3項の規定の適用を受けるものとして同条第1項の認定を受けた事業所に係る電気の使用者に供給した電気に係る賦課金の額についての同条第3項の規定の適用については、新規則第21条第7項の規定にかかわらず、なお従前の例による。から施行する。

様式第1～第12　（略）

4 電気事業者による再生可能エネルギー電気の調達に関する特別措置法第3条第1項及び同法附則第6条で読み替えて適用される同法第4条第1項の規定に基づき、同法第3条第1項の調達価格等並びに調達価格及び調達期間の例に準じて経済産業大臣が定める価格及び期間を定める件

# 4 電気事業者による再生可能エネルギー電気の調達に関する特別措置法第3条第1項及び同法附則第6条で読み替えて適用される同法第4条第1項の規定に基づき、同法第3条第1項の調達価格等並びに調達価格及び調達期間の例に準じて経済産業大臣が定める価格及び期間を定める件

(平成24年6月18日経済産業省告示第139号、
最終改正：平成25年3月29日経済産業省告示第79号)

電気事業者による再生可能エネルギー電気の調達に関する特別措置法(平成23年法律第108号)第3条第1項及び同法附則第6条で読み替えて適用される同法第4条第1項の規定に基づき、同法第3条第1項の調達価格等並びに調達価格及び調達期間の例に準じて経済産業大臣が定める価格及び期間を次のように定めたので、同法第3条第6項の規定に基づき、告示する。

1 平成24年7月1日から平成25年3月31日までの間において、法第5条第1項の接続に係る契約の申込みの内容(当該接続に係る再生可能エネルギー発電設備の仕様、設置場所及び接続箇所並びに次の表の第3号から第15号に掲げるものにあっては、当該申込みを撤回した場合にその相手方である電気事業者が当該申込みの内容の検討に要した費用について、当該申込みを行った者が支払うことに同意する旨の内容を含むものに限る。以下同じ。)を記載した書面の当該電気事業者による受領又は法第6条第1項に規定する経済産業大臣の認定のうちいずれか遅い方の行為が行われた場合における当該行為に係る再生可能エネルギー発電設備に係る調達価格等は、次の表の上欄に掲げる再生可能エネルギー発電設備の設備の区分等(電気事業者による再生可能エネルギー電気の調達に関する特別措置法施行規則(平成24年経済産業省令第46号。以下「施行規則」という。)第2条各号に定める設備の区分等をいう。以下同じ。)に応じ、それぞれ同表の中欄及び下欄に掲げるとおりとする。

|   | 再生可能エネルギー発電設備の区分等 | 調達価格 | 調達期間 |
|---|---|---|---|
| 一 | 太陽光発電設備であって、その出力が10キロワット未満のもの(次号に掲げるも | 42円 | 10年間 |

| | | | |
|---|---|---|---|
| | のを除く。) | | |
| 二 | 太陽光発電設備であって、その出力が10キロワット未満のもの（当該太陽光発電設備の設置場所を含む1の需要場所に電気を供給する自家発電設備等とともに設置され、当該自家発電設備等により供給される電気が電気事業者に対する再生可能エネルギー電気の供給量に影響を与えているものに限る。） | 34円 | 10年間 |
| 三 | 太陽光発電設備であって、その出力が10キロワット以上のもの | 40円に消費税及び地方消費税の額に相当する額を加えて得た額（42.00円） | 20年間 |
| 四 | 風力発電設備であって、その出力が20キロワット未満のもの | 55円に消費税及び地方消費税の額に相当する額を加えて得た額（57.75円） | 20年間 |
| 五 | 風力発電設備であって、その出力が20キロワット以上のもの | 22円に消費税及び地方消費税の額に相当する額を加えて得た額（23.10円） | 20年間 |
| 六 | 水力発電設備であって、その出力が200キロワット未満のもの | 34円に消費税及び地方消費税の額に相当する額を加えて得た額（35.70円） | 20年間 |
| 七 | 水力発電設備であって、その出力が200キロワット以上1000キロワット未満のもの | 29円に消費税及び地方消費税の額に相当する額を加えて得た額（30.45円） | 20年間 |
| 八 | 水力発電設備であって、その出力が1000キロワット以上3万キロワット未満のもの | 24円に消費税及び地方消費税の額に相当する額を加えて得た額（25.20円） | 20年間 |

4 電気事業者による再生可能エネルギー電気の調達に関する特別措置法第3条第1項及び同法附則第6条で読み替えて適用される同法第4条第1項の規定に基づき、同法第3条第1項の調達価格等並びに調達価格及び調達期間の例に準じて経済産業大臣が定める価格及び期間を定める件

| | | | |
|---|---|---|---|
| 九 | 地熱発電設備であって、その出力が1万5000キロワット未満のもの | 40円に消費税及び地方消費税の額に相当する額を加えて得た額（42.00円） | 15年間 |
| 十 | 地熱発電設備であって、その出力が1万5000キロワット以上のもの | 26円に消費税及び地方消費税の額に相当する額を加えて得た額（27.30円） | 15年間 |
| 十一 | バイオマスを発酵させることによって得られるメタンを電気に変換する設備 | 39円に消費税及び地方消費税の額に相当する額を加えて得た額（40.95円） | 20年間 |
| 十二 | 森林における立木竹の伐採又は間伐により発生する未利用の木質バイオマス（輸入されたものを除く。）を電気に変換する設備（第11号に掲げる設備及び一般廃棄物発電設備を除く。） | 32円に消費税及び地方消費税の額に相当する額を加えて得た額（33.60円） | 20年間 |
| 十三 | 木質バイオマス又は農産物の収穫に伴って生じるバイオマス（当該農産物に由来するものに限る。）を電気に変換する設備（第11号、第12号及び第14号に掲げる設備並びに一般廃棄物発電設備を除く。） | 24円に消費税及び地方消費税の額に相当する額を加えて得た額（25.20円） | 20年間 |
| 十四 | 建設資材廃棄物を電気に変換する設備（第11号に掲げる設備及び一般廃棄物発電設備を除く。） | 13円に消費税及び地方消費税の額に相当する額を加えて得た額（13.65円） | 20年間 |
| 十五 | 一般廃棄物発電設備又は一般廃棄物発電設備及び第11号から第14号までに掲げる設備以外のバイオマス発電設備 | 17円に消費税及び地方消費税の額に相当する額を加えて得た額（17.85円） | 20年間 |

備考
一　中欄に掲げる調達価格は、1キロワット時当たりの価格とし、第1号及び第2号の中欄に掲げる調達価格は、消費税及び地方消費税の額に相当する額を含むものとする。

二　下欄に掲げる調達期間は、特定契約に基づき認定発電設備が最初に再生可能エネルギー電気の供給を開始した日を起算日とする。
三　自家発電設備等については、リレー装置が設置されている等自家発電設備等から発電又は放電された電気が配電線に逆流しない措置が講じられているものに限る。
四　施行規則第8条第1項第6号に規定する複数太陽光発電設備設置事業を営む者が認定を受けた場合については、当該者が用いる認定発電設備は第3号の上欄に掲げる設備とみなす。
五　木質バイオマスのうち、林野庁作成の「発電利用に供する木質バイオマスの証明のためのガイドライン（平成24年6月18日）」に準拠して分別管理が行われたことが確認されないものについては、建設資材廃棄物とみなす。
六　複数の再生可能エネルギー発電設備を併設した場合で、それぞれの設備からの再生可能エネルギー電気の供給量を特定することができない場合に適用される調達価格は、当該複数設備に適用される調達価格のうち、最も調達価格の低いものを適用するものとし、調達期間もこれに従う。

2　平成25年4月1日から平成26年3月31日までの間において、法第5条第1項の接続に係る契約の申込みの内容を記載した書面の当該電気事業者による受領又は法第6条第1項に規定する経済産業大臣の認定（同条第4項に規定する変更の認定（施行規則第10条第1項第2号（当該電気事業者による接続の検討の結果、出力を変更しなければならない場合を除く。）に掲げる変更に限る。）を受けた場合にあっては、当該変更の認定）のうちいずれか遅い方の行為が再生可能エネルギー発電設備に係る調達期間の起算日前に行われた場合における当該行為に係る当該再生可能エネルギー発電設備に係る調達価格等は、前項の規定にかかわらず、次の表の上欄に掲げる再生可能エネルギー発電設備の設備の区分等に応じ、それぞれ同表の中欄及び下欄に掲げるとおりとする。

| | 再生可能エネルギー発電設備の区分等 | 調達価格 | 調達期間 |
|---|---|---|---|
| 一 | 太陽光発電設備であって、その出力が10キロワット未満のもの（次号に掲げるものを除く。） | 38円 | 10年間 |
| 二 | 太陽光発電設備であって、その出力が10キロワット未満のもの（当該太陽光発電 | 31円 | 10年間 |

4　電気事業者による再生可能エネルギー電気の調達に関する特別措置法第3条第1項及び同法附則第6条で読み替えて適用される同法第4条第1項の規定に基づき、同法第3条第1項の調達価格等並びに調達価格及び調達期間の例に準じて経済産業大臣が定める価格及び期間を定める件

|   |   |   |   |
|---|---|---|---|
|   | 設備の設置場所を含む1の需要場所に電気を供給する自家発電設備等とともに設置され、当該自家発電設備等により供給される電気が電気事業者に対する再生可能エネルギー電気の供給量に影響を与えているものに限る。） |   |   |
| 三 | 太陽光発電設備であって、その出力が10キロワット以上のもの | 36円に消費税及び地方消費税の額に相当する額を加えて得た額（37.80円） | 20年間 |
| 四 | 風力発電設備であって、その出力が20キロワット未満のもの | 55円に消費税及び地方消費税の額に相当する額を加えて得た額（57.75円） | 20年間 |
| 五 | 風力発電設備であって、その出力が20キロワット以上のもの | 22円に消費税及び地方消費税の額に相当する額を加えて得た額（23.10円） | 20年間 |
| 六 | 水力発電設備であって、その出力が200キロワット未満のもの | 34円に消費税及び地方消費税の額に相当する額を加えて得た額（35.70円） | 20年間 |
| 七 | 水力発電設備であって、その出力が200キロワット以上1000キロワット未満のもの | 29円に消費税及び地方消費税の額に相当する額を加えて得た額（30.45円） | 20年間 |
| 八 | 水力発電設備であって、その出力が1000キロワット以上3万キロワット未満のもの | 24円に消費税及び地方消費税の額に相当する額を加えて得た額（25.20円） | 20年間 |
| 九 | 地熱発電設備であって、その出力が1万5000キロワット未満のもの | 40円に消費税及び地方消費税の額に相当する額を加えて得た額（42.00円） | 15年間 |

参考資料

| 十 | 地熱発電設備であって、その出力が1万5000キロワット以上のもの | 26円に消費税及び地方消費税の額に相当する額を加えて得た額（27.30円） | 15年間 |
| --- | --- | --- | --- |
| 十一 | バイオマスを発酵させることによって得られるメタンを電気に変換する設備 | 39円に消費税及び地方消費税の額に相当する額を加えて得た額（40.95円） | 20年間 |
| 十二 | 森林における立木竹の伐採又は間伐により発生する未利用の木質バイオマス（輸入されたものを除く。）を電気に変換する設備（第11号に掲げる設備及び一般廃棄物発電設備を除く。） | 32円に消費税及び地方消費税の額に相当する額を加えて得た額（33.60円） | 20年間 |
| 十三 | 木質バイオマス又は農産物の収穫に伴って生じるバイオマス（当該農産物に由来するものに限る。）を電気に変換する設備（第11号、第12号及び第14号に掲げる設備並びに一般廃棄物発電設備を除く。） | 24円に消費税及び地方消費税の額に相当する額を加えて得た額（25.20円） | 20年間 |
| 十四 | 建設資材廃棄物を電気に変換する設備（第11号に掲げる設備及び一般廃棄物発電設備を除く。） | 13円に消費税及び地方消費税の額に相当する額を加えて得た額（13.65円） | 20年間 |
| 十五 | 一般廃棄物発電設備又は一般廃棄物発電設備及び第11号から第14号までに掲げる設備以外のバイオマス発電設備 | 17円に消費税及び地方消費税の額に相当する額を加えて得た額（17.85円） | 20年間 |

備考
　一　中欄に掲げる調達価格は、1キロワット時当たりの価格とし、第1号及び第2号の中欄に掲げる調達価格は、消費税及び地方消費税の額に相当する額を含むものとする。
　二　下欄に掲げる調達期間は、特定契約に基づき認定発電設備が最初に再生可能エネルギー電気の供給を開始した日を起算日とする。
　三　自家発電設備等については、リレー装置が設置されている等自家発電設備等から発電又は放電された電気が配電線に逆流しない措置が講じられて

4 電気事業者による再生可能エネルギー電気の調達に関する特別措置法第3条第1項及び同法附則第6条で読み替えて適用される同法第4条第1項の規定に基づき、同法第3条第1項の調達価格等並びに調達価格及び調達期間の例に準じて経済産業大臣が定める価格及び期間を定める件

いるものに限る。
四 施行規則第8条第1項第6号に規定する複数太陽光発電設備設置事業を営む者が認定を受けた場合については、当該者が用いる認定発電設備は第3号の上欄に掲げる設備とみなす。
五 木質バイオマスのうち、林野庁作成の「発電利用に供する木質バイオマスの証明のためのガイドライン(平成24年6月18日)」に準拠して分別管理が行われたことが確認されないものについては、建設資材廃棄物とみなす。
六 複数の再生可能エネルギー発電設備を併設した場合で、それぞれの設備からの再生可能エネルギー電気の供給量を特定することができない場合に適用される調達価格は、当該複数設備に適用される調達価格のうち、最も調達価格の低いものを適用するものとし、調達期間もこれに従う。

附　則

(補助金の交付を受けて設置された再生可能エネルギー発電設備に係る調達価格)

1　補助金(地域新エネルギー等導入促進対策費補助金、新エネルギー等事業者支援対策費補助金、新エネルギー事業者支援対策費補助金及び中小水力・地熱発電開発費等補助金に限る。以下この項において同じ。)の交付を受けて設置された再生可能エネルギー発電設備(附則第3項に規定する特例太陽光発電設備を除く。)に係る調達価格は、本則の規定にかかわらず、次の算式により算定した額とする。

$A - C \div (B \times Y)$

備考　この算式中次に掲げる記号の意義は、それぞれ次に定めるとおりとする。
　A　本則第1項の表の中欄に掲げる調達価格
　B　当該設備の供給に係る再生可能エネルギー電気の1年当たりの発電見込量
　C　補助金の交付額
　Y　本則第1項の表の下欄に掲げる調達期間

(法の施行の日前に発電を開始した再生可能エネルギー発電設備に係る調達期間)

2　電気事業者による再生可能エネルギー電気の調達に関する特別措置法(以下「法」という。)の施行の日(平成24年7月1日)前に再生可能エネルギー電気の

参考資料

発電を開始した再生可能エネルギー発電設備（次項に規定する特例太陽光発電設備を除く。）に係る調達期間は、本則の規定にかかわらず、本則第1項の表の下欄に掲げる期間から、発電開始日（試運転を終えた後に再生可能エネルギー電気の発電を開始した日をいう。）から同法の施行の日（平成24年7月1日）までの期間に相当する期間を除いた期間とする。

（特例太陽光発電設備に係る調達価格等）

3 　法附則第6条第1項の規定により同法第6条第1項の規定による認定を受けた発電とみなされる発電に係る太陽光発電設備（以下「特例太陽光発電設備」という。）であって、平成23年3月31日までに当該特例太陽光発電設備を用いて発電された電気の買取りを一般電気事業者に申し込んだものに係る同法附則第6条第2項の規定により読み替えて適用する同法第4条第1項の特例太陽光価格及び同法第3条の規定（調達期間に係る部分に限る。）の例に準じて経済産業大臣が定める期間（以下「特例太陽光調達期間」という。）は、本則の規定にかかわらず、次の表の上欄に掲げる設備の区分等に応じ、それぞれ同表の中欄及び下欄に掲げるとおりとする。

| | 設備の区分等 | 特例太陽光価格 | 特例太陽光調達期間 |
|---|---|---|---|
| 一 | 住宅用太陽光発電設備（太陽光発電設備であって、その出力が10キロワット未満であり、かつ、低圧で受電している施設等に設置されているものをいう。以下同じ。）（次号に掲げるものを除く。） | 48円 | 10年間 |
| 二 | 住宅用太陽光発電設備（当該太陽光発電設備の設置場所を含む1の需要場所に電気を供給する自家発電設備等とともに設置され、当該自家発電設備等により供給される電気が電気事業者に対する再生可能エネルギー電気の供給量に影響を与えているものに限る。） | 39円 | 10年間 |
| 三 | 住宅用太陽光発電設備以外の太陽光発電設備（次号に掲げるものを除く。） | 24円 | 10年間 |
| 四 | 住宅用太陽光発電設備以外の太陽光発電設備（当該太陽光発電設備の設置場所を | 20円 | 10年間 |

280

[4] 電気事業者による再生可能エネルギー電気の調達に関する特別措置法第3条第1項及び同法附則第6条で読み替えて適用される同法第4条第1項の規定に基づき、同法第3条第1項の調達価格等並びに調達価格及び調達期間の例に準じて経済産業大臣が定める価格及び期間を定める件

| | | |
|---|---|---|
| | 含む1の需要場所に電気を供給する自家発電設備等とともに設置され、当該自家発電設備等により供給される電気が電気事業者に対する再生可能エネルギー電気の供給量に影響を与えているものに限る。) | |

備考
一　中欄に掲げる調達価格は、1キロワット時当たりの価格とし、消費税及び地方消費税の額に相当する額を含むものとする。
二　下欄に掲げる調達期間は、特例太陽光発電設備により発電された電気の買取りが開始された日を起算日とする。
三　自家発電設備等については、リレー装置が設置されている等自家発電設備等から発電又は放電された電気が配電線に逆流しない措置が講じられているものに限る。
四　複数の再生可能エネルギー発電設備を併設した場合で、それぞれの設備からの再生可能エネルギー電気の供給量を特定することができない場合に適用される調達価格は、当該複数設備に適用される調達価格のうち、最も調達価格の低いものを適用するものとし、調達期間もこれに従う。

4　特例太陽光発電設備であって、平成23年4月1日から平成24年6月30日までに当該特例太陽光発電設備を用いて発電された電気の買取りを一般電気事業者に申し込んだものに係る特例太陽光価格及び特例太陽光調達期間は、本則の規定にかかわらず、次の表の上欄に掲げる設備の区分等に応じ、それぞれ同表の中欄及び下欄のとおりとする。

| | 設備の区分等 | 特例太陽光価格 | 特例太陽光調達期間 |
|---|---|---|---|
| 一 | 住宅用太陽光発電設備（次号に掲げるものを除く。) | 42円 | 10年間 |
| 二 | 住宅用太陽光発電設備（当該太陽光発電設備の設置場所を含む1の需要場所に電気を供給する自家発電設備等とともに設置され、当該自家発電設備等により供給される電気が電気事業者に対する再生可能エネルギー電気の供給量に影響を与えているものに限る。) | 34円 | 10年間 |

| 三 | 住宅用太陽光発電設備以外の太陽光発電設備であって、補助金受給設備等（新エネルギー等導入加速化支援対策費補助金を受けて設置されたもの又は平成23年4月1日から平成24年6月30日までの間に新たに設置されたことが確認されないものをいう。以下同じ。）ではないもの（次号に掲げるものを除く。） | 40円 | 10年間 |
|---|---|---|---|
| 四 | 住宅用太陽光発電設備以外の太陽光発電設備であって、補助金受給設備等ではないもの（当該太陽光発電設備の設置場所を含む1の需要場所に電気を供給する自家発電設備等とともに設置され、当該自家発電設備等により供給される電気が電気事業者に対する再生可能エネルギー電気の供給量に影響を与えているものに限る。） | 32円 | 10年間 |
| 五 | 住宅用太陽光発電設備以外の太陽光発電設備であって、補助金受給設備等であるもの（次号に掲げるものを除く。） | 24円 | 10年間 |
| 六 | 住宅用太陽光発電設備以外の太陽光発電設備であって、補助金受給設備等であるもの（当該太陽光発電設備の設置場所を含む1の需要場所に電気を供給する自家発電設備等とともに設置され、当該自家発電設備等により供給される電気が電気事業者に対する再生可能エネルギー電気の供給量に影響を与えているものに限る。） | 20円 | 10年間 |

備考
　一　中欄に掲げる調達価格は、1キロワット時当たりの価格とし、消費税及び地方消費税の額に相当する額を含むものとする。
　二　下欄に掲げる調達期間は、特例太陽光発電設備により発電された電気の買取りが開始された日を起算日とする。
　三　自家発電設備等については、リレー装置が設置されている等自家発電設備

[4] 電気事業者による再生可能エネルギー電気の調達に関する特別措置法第3条第1項及び同法附則第6条で読み替えて適用される同法第4条第1項の規定に基づき、同法第3条第1項の調達価格等並びに調達価格及び調達期間の例に準じて経済産業大臣が定める価格及び期間を定める件

> 等から発電又は放電された電気が配電線に逆流しない措置が講じられているものに限る。
> 四 複数の再生可能エネルギー発電設備を併設した場合で、それぞれの設備からの再生可能エネルギー電気の供給量を特定することができない場合に適用される調達価格は、当該複数設備に適用される調達価格のうち、最も調達価格の低いものを適用するものとし、調達期間もこれに従う。

　附　則（平成25年3月29日経済産業省告示第79号）
この告示は、平成25年4月1日から施行する。

参考資料

## 5 特定契約・接続契約モデル契約書

（平成24年9月26日資源エネルギー庁新エネルギー対策課公表）

目次

第1章 再生可能エネルギー電気の調達及び供給に関する事項
　第1.1条（再生可能エネルギー電気の調達及び供給に関する基本事項）
　第1.2条（受給開始日及び受給期間）
　第1.3条（受給電力量の計量及び検針）
　第1.4条（料金）
　第1.5条（他の電気事業者への電気の供給）
第2章 系統連系に関する事項
　第2.1条（系統連系に関する基本事項）
　第2.2条（乙による系統連系のための工事）
　第2.3条（甲による系統連系のための工事）
第3章 本発電設備等の運用に関する事項
　第3.1条（給電運用に関する基本事項）
　第3.2条（出力抑制）
第4章 本発電設備等の保守・保安、変更等に関する事項
　第4.1条（本発電設備等の管理・補修等）
　第4.2条（電力受給上の協力）
　第4.3条（電気工作物の調査）
　第4.4条（本発電設備の改善等）
　第4.5条（本発電設備等の変更）
第5章 本契約の終了
　第5.1条（解除）
　第5.2条（設備の撤去）
第6章 表明保証、損害賠償、遵守事項
　第6.1条（表明及び保証）
　第6.2条（損害賠償）
　第6.3条（プロジェクトのスケジュールに関する事項）
第7章 雑則

第 7.1 条（守秘義務）
第 7.2 条（権利義務及び契約上の地位の譲渡）
第 7.3 条（本契約の優先性）
第 7.4 条（契約の変更）
第 7.5 条（準拠法、裁判管轄、言語）
第 7.6 条（誠実協議）

## 再生可能エネルギー電気の調達及び供給並びに接続等に関する契約

〔特定供給者〕（以下「甲」という。）と〔一般電気事業者又は特定電気事業者〕（以下「乙」という。）は、電気事業者による再生可能エネルギー電気の調達に関する特別措置法（平成 23 年法律第 108 号、その後の改正を含み、以下「再エネ特措法」という。）に定める再生可能エネルギー電気の甲による供給及び乙による調達並びに甲の発電設備と乙の電力系統との接続等に関して、次のとおり契約（以下「本契約」という。）を締結する。なお、本契約において用いる用語は、別に定めのない限り、再エネ特措法に定める意味による。

### 第 1 章 再生可能エネルギー電気の調達及び供給に関する事項

第 1.1 条（再生可能エネルギー電気の調達及び供給に関する基本事項）
1. 甲は、乙に対し、次条に定める受給期間にわたり、次項に定める本発電設備を用いて発電する電気を供給することを約し、乙は、本発電設備につき適用される法定の調達価格により当該電気を調達することを約する。
2. 本契約の対象となる甲の発電設備（以下「本発電設備」という。）は以下のとおりとする。なお、甲及び乙は、本契約締結時において、前項に定める本発電設備を用いた発電について再エネ特措法第 6 条第 1 項の認定を受けていることを確認する。かかる認定が取り消された場合、甲は直ちにその旨を乙に対し通知するものとし、再エネ特措法第 6 条第 4 項の変更認定を受けた場合、又は同第 5 項の届け出を行った場合、甲は直ちにその旨及び変更の内容を乙に対し通知するものとする。なお、本発電設備を用いた発電に係る再エネ特措法第 6 条第 1 項の認定が取り消された場合、本契約は直ちに終了するものとする。
　　　所在地：○○県○○市○○

　　　　発電所名：○○発電所
　　　　再生可能エネルギー源：○○
　　　　発電出力：○○kW
3. 乙は、本契約に別途定める場合（第3.2条第4項に定める補償を要する出力抑制を行う場合を含む。）を除き、甲が本発電設備において発電した電気のうち、乙に供給する電力（以下「受給電力」という。）のすべてを調達するものとする。なお、受給電力の受給地点、電気方式、周波数、最大受電電力（乙が受電する電力の最大値をいう。）、標準電圧は以下のとおりとする。
　　　　受給地点：○○県○○市○○
　　　　電気方式：○○
　　　　周波数：○○Hz
　　　　最大受電電力：○○kW
　　　　　　【注：端数は小数点第一位で【四捨五入／切り捨て】。】
　　　　標準電圧：○○V
4. 乙は、次の各号に掲げる場合、第1項に基づく調達義務を負わないものとする。
　(i) 甲乙間の電気供給契約又は電気供給約款等（以下、総称して「電気供給契約等」という。）に基づき乙が甲に対し電力を供給している場合において、甲【又は第三者【注：屋根貸しの場合において、Y字分岐で2引き込みをしている場合は、記載。】】による当該電気供給契約等の債務不履行により、甲に対する電力の供給が停止されていることによって、甲の乙に対する電力の供給ができない場合
　(ii) 乙との間で接続供給契約を締結している特定規模電気事業者（以下「供給事業者」という。）が当該接続供給契約及び甲との電気供給契約等に基づき甲に対し電力を供給している場合において、供給事業者による接続供給契約の債務不履行により、甲に対する電力の供給が停止されていることによって、甲の乙に対する電力の供給ができない場合

第1.2条（受給開始日及び受給期間）
1. 本契約による受給電力の受給開始日及び受給期間は、次のとおりとする。
　　　　受給開始日：○年○月○日
　　　　受給期間：○年○月○日（同日を含む。）から起算して○（例：240）月
　　　　　　【注：調達期間を超えない範囲内で記入。】経過後最初の検針日の前日までの期間

2. 受給開始日より前に本発電設備の試運転により発電した電気の受給条件については、別途甲乙間で協議の上定める。
3. 甲又は乙は、受給開始日を変更する必要がある場合、協議の上これを変更することができる。受給開始日を変更した場合の受給期間は、変更後の受給開始日（同日を含む。）から起算して〇（例：240）月経過後最初の検針日の前日までの期間とする。但し、(i)再エネ特措法第6条第4項に基づく変更認定を受けたことにより本発電設備について適用される調達期間が変更された場合には、当該変更後の調達期間を超えない範囲内の期間とし、(ii)再エネ特措法第3条第8項の規定により、本契約につき適用される調達期間が改定された場合には、かかる改定後の調達期間を超えない範囲内の期間によるものとする。
4. 甲又は乙のいずれかの責めに帰すべき事由により受給開始日が本条第1項に定める日より遅延し、これにより相手方に損害、損失、費用等（以下、総称して「損害等」という。）が生じた場合には、当該有責当事者は、相手方に対し、かかる損害等を賠償するものとする。

第1.3条（受給電力量の計量及び検針）
1. 甲乙間の受給電力量の計量は、計量法（平成4年法律第51号、その後の改正を含む。）の規定に従った電力量計（取引用電力量計並びにその他計量に必要な付属装置及び区分装置をいう。以下同じ。）により行い、その設置については、【甲／乙】が行うものとし、その設置費用（計量法に基づき取替えが必要となる場合の費用を含む。）は甲の負担とする。【この場合、甲は、当該設置場所を乙に対して無償で提供するものとする。〔電力量計の設置を乙が行う場合に規定。〕】
2. 前項に基づき計量された受給電力量の単位は、1キロワット時とし、1キロワット時未満の端数は、小数第1位で四捨五入する。
3. 電力量計の検針は、乙が別途指定する日（以下「検針日」という。）に【〔検針を乙が行う場合〕乙が行うものとし、乙は、検針日から〇日以内に、乙が指定する方法によって当該検針の結果を甲に通知する。甲は、かかる乙による検針に合理的な範囲内で協力し、かかる検針に立ち会うことができるものとする。／〔検針を甲が行う場合〕甲が行うものとし、甲は、検針日から〇日以内に、乙が指定する方法によって当該検針の結果を乙に対し通知する。】
4. 電力量計に故障等が生じ、受給電力量を計量することができないことを覚知した当事者は、相手方に対し速やかにその旨を通知するものとする。計量できな

い間の受給電力量については、当該期間における近隣の天候その他の発電条件及び本発電設備における過去の発電量実績【、並びに乙の電力系統監視制御システムにおける計測値〔電力系統監視制御システムを有する場合に規定。〕】等を踏まえ、甲乙協議の上決定する。
5. 乙（乙から委託を受けて検針を実施する者を含む。）は、受給電力量を検針するため、又は電力量計の修理、交換若しくは検査のため必要があるときには、本発電設備【又は甲が維持し、及び運用する変電所若しくは開閉所】が所在する土地に立ち入ることができるものとする。

第 1.4 条（料金）
1. 乙が甲に支払う毎月の料金は、前条に定める方法により計量された受給電力量に以下の電力量料金単価（但し、(i)再エネ特措法第 6 条第 4 項の変更認定を受けたことにより本発電設備について適用される調達価格が変更された場合には、当該変更後の調達価格によるものとし、(ii)再エネ特措法第 3 条第 8 項の規定により、本契約につき適用される調達価格が改定された場合には、かかる改定後の調達価格によるものとする。）を乗じて得た金額（1 円未満の端数は切り捨てる。）とする。

　　　　　電力量料金単価：○○円／kWh に、消費税及び地方消費税相当額を加算した金額

2. 乙は、【検針日の属する月の【翌月／翌々月】○日（○日が金融機関の休業日の場合は翌営業日。以下「支払期日」という。）／検針日から○日経過する日（○日が金融機関の休業日の場合は翌営業日。以下「支払期日」という。）】までに、甲が別途指定する預金口座への振込により甲に支払う。
3. 前項の支払いが支払期日までに行われない場合には、支払期日の翌日（同日を含む。）から支払いの日（同日を含む。）まで年率○％【注：支払の遅滞により、甲に損害が生じる範囲内の割合で記入。】（1 年を 365 日とする日割計算により、1 円未満の端数は切り捨てる。）の割合による遅延損害金を加算して、乙から甲へ支払うものとする。但し、甲の責めに帰すべき事由による場合については、この限りではない。

第 1.5 条（他の電気事業者への電気の供給）
1. 甲は、本発電設備において発電する電気のうち受給電力以外について、乙以外の電気事業者に供給（一般社団法人日本卸電力取引所又は将来において設立される卸電力取引所を通じた供給を含む。）することができる。

2. 甲は、乙以外の電気事業者との間で、特定契約を締結し、又はその申込みをしている場合には、別途乙及び当該乙以外の電気事業者にそれぞれ供給する予定の一日当たりの再生可能エネルギー電気の量（以下「予定供給量」という。）又は予定供給量の算定方法（予定供給量を具体的に定めることができる方法に限る。）をあらかじめ定めるものとする。
3. 甲は、本契約に基づく受給電力の供給を行う各日（以下「供給日」という。）の前日の〇時以降、前項に基づき通知した予定供給量又はその算定方法を変更してはならない。
4. 前二項に定めるほか、甲が本発電設備において発電する電気を乙及び乙以外の電気事業者に供給するために必要な事項については、別途甲乙間で誠実に協議の上定めるものとする。
5. 甲は、予定供給量をあらかじめ定めた場合において実際の供給量と予定供給量が異なった場合（実際の供給量が0となった場合を含む。）であっても、乙に対し、損害賠償その他一切の支払義務を負わないものとする。

## 第2章　系統連系に関する事項

第2.1条（系統連系に関する基本事項）

甲は、本発電設備と乙の電力系統との連系につき、電気設備に関する技術基準を定める省令（平成9年通商産業省令第52号、その後の改正を含む。）、電気設備の技術基準の解釈、電力品質確保に係る系統連系技術要件ガイドラインのほか、監督官庁、業界団体又は乙が定める系統連系に関係する業務の取扱いや技術要件に関する規程等を遵守するものとする。但し、かかる規程等と本契約の規定に齟齬が生じた場合には、適用法令（甲若しくは乙又は本契約に基づく取引につき適用される条約、法律、政令、省令、規則、告示、判決、決定、仲裁判断、通達及び関係当局により公表されたガイドライン・解釈指針等をいう。以下同じ。）に抵触しない限り、本契約の規定が優先するものとする。

第2.2条（乙による系統連系のための工事）

1. 乙は、本発電設備を乙の電力系統に連系するため、次の各号に掲げる工事の具体的内容及びその理由、甲に負担を求める概算工事費及びその算定根拠、所要工期並びに甲において必要となる対策等を、合理的な根拠を示して甲に書面にて通知し、甲の同意を得た上で当該工事を行うものとする。この場合、甲は乙に対し、必要な説明及び資料の提示並びに協議を求めることができるものとす

る。
- (i) 電源線（電気事業者による再生可能エネルギーの調達に関する特別措置法施行規則（平成24年経済産業省令第46号、その後の改正を含み、以下「施行規則」という。）第5条第1項第1号に定める意味による。）の設置又は変更
- (ii) 本発電設備と被接続先電気工作物（施行規則第5条第1項第2号に定める意味による。）との間に設置される変圧器等の電圧の調整装置の設置、改造又は取替え
- (iii) 電力量計の設置又は取替え
- (iv) 本発電設備と被接続先電気工作物との間に設置される乙が本発電設備を監視、保護若しくは制御するために必要な設備又は甲が乙と通信するために必要な設備の設置、改造又は取替え

2. 乙は、前項に掲げる工事のほか、本発電設備を乙の電力系統に連系するための電力系統の増強その他必要な設備の工事であって、甲を原因者とする工事について必要と認めるときは、その工事が甲を原因者とするものであること、工事の具体的内容及びその理由、甲に負担を求める概算工事費及びその算定根拠、所要工期並びに甲において必要となる対策等を甲に書面にて通知し、甲の同意を得た上で当該工事を行うものとする。甲は、乙に対し、必要な説明及び資料の提示並びに協議を求めることができるものとする。

3. 甲は、前二項に基づき乙が行う工事（以下、総称して「本件工事」という。）の内容に同意した場合には、甲が同意した金額（以下「工事費負担金」という。）を、別途甲乙間で締結する工事費負担金に関する契約に従い、乙が別途指定する口座宛に入金するものとする。【乙は、本項に従い工事費負担金が入金されたことを確認した後、本件工事に着手するものとする。〔工事費負担金入金前に工事に着手する場合は削除。〕】

4. 乙は、本条第1項及び第2項に基づき甲の同意を得た内容に従い、本件工事を○年○月○日（以下「竣工予定日」という。）までに完了させるものとする。乙は、別途甲乙間で合意したところに従い、甲に対し、本件工事に必要な用地の取得状況その他本件工事の進捗状況を報告するものとし、本件工事が竣工予定日までに完了しなかったことにより甲に損害等が生じた場合には、これを賠償するものとする。但し、乙は、天災事変その他乙の責めによらない理由により本件工事の工程の遅延が生じる場合には、遅滞なくこれを甲に通知して、竣工

予定日の延期を求めることができるものとする。この場合、甲は、合理的な理由なく当該延期の請求にかかる承認を拒絶、留保又は遅延しないものとするが、乙に対し、その工程の遅延の原因や新たな竣工予定日等必要な説明及び資料の提示並びに協議を求めることができるものとする。なお、甲がかかる竣工予定日の延期を承認した場合には、竣工予定日は当該承認内容に従い変更されるものとする。

5. 前項但し書きの規定にかかわらず、乙は、天災事変その他乙の責めによらない理由により、甲の同意を得た内容に従った本件工事の遂行が著しく困難であることが判明した場合、速やかにその旨を甲に対し通知するとともに、本件工事に係る工事設計の変更が必要と考える場合には、その旨及び必要な変更の内容を甲に通知するものとする。この場合、甲及び乙は、工事設計内容の変更を含む善後策について、誠実に協議するものとする。

6. 乙が本件工事に着手した後、甲が本発電設備に係る発電の計画の内容を変更する場合には、甲は事前に乙に協議を求めるものとし、かかる計画の変更により乙に損害等が発生した場合、甲は乙に対し、これを賠償するものとする。

7. 乙は、本件工事に要する費用が工事費負担金の額を上回ることが見込まれる場合、又は本件工事に要する費用が工事費負担金の額を上回った場合には、速やかにその理由、甲に負担を求める金額及びその算定根拠を甲に通知し、増加額についての同意を求めるものとする。甲は、当該増加額が乙の責めに帰すべき事由によって生じた場合を除き、合理的な理由なく当該同意を拒絶、留保又は遅延しないものとするが、乙に対し、必要な説明及び資料の提示並びに協議を求めることができるものとする。

8. 本件工事に要した費用が、(i)工事費負担金の額を上回った場合には、前項に従い、当該増加額についての同意を拒絶、留保又は遅延することにつき合理的な理由がある場合を除き、甲は前項に基づく乙の請求に従い、直ちに不足額を乙に支払うものとし、(ii)工事費負担金の額を下回った場合には、乙は、本件工事竣工後遅滞なく、剰余額を甲に支払うものとする。

第2.3条（甲による系統連系のための工事）

1. 甲は、本発電設備を乙の電力系統に連系するために必要な工事（本件工事を除く。）及び本発電設備の設置工事を〇年〇月〇日までに完了する。上記期限までにこれらの設置工事を完了することができない場合には、甲及び乙は、当該期限の延期につき、誠実に協議するものとする。

2. 前項に定める設置工事に要する費用は、甲の負担とする。
3. 甲が本発電設備において発電する電力の受給に必要な系統連系のために設置した設備（以下「系統連系設備」という。）の所有権は、甲に帰属するものとする。
4. 系統連系設備の仕様については、適用法令に抵触しない限り、系統連系に関係する業務の取扱いや技術要件について乙が公表する規程等に基づき、乙と協議の上決定するところに従うものとする。

## 第3章　本発電設備等の運用に関する事項

第3.1条（給電運用に関する基本事項）

　　甲及び乙は、本発電設備及び系統連系設備に係る給電運用の詳細（乙が、乙の定める給電運用及び配電系統運用に係る規程に基づき、電力の品質維持及び保守面から甲に対して行う給電指令（配電指令）の内容及び甲における対応その他の事項をいう。）について、別途誠実に協議の上、給電運用に関する協定書を締結するものとし、甲は、当該協定書に従い、本発電設備及び系統連系設備に係る給電運用を行うものとする。但し、当該協定書と本契約の規定の間に齟齬が生じた場合には、本契約の規定が優先するものとする。

第3.2条（出力抑制）

1. 乙が、施行規則第6条第3号イに定める回避措置（同号において「当該接続請求電気事業者」とあるのは、「乙」と読み替える。以下同じ。）を講じたとしてもなお、乙の電気の供給量がその需要量を上回ることが見込まれる場合、甲は、乙の指示（原則として当該指示が出力の抑制を行う前日までに行われ、かつ、乙が自ら用いる太陽光発電設備及び風力発電設備の出力も本発電設備の出力と同様に抑制の対象としている場合に行われる指示に限る。）に従い、本発電設備の出力の抑制を行うものとし、甲は、かかる出力の抑制を行うために必要な体制を整備するものとする。甲は、乙からかかる出力の抑制（各年度（毎年4月1日から翌年の3月末日までをいう。）30日を超えない範囲内（本契約の締結日を含む年度については、○日【注：日割計算又は乙の出力抑制の頻度及び発生時期等を踏まえ合理的に算定された日数を記入。】を超えない範囲内。）で行われるものに限る。）の指示がなされた場合において、乙が甲に書面により、当該指示を行う前に回避措置を講じたこと、当該回避措置を講じてもなお乙の電気の供給量がその需要量を上回ると見込んだ合理的な理由及び当該指示が

合理的であったことを、当該指示をした後遅滞なく示した場合には、当該出力の抑制により生じた損害の補償を、乙に対して求めないものとする。

2. 乙は、施行規則第6条第3号ロ(1)又は(2)に掲げる場合（乙の責めに帰すべき事由によらない場合に限る。）には、本発電設備の出力の抑制を行うことができるものとする。甲は、乙が甲に書面により当該出力の抑制を行った合理的な理由を示した場合には、当該出力の抑制により生じた損害の補償を、乙に対して求めないものとする。

3. 甲は、施行規則第6条第3号ハ(1)又は(2)に掲げる場合には、乙の指示に従い、本発電設備の出力の抑制を行うものとする。甲は、乙から当該出力の抑制の指示がなされた場合において、乙が甲に書面により当該指示を行った合理的な理由を示した場合には、当該出力の抑制により生じた損害の補償を、乙に対して求めないものとする。

4. 本条第1項から前項までにおいて甲が当該出力の抑制により生じた損害の補償を乙に対して求めないものとされている場合以外の場合において、乙が行った本発電設備の出力の抑制、又は乙による指示に従って甲が行った本発電設備の出力の抑制により、甲に生じた損害について、甲は、乙に対し、当該出力の抑制を行わなかったとしたならば甲が乙に供給したであろうと認められる受給電力量に、電力量料金単価を乗じた金額を上限として、その補償を求めることができ、乙は、かかる補償を求められた場合には、これに応じなければならない。但し、本契約の締結時において、甲及び乙のいずれもが予想することができなかった特別の事情が生じたことにより本発電設備の出力の抑制を行い、又は、乙による指示に従って甲が本発電設備の出力の抑制を行った場合であって、当該特別の事情の発生が乙の責めに帰すべき事由によらないことが明らかな場合については、この限りでない。

5. 前項に定める「当該出力の抑制を行わなかったとしたならば甲が乙に供給したであろうと認められる受給電力量」の算定は、【出力抑制が行われた日時における実際の【日射量／風速】を基礎として、本発電設備において同程度の【日射量／風速】であった場合の発電電力量として甲が合理的に算定した値、又は当該出力の抑制が行われた季節、時間における本発電設備の平均的な発電電力量として甲が合理的に算定した値、その他甲が合理的に算定した値／甲及び乙協議の上合理的に算定した値】に従うものとする。甲は、前項に定める補償を乙に求めるに際し、当該算定の根拠資料を、乙に対して提示するものとする。

6. 甲は、前二項に基づく補償金については、月単位で乙に請求するものとし、甲は出力抑制が行われた日の属する月の翌月〇日（以下「請求期限日」という。）までに乙に請求書を交付し、乙は同月〇日（〇日が金融機関の休業日の場合は翌営業日）までに第1.4条に定める料金の支払の方法に従い甲に支払うものとする。但し、請求期限日までに甲が請求書を乙へ交付しなかった場合は、乙は請求書の受領後10営業日以内に支払うものとする。
7. 乙は、本発電設備の出力の抑制を行い、又は甲に対し当該出力の抑制の指示を行った場合には、可能な限り速やかに、当該出力の抑制の原因となった事由を解消し、甲からの受給電力の受電を回復するよう努めるものとする。

## 第4章　本発電設備等の保守・保安、変更等に関する事項

第4.1条（本発電設備等の管理・補修等）
1. 電気工作物の責任分界点は、以下のとおりとする。責任分界点より甲側の電気工作物については甲が、乙側の電気工作物については乙が、自らの責任と負担において管理及び補修を行うものとする。

    責任分界点：〇〇

2. 甲は、甲が保有する本発電設備又は系統連系設備に関して甲が建設・所有する一切の施設及び設備について、必要な地元交渉、法手続、環境対策及び保守等を、自らの責任で行うものとする。但し、乙が自らの責任で行うと認めたものについては、この限りでない。
3. 前二項に定めるほか、本契約に基づく電力受給に関する設備の保守・保安等の取扱いについては、別途甲乙間で締結する協定書等によるものとする。但し、当該協定書等と本契約の規定に齟齬が生じた場合には、本契約の規定が優先するものとする。

第4.2条（電力受給上の協力）
1. 甲は、乙における安定供給及び電力の品質維持に必要な本発電設備に関する情報を乙に提供するものとし、その具体的内容については別途甲乙間で合意するものとする。
2. 前項に定めるほか、甲及び乙は、受給電力の受給を円滑に行うため、電圧、周波数及び力率を正常な値に保つ等、相互に協力するものとする。
3. 本件工事及び第2.3条第1項に定める工事が完了し、本発電設備と乙の電力系

統との接続が一旦確立された後においては、乙は、乙の電力系統の増強その他必要な措置に係る費用の負担を甲に対して求めることができないものとする。但し、別途甲乙間で合意した場合、又は第4.5条第2項に掲げる場合はこの限りではない。

第4.3条（電気工作物の調査）
1. 甲及び乙は、本契約に基づく電力受給に直接関係するそれぞれの電気工作物について、相手方から合理的な調査の要求を受けた場合は、通常の営業時間の範囲内で、かつ、当該電気工作物を用いた通常の業務の遂行に支障を及ぼすことのない態様で、その調査に応じるものとする。
2. 前項の規定にかかわらず、乙が保安のため必要と判断した場合には、乙（乙から委託を受けて保安業務を実施する者を含む。）は、本発電設備又は甲が維持し、及び運用する変電所若しくは開閉所が所在する土地に立ち入ることができるものとする。この場合、乙は甲に対し、緊急の場合を除き、あらかじめその旨を通知するものとする。

第4.4条（本発電設備等の改善等）
　乙は、甲からの受給電力が乙の電力安定供給若しくは電力品質に支障を及ぼし、又は支障を及ぼすおそれがあると合理的に判断する場合には、甲からの受給電力の受給を停止することができるものとする。なお、乙は甲に対し、第3.2条第4項の規定に従い甲に対し補償措置が必要な場合については、当該補償措置を行うものとする。また、乙は、甲に対し、本発電設備又は系統連系設備の改善の協議を求めることができるものとし、甲はその求めに応じ、乙と協議の上、その取扱いを決定するものとする。

第4.5条（本発電設備等の変更）
1. 甲は、本発電設備又は系統連系設備に関し、【系統連系申込書及びその添付資料【注：電気事業者各社の名称に合わせ記入。】】に記載した技術的事項を変更する場合には、系統連系に関係する業務の取扱いや技術要件について乙が公表する規程等に基づき乙と協議し、乙の承諾を得た後にこれを行うものとする。
2. 前項の変更に伴い、乙の電気工作物を変更する必要が生じる場合には、甲は、第2.2条の規定に準じて乙との間で、工事費負担金に関する契約を締結し、その工事の費用を負担するものとする。
3. 本条第1項に掲げる場合を除き、甲は、乙の事前の承諾を得ることなく、本発電設備又は系統連系設備を変更することができる。但し、甲は、かかる変更を

参考資料

した場合、遅滞なく乙に対し通知するものとする。

## 第5章　本契約の終了

第5.1条（解除）
1. 甲は、乙につき、以下のいずれかの事由が生じた場合には、乙に対する通知により、本契約又はこれに関連して締結された協定等（以下「本契約等」という。）を解除することができる。
   (1) 破産手続、民事再生手続、会社更生手続、特別清算若しくはその他の倒産関連法規に基づく手続（以下、総称して「倒産手続」という。）開始の申立て、又は解散の決議を行ったとき
   (2) 電気事業法（昭和39年法律第170号、その後の改正を含む。）に基づく電気事業者としての許可を取り消されたとき
   (3) 本契約に定める甲に対する金銭債務の履行を〇日以上遅滞したとき
   (4) その他本契約等若しくは本契約等に基づく取引又はこれらに関する乙に係る適用法令の規定に違反し、甲が相当の期間を定めて催告したにもかかわらず、当該違反行為を改めない、又は止めないとき
   (5) 反社会的勢力（①暴力団（暴力団員による不当な行為の防止に関する法律（平成3年法律第77号、その後の改正を含み、以下「暴力団員による不当な行為の防止に関する法律」という。）第2条第2号に規定する暴力団をいう。以下同じ。）、②暴力団員（暴力団員による不当な行為の防止に関する法律第2条第6号に定める暴力団員をいう。以下同じ。）又は暴力団員でなくなった時から5年を経過しない者、③暴力団準構成員、④暴力団関係企業、⑤総会屋等、⑥社会運動等標榜ゴロ、⑦特殊知能暴力集団等、⑧その他①から⑦までに準じる者、⑨①から⑧までのいずれかに該当する者（以下「暴力団員等」という。）が経営を支配していると認められる関係を有する者、⑩暴力団員等が経営に実質的に関与していると認められる関係を有する者、⑪自己、自社若しくは第三者の不正の利益を図る目的又は第三者に損害を加える目的をもってするなど、不当に暴力団員等を利用していると認められる関係を有する者、⑫暴力団員等に対して資金等を提供し、又は便宜を供与するなどの関与をしていると認められる関係を有する者、及び⑬役員又は経営に実質的に関与している者が暴力団員等と社会的に非難されるべき関係を有する者をいう。以下同じ。）となったとき

(6) 自ら又は第三者を利用して反社会的行為（①暴力的な要求行為、②法的な責任を越えた不当な要求行為、③取引に関して、脅迫的な言動をし、又は暴力を用いる行為、④風説を流布し、偽計若しくは威力を用いて取引の相手の信用を毀損し、又はその業務を妨害する行為、及び⑤その他上記①から④までに準ずる行為をいう。以下同じ。）を行ったとき
2. 前項に基づき、甲が本契約等を解除した場合、乙は、当該解除により甲に生じた損害等を賠償するものとする。
3. 甲は、本条第1項に定める場合のほか、乙に対する○日前までの通知により、任意に本契約等を解除することができる。但し、甲は乙に対し、当該解除により乙に生じた損害等を賠償するものとする。
4. 乙は、甲につき、以下のいずれかの事由が生じた場合には、甲に対する通知により、本契約等を解除することができる。
    (1) 倒産手続開始の申立て、又は解散の決議を行ったとき
    (2) 本発電設備における発電事業の継続ができなくなったとき
    (3) 本契約等若しくは本契約等に基づく取引又はこれらに関する甲に係る適用法令の規定に違反し、乙が相当の期間を定めて催告したにもかかわらず、当該違反行為を改めない、又は止めないとき
    (4) 反社会的勢力となったとき
    (5) 自ら又は第三者を利用して反社会的行為を行ったとき
5. 前項に基づき、乙が本契約等を解除した場合、甲は、当該解除により乙に生じた損害等を賠償するものとする。

第5.2条（設備の撤去）
　本契約が終了した場合における本発電設備その他の本契約に基づき設置された電気工作物の撤去を行う場合については、第4.1条第1項に定める責任分界点より甲側の電気工作物については甲が、乙側の電気工作物については乙が、それぞれその撤去費用を負担する義務を負うものとする。但し、本契約の終了が甲又は乙いずれかの責めに帰すべき事由による場合には、当該有責当事者がその撤去費用を負担する義務を負うものとする。

第6章　表明保証、損害賠償、遵守事項
第6.1条（表明及び保証）
1. 乙は、甲に対し、本契約締結日において、以下の事項が真実かつ正確であることを表明し、保証する。

(1) （適法な設立、有効な存続）

乙は、日本法に準拠して適法に設立され、有効に存在する株式会社であること。

(2) （権利能力）

乙は、自己の財産を所有し、現在従事している事業を執り行い、かつ、本契約を締結し、本契約に基づく義務を履行するために必要とされる完全な権能及び権利を有していること。

(3) （授権手続）

乙による本契約の締結及び履行は、乙の会社の目的の範囲内の行為であり、乙はこれらについて適用法令、乙の定款その他の社内規則において必要とされる全ての手続を完了しており、本契約に署名又は記名押印する者は、適用法令、乙の定款その他の社内規則で必要とされる手続に基づき、乙を代表して本契約に署名又は記名捺印する権限を付与されていること。

(4) （許認可等の取得）

乙は、本契約の締結及び履行並びに乙の事業遂行に必要とされる一切の許認可、届出、登録等（電気事業法に基づく許認可、届出、登録を含むが、これに限られない。）を関連する適用法令の規定に従い適法かつ有効に取得又は履践していること。

(5) （適用法令、内部規則及び他の契約との適合性）

乙による本契約の締結及び履行により、公的機関その他の第三者の許認可、承諾若しくは同意等又はそれらに対する通知等が要求されることはなく、かつ、乙による本契約の締結及び履行は、適用法令、乙の定款その他の内部規則、乙を当事者とする又は乙若しくは乙の財産を拘束し若しくはこれに影響を与える第三者との間の契約又は証書等に抵触又は違反するものではないこと。

(6) （訴訟・係争・行政処分の不存在）

【別紙〇に掲げる場合を除き、】乙による本契約に基づく義務の履行に重大な悪影響を及ぼし、又は及ぼすおそれのある乙に対する判決、決定若しくは命令はなく、乙による本契約に基づく義務の履行に重大な悪影響を及ぼし、又は及ぼすおそれのある乙に対する訴訟、仲裁、調停、調査その他の法的手続又は行政手続が裁判所若しくは公的機関に係属し又は開始されておらず、乙の知る限り、提起又は開始されるおそれもないこと。

(7) (電力系統の所有、使用権原)

本契約に基づき本発電設備が連系接続をする電力系統は、乙に帰属し、乙が使用権原を有していること。

(8) (資産状況)

乙の資産状況、経営状況又は財務状態について、本契約に基づく乙の義務の債務の履行に重大な悪影響を及ぼす事由が存在していないこと。

(9) (倒産手続の開始原因・申立原因の不存在)

乙は、支払停止、支払不能又は債務超過の状態ではないこと。乙につき、倒産手続、解散又は清算手続は係属していないこと。また、それらの手続は申し立てられておらず、乙の知り得る限り、それらの開始原因又は申立原因は存在していないこと。

(10) (反社会的勢力・反社会的行為に関する事項)

乙及び乙の役員(業務を執行する社員、取締役、執行役又はこれらに準ずる者をいう。)はいずれも反社会的勢力ではなく、乙及び乙の役員は、いずれも、自ら又は第三者を利用して反社会的行為を行っていないこと。

2. 甲は、乙に対し、本契約締結日において、以下の事項が真実かつ正確であることを表明し、保証する。

(1) (適法な設立、有効な存続)

甲は、日本法に準拠して適法に設立され、有効に存続する【株式会社】であること。

(2) (権利能力)

甲は、自己の財産を所有し、現在従事している事業を執り行い、かつ、本契約を締結し、本契約に基づく義務を履行するために必要とされる完全な権能及び権利を有していること。

(3) (授権手続)

甲による本契約の締結及び履行は、甲の会社の目的の範囲内の行為であり、甲はこれらについて適用法令、甲の定款その他の社内規則において必要とされる全ての手続を完了しており、本契約に署名又は記名押印する者は、適用法令、甲の定款その他の社内規則で必要とされる手続に基づき、甲を代表して本契約に署名又は記名捺印する権限を付与されていること。

(4) (反社会的勢力・反社会的行為に関する事項)

甲及び甲の役員(業務を執行する社員、取締役、執行役又はこれらに準ず

る者をいう。）はいずれも反社会的勢力ではなく、甲及び甲の役員は、いずれも、自ら又は第三者を利用して反社会的行為を行っていないこと。

第6.2条（損害賠償）
1. 乙による前条第1項に定める表明保証事項が真実に反し、若しくは不正確であること、又は乙が本契約のその他の規定に違反したことにより、甲が損害等を被った場合には、乙は甲に対し、これを賠償するものとする。
2. 甲による前条第2項に定める表明保証事項が真実に反し、若しくは不正確であること、又は甲が本契約のその他の規定に違反したことにより、乙が損害等を被った場合には、甲は乙に対し、これを賠償するものとする。

第6.3条（プロジェクトのスケジュールに関する事項）
1. 甲は、乙に対し、本発電設備に係る建設工事その他のプロジェクトに係るスケジュールを、【○年○月○日までに】提出するものとする。
2. 甲は、前項に基づき乙に提出済みのスケジュールに重大な変更が生じる場合には、変更内容及びその理由を速やかに乙に報告するものとする。

## 第7章　雑則

第7.1条（守秘義務）
1. 甲及び乙は、次の各号に該当する情報を除き、本契約の内容その他本契約に関する一切の事項及び本契約に関連して知り得た相手方に関する情報について、相手方の事前の書面による同意なくして、第三者に開示してはならない。但し、(a) 適用法令に基づく官公庁又は費用負担調整機関からの開示要求に従ってこれを開示する場合、(b) 甲が、甲の弁護士、公認会計士、税理士、アドバイザー等、又は○○【注：投資家及び貸付人等を想定。】及びその役員、従業員、弁護士、公認会計士、税理士、アドバイザー等に対して開示をする場合、並びに(c) 乙が、乙の弁護士、公認会計士、税理士等、又は乙から委託を受けて本契約にかかる業務を実施する者（委託先の役員及び従業員並びに再委託先等を含む。）に対して開示する場合は、この限りではない。但し、(b) 又は(c) に基づく開示については、開示先が適用法令に基づき守秘義務を負う者である場合を除き、開示先に対し本条と同様の守秘義務を課すことを条件とする。
   (i) 相手方から開示を受けた際、すでに自ら有していた情報又はすでに公知となっていた情報。
   (ii) 相手方から開示を受けた後に、自らの責めによらず公知になった情報。

(iii) 秘密情報義務を負わない第三者から秘密保持の義務を負わずして入手した情報。
2. 本条に基づく甲及び乙の義務は、本契約の終了後〇年間存続するものとする。

第7.2条（権利義務及び契約上の地位の譲渡）

　　甲及び乙は、相手方の事前の書面による同意を得た場合を除き、本契約等に定める自己の権利若しくは義務又は本契約等上の地位を第三者に譲渡し、担保に供し、又は承継させてはならないものとする。但し、甲が甲の資金調達先に対する担保として、本契約等に定める甲の乙に対する権利を譲渡すること又は本契約等に基づく地位の譲渡予約契約を締結すること及びこれらの担保権の実行により、本契約等に基づく甲の乙に対する権利又は甲の地位が担保権者又はその他の第三者（当該第三者（法人である場合にあっては、その役員又はその経営に関与している者を含む。）が、反社会的勢力に該当する者である場合を除く。）に移転することについて、乙は予め同意するものとする。なお、甲は、当該移転が生じた場合においては、遅滞なく、移転の事実及び移転の相手方につき、乙に書面により通知するものとする。また、乙は、当該移転に際し、甲から当該移転に係る本項に基づく承諾についての書面の作成を求められた場合には、これに協力するものとする（但し、乙は、民法第468条第1項に定める異議を留めない承諾を行う義務を負うものではなく、また、当該書面の作成に係る費用は甲の負担とする。）。

第7.3条（本契約の優先性）

　　本契約に基づく取引に関する甲及び乙の本契約以外の契約、協定その他の合意並びに乙の定める規程等と、本契約の内容との間に齟齬が生じた場合には、適用法令に反しない限り、また、本契約の内容を変更又は修正する趣旨であることが明確に合意されたものである場合を除き、本契約の内容が優先するものとする。

第7.4条（契約の変更）

　　本契約は、甲及び乙の書面による合意によってのみ変更することができる。

第7.5条（準拠法、裁判管轄、言語）

1. 本契約は、日本法に準拠し、これに従って解釈される。
2. 甲及び乙は、本契約に関する一切の紛争について、〇〇地方裁判所を第一審の専属的合意管轄裁判所とすることに合意する。
3. 本契約は、日本文を正文とする。

第7.6条（誠実協議）
　本契約に定めのない事項又は本契約の解釈に関し当事者間に疑義が発生した場合には、甲及び乙は、再エネ特措法の趣旨を踏まえて、誠実に協議するものとする。

（以下余白）

　以上を証するため、本契約の各当事者は頭書の日付において、本書を2部作成し、記名、押印のうえ、甲及び乙が各1部保有する。
平成〇年〇月〇日
　　　　　甲：【所在地】
　　　　　　　〔特定供給者〕
　　　　　　　【捺印者】

　　　　　乙：【所在地】
　　　　　　　〔電気事業者〕
　　　　　　　【捺印者】

## 【事項索引】

### [アルファベット]

| | |
|---|---|
| EPC 契約 | 164 |
| EPC コントラクター | 164 |
| ESCJ | 63 |
| IRR | 22 |
| LLP | 159 |
| LPS | 159 |
| O&M 契約 | 164 |
| PID | 180 |
| PPS | 9 |
| RPS | 79 |
| SPC | 148 |

### [あ]

| | |
|---|---|
| 一般電気事業者 | 9 |
| 一般用電気工作物 | 90 |
| 営業者 | 195 |
| オペレーター | 164 |

### [か]

| | |
|---|---|
| 開示規制 | 216 |
| （主任技術者）外部委託 | 98 |
| （主任技術者）外部選任 | 99 |
| 貸付実行前提条件 | 183 |
| 回避措置 | 63 |
| 株式会社 | 151 |
| 株主間協定書 | 164 |
| 環境影響評価 | 128 |
| 慣行水利権 | 139 |
| 期限の利益喪失事由 | 184 |
| 既存設備 | 7 |
| 計画段階配慮書 | 136 |
| 系統運用ルール | 54 |
| 系統連携 | 19 |
| 軽微な変更 | 20 |
| 原生自然環境保全地域 | 110 |
| （主任技術者）兼任 | 101 |
| 原燃料供給契約 | 164 |
| 工事計画 | 92 |
| 工事費負担金 | 59 |
| 工場財団抵当 | 185 |
| 工場抵当 | 186 |
| 合同会社 | 150 |
| 交付金 | 74 |
| コーポレート・ファイナンス | 175 |
| 国土利用計画法 | 104 |
| 国有林野 | 118 |
| 国立公園 | 105 |
| 固定価格買取制度 | 15 |
| 固定資産税 | 174 |
| 混焼 | 29 |

### [さ]

| | |
|---|---|
| 再生可能エネルギー源 | 6 |
| 自家用電気工作物 | 91 |
| 事業場 | 100 |
| 事業用電気工作物 | 90 |
| 自己運用 | 215 |
| 自己募集 | 209 |
| 自然環境保全地域 | 111 |
| 自然環境保全法 | 109 |
| 事前協議 | 19 |
| 自然公園法 | 105 |
| 指定施業要件 | 113 |
| 集団投資スキーム | 203 |
| 集団投資スキーム持分 | 203 |
| 出力抑制 | 60 |
| 主任技術者 | 97 |
| 準備書 | 133 |

事項索引

| | | | |
|---|---|---|---|
| 使用前安全管理審査 | 94 | 投資事業有限責任組合 | 159 |
| 使用前自主検査 | 94 | 特定規模電気事業者 | 9 |
| 新電力 | 9 | 特定供給者 | 49・50 |
| 森林法 | 112 | 特定契約 | 35 |
| 水利権 | 138 | 特定契約電気事業者 | 52 |
| スポンサー | 148 | 特定電気事業者 | 9 |
| 税額控除 | 173 | 特別目的会社 | 148 |
| 誓約事項 | 184 | 匿名組合員 | 195 |
| 接続契約 | 35 | 匿名組合契約 | 194 |
| 接続請求電気事業者 | 53 | 特例太陽光発電 | 7 |
| 設備認定 | 11 | | |
| 即時償却 | 172 | [な] | |

[た]

| | | | |
|---|---|---|---|
| | | 認定発電設備 | 20・39 |
| | | 農地の転用 | 120 |
| 太陽熱 | 6 | 農地法 | 120 |
| 託送供給約款 | 54 | 納付金 | 73 |
| 託送供給約款料金 | 56 | | |
| 地域森林計画 | 116 | [は] | |
| 地上権 | 167 | | |
| 調達価格 | 22 | 廃棄物 | 143 |
| 調達価格等算定委員会 | 23 | パワーコンディショナー | 16 |
| 調達期間 | 22 | 被接続先電気工作物 | 60 |
| 賃貸借契約 | 164 | 評価書 | 134 |
| 通告電力量 | 54 | 表明保証 | 183 |
| 適格機関投資家等 | 211 | ファンド | 203 |
| 適格機関投資家 | 211 | 賦課金 | 23・72 |
| 適格機関投資家等特例業務 | 211 | 賦課金の特例 | 76 |
| 電気工作物 | 90 | 複数太陽光発電設備設置事業 | 15 |
| 電源線 | 59 | (主任技術者) 不選任 | 98 |
| 電力系統 | 10 | プット・オア・ペイ契約 | 181 |
| 電気系統利用協議会 | 63 | 不動産特定共同事業 | 201 |
| 電力受給契約 | 39 | 振替供給 | 53 |
| 登記事項概要証明書 | 191 | 振替供給電力量 | 54 |
| 登記事項証明書 | 192 | 振替受電電力量 | 54 |
| 動産譲渡担保 | 190 | プロジェクト・ファイナンス | 148 |
| 動産譲渡登記 | 190 | プロジェクト会社 | 148 |
| 動産譲渡登記ファイル | 191 | 変更の認定 | 19 |
| | | 変動範囲外発電料金 | 55 |

*304*

| 変動範囲内発電料金 | 55 | 有限責任事業組合 | 159 |
| --- | --- | --- | --- |
| 保安規程 | 96 | 優先給電指令 | 64 |
| 保安林 | 112 | 洋上風力 | 23 |
| 法定耐用年数 | 25 | 揚水式発電設備 | 16 |
| 方法書 | 130 | 翌日計画 | 51 |
| 補助金 | 37 | 余剰電力 | 14 |
|  |  | 利潤 | 22 |

[ま]

| みなし設置者 | 100 |
| --- | --- |
| 民法上の組合 | 159 |
| 木質バイオマス | 18 |

[ら]

| 林地開発許可 | 115 |
| --- | --- |
| 劣化率 | 25 |

[や]

| 屋根貸し | 15 |
| --- | --- |

## 【著者紹介】

### 深 津 功 二（ふかつ・こうじ）
#### 弁護士（TMI総合法律事務所・東京弁護士会）

〔略歴〕　1988年東京大学法学部卒業、生命保険会社勤務、1992年米国デューク・ロースクール卒業（LL.M. 取得）、1993年ニューヨーク州弁護士登録、2004年弁護士登録

〔専門分野〕　再生可能エネルギー発電プロジェクト案件、土壌汚染・廃棄物リサイクル・排出量取引等の環境法関連案件、プロジェクト・ファイナンスや不動産・債権の流動化等の金融全般

〔役職〕　環境省所管　オフセット・クレジット（J-VER）制度認証委員会委員

〔主要著作〕　「EUの排出量制度－日本の国内排出量取引制度の参考として」NBL877号24頁（2008）、「国内排出量取引における法的問題点について(上)(下)」NBL888号32頁・889号37頁（2008）、土壌汚染とその対応(上)(下)」NBL901号40頁・902号74頁（2009）、土壌汚染の法務（2010）（単著）

〔連絡先〕　〒106-6123　東京都港区六本木6-10-1
　　　　　六本木ヒルズ森タワー23階
　　TMI総合法律事務所
　　　電話：03-6438-5511（代表）
　　　http://www.tmi.gr.jp/

## 再生可能エネルギーの法と実務

平成25年5月17日　第1刷発行
平成27年6月22日　第2刷発行

定価　本体 3,300円＋税

著　者　深津　功二
発　行　株式会社　民事法研究会
印　刷　株式会社　太平印刷社

発行所　株式会社　民事法研究会
〒150-0013　東京都渋谷区恵比寿3－7－16
〔営業〕☎03－5798－7257　FAX03－5798－7258
〔編集〕☎03－5798－7277　FAX03－5798－7278
http://www.minjiho.com/　info@minjiho.com

ISBN978-4-89628-865-0 C2032 ¥3300E
組版（カバー・本文）／民事法研究会（Windows+EdicolorVer10+MotoyaFont etc.）
落丁・乱丁はおとりかえします。

▶改正土壌汚染対策法の新しい規制や、取引・管理上のリスクへの企業の対応策を詳解！

# 土壌汚染の法務

TMI総合法律事務所
弁護士 深津功二 著

A5判・541頁・定価 本体4,700円+税

―――――――《 本書の特色と狙い 》―――――――

▶平成22年4月1日施行の改正土壌汚染対策法に基づく土壌汚染状況調査、要措置区域・形質変更時要届出区域の指定、汚染の除去等の措置、汚染土壌の搬出・処理等の汚染土地の管理等について政令・省令・施行通知も踏まえてわかりやすく解説！ 特に汚染された土地を所有・占有する企業が知りたい情報を網羅！
▶改正法施行によって、今後増加が予想される行政処分に対して、土地所有者である企業および近隣の住民がとり得る手段・対応についてくわしく解説！
▶汚染された土地の売買契約、賃貸借契約等における企業の民事責任（瑕疵担保責任・不法行為責任等）について、最新の裁判例等を分析・解説するとともに、都道府県公害審査会・公害等調整委員会による公害紛争処理手続についても解説し、実務の指針を示す！
▶紛争解決にかかわる弁護士、都道府県・市区町村の担当者はもちろん、汚染されている土地を所有・占有するリスクのあるすべての企業の法務担当者に必携の実践的手引書！

―――――――《 本書の主要内容 》―――――――

**第1章** 土壌汚染対策法
　Ⅰ　概　説
　Ⅱ　土壌汚染状況調査
　Ⅲ　要措置区域・形質変更時要届出区域の指定
　Ⅳ　汚染の除去等の措置
　Ⅴ　汚染土壌の搬出・処理等

**第2章** 土壌汚染対策法における処分に対してとり得る手段
　Ⅰ　概　説
　Ⅱ　調査報告命令
　Ⅲ　調査報告義務の一時的免除の確認
　Ⅳ　要措置区域・形質変更時要届出区域の指定
　Ⅴ　汚染の除去等の措置および措置命令
　Ⅵ　指定の解除
　Ⅶ　指定の申請

**第3章** 民事上の責任
　Ⅰ　売買契約における責任
　Ⅱ　賃貸借契約における責任
　Ⅲ　不法行為責任
　Ⅳ　公害紛争処理手続

資料編
　土壌汚染対策法／土壌汚染対策法施行令／土壌汚染対策法施行規則／汚染土壌処理業に関する省令／土壌汚染対策法に基づく指定調査機関及び指定支援法人に関する省令／土壌汚染対策法の一部を改正する法律による改正後の土壌汚染対策法の施行について／汚染土壌の運搬に関する基準等について／汚染土壌処理業の許可及び汚染土壌の処理に関する基準について

発行　民事法研究会

〒150-0013 東京都渋谷区恵比寿 3-7-16
（営業）TEL.03-5798-7257　FAX.03-5798-7258
http://www.minjiho.com/　　info@minjiho.com